Photoshop 2024 平面设计案例教程

中文全彩铂金版

赵晓莉 赵建超 编著

中国青年出版社

图书在版编目（CIP）数据

Photoshop 2024中文全彩铂金版平面设计案例教程 /
赵晓莉，赵建超编著. — 北京：中国青年出版社，
2024.9. — ISBN 978-7-5153-7335-5

I.TP391.413

中国国家版本馆CIP数据核字第2024D9A380号

Photoshop 2024中文全彩铂金版平面设计案例教程

编　　著：赵晓莉 赵建超

出版发行：中国青年出版社
地　　址：北京市东城区东四十二条21号
电　　话：（010）59231565
传　　真：（010）59231381
网　　址：www.cyp.com.cn
编辑制作：北京中青雄狮数码传媒科技有限公司

责任编辑：张君娜
策划编辑：张鹏
执行编辑：张沣
封面设计：乌兰

印　　刷：北京瑞禾彩色印刷有限公司
开　　本：787mm×1092mm　1/16
印　　张：13
字　　数：392千字
版　　次：2024年9月北京第1版
印　　次：2024年9月第1次印刷
书　　号：978-7-5153-7335-5
定　　价：69.90元

本书如有印装质量等问题，请与本社联系
电话：（010）59231565
读者来信：reader@cypmedia.com
投稿邮箱：author@cypmedia.com

首先，感谢您选择并阅读本书。

软件简介

Adobe Photoshop简称PS，是由Adobe公司推广和发行的一款图像处理软件。Photoshop的功能非常强大，在图形、图像、文字、视频、动画等众多领域都有广泛应用。因为强大的功能和极强的兼容性，Photoshop在全球范围内拥有着庞大的用户群体，是一款全球通用的图形图像设计与编辑处理工具，在商业社会中有着举足轻重的地位，发挥着不可替代的作用。

内容提要

本书以理论知识结合实际案例操作的方式编写，分为基础知识篇和综合案例篇两部分。

基础知识部分在介绍Photoshop各个功能的同时，会根据介绍功能的重要程度和使用频率，以具体案例的形式，拓展读者对软件的操作能力。每章内容学习完成后，还会以“上机实训”的形式对本章所学内容进行综合应用展示，使读者可以快速熟悉软件功能和设计思路。最后，再辅以“课后练习”来加强巩固，帮助读者更好地了解Photoshop的功能。

在综合案例部分，笔者根据Photoshop软件的应用热点，有针对性地挑选了一些可供读者学习的实用性案例。通过对这些案例的学习，能够让读者对Photoshop的学习和应用融会贯通。

为了帮助读者更加直观地学习本书，随书附赠的光盘中包含了大量的辅助学习资料：

- 书中全部案例的素材文件和效果文件，方便读者更高效地学习。
- 案例操作的多媒体有声视频教学录像，详细地展示了各个案例效果的实现过程，扫除初学者对新软件的陌生感。
- 全书内容的精美PPT电子课件，高效辅助教师进行授课，提高教学效果。
- 赠送海量设计素材，拓展学习深度和广度，极大地提高学习效率。

适用读者群体

本书面向刚接触Photoshop并迫切希望了解和掌握其功能应用的初学者，也可作为提高用户设计和创新能力的指导用书，适用读者群体如下：

- 各高等院校从零开始学习Photoshop的莘莘学子；
- 各大中专院校相关专业及培训班学员；
- 从事平面广告设计和制作的设计师；
- 对图形图像处理感兴趣的读者。

版权声明

本书在写作过程中力求谨慎，但因时间和精力有限，不足之处在所难免，敬请广大读者批评指正。

编 者

第一部分 基础知识篇

第1章 Photoshop的基础知识

第2章 图像的操作

第3章 图层和选区的操作

可爱毛绒
公仔玩具

第4章 文字和形状的应用

可爱的小孩

第5章 图像的模式和色彩调整

第6章 蒙版和通道的应用

第7章 图像的修复与修饰

第8章 滤镜的应用

第二部分　综合案例篇

第9章　旅游海报设计

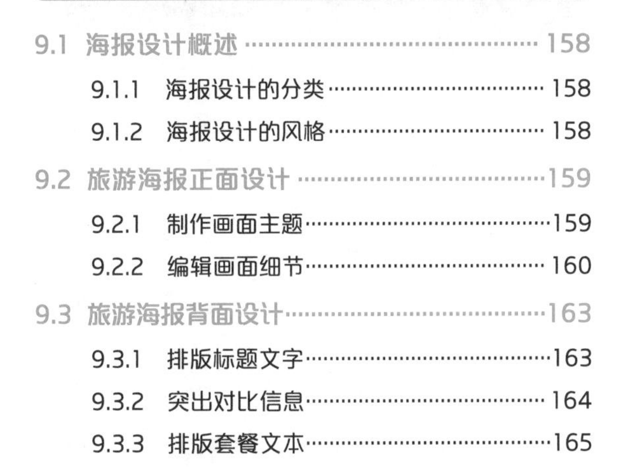

第10章　网页轮播设计

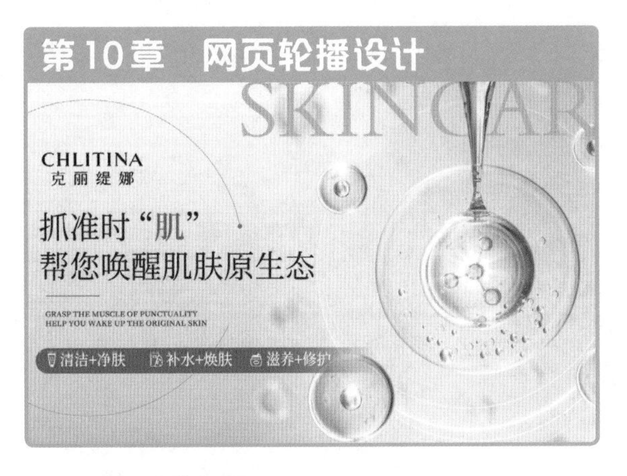

第11章 汽车广告设计

第12章 豆奶包装设计

Photoshop

第一部分

基础知识篇

Adobe Photoshop，简称“PS”，是由Adobe Systems推广和发行的一款功能强大的图像处理软件。第一部分将向读者介绍Photoshop 2024的基础知识以及图像、选区、图层、文字、形状、蒙版、滤镜等操作知识。通过第一部分内容的学习，读者可以对Photoshop有一个深刻的认识，为以后的独立创作打下良好的基础。

第1章 Photoshop的基础知识

本章概述

Photoshop的功能十分强大，被众多平面设计者所使用。通过对本章内容的学习，读者对Photoshop会有深刻的了解，从而可以自由地对图像进行编辑和创作。

核心知识点

1. 了解Photoshop的应用领域
2. 熟悉Photoshop 2024新增的功能
3. 熟悉Photoshop的工作界面
4. 了解Photoshop的工作区

1.1 Photoshop的应用领域

Photoshop是一款功能齐全的图像处理软件，通过此软件，我们可以将创意变成现实，并将图像处理发挥到更高的水平。目前，Photoshop强大的功能和广泛的应用已经涵盖了各个领域，包括平面广告设计、数码图像处理、插画设计、网页设计和艺术创作等。接下来将对Photoshop的应用领域进行详细介绍。

（1）平面广告设计

Photoshop应用最广泛的领域就是平面设计，无论是线上电商轮播图、详情图，还是线下平面印刷制作的户外广告、海报招贴等，基本上都需要使用Photoshop对图像进行处理。下左图为玉米油平面广告设计效果，下右图为甜点平面广告设计效果。

（2）数码图像处理

数码拍摄已经成为当今社会的主流拍摄方式，越来越多的人使用Photoshop来对拍摄图片中不满意的地方进行处理，或者将拍摄的多张图片进行合成，从而达到令自己满意的效果。无论是图像的修正、色彩的调整还是创意性合成，在Photoshop中我们都能找到最佳的解决办法。下左图为风景色调调整效果，下右图为图像的创意合成效果。

（3）UI界面设计

UI界面设计是一个新兴的领域，随着互联网时代的不断发展，逐渐受到更多企业的重视。使用Photoshop的混合选项、滤镜、图像调整等功能，可以制作出真实的质感和特效。搭配Adobe XD一起使用，能轻松实现画面间的互动体验。下左图为手机软件应用界面设计效果，下右图为游戏界面设计效果。

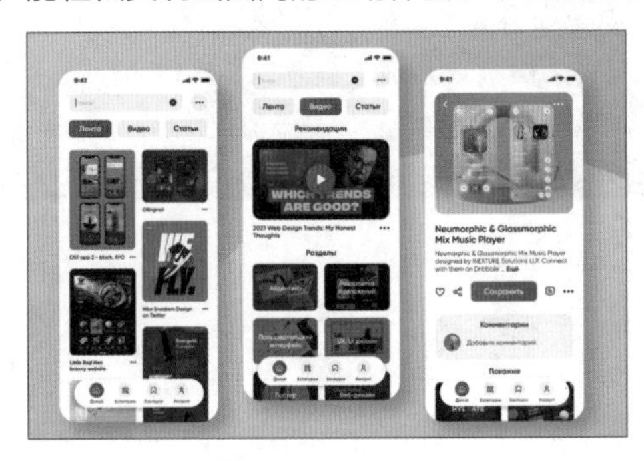

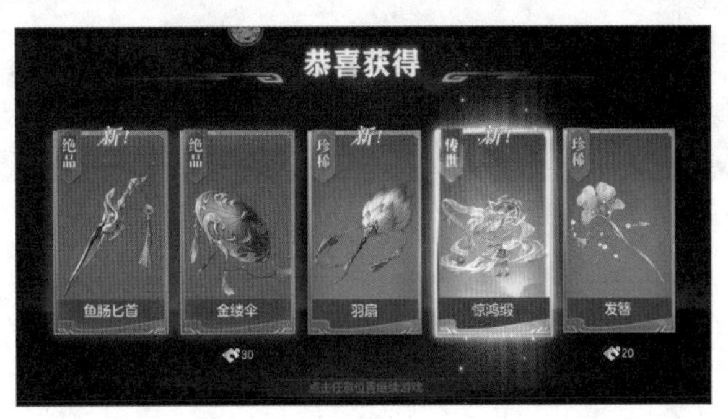

（4）插画设计

插画设计作为当今时代艺术视觉效果的表达形式之一，逐渐受到年轻人的青睐。许多插画设计者往往利用铅笔绘制草图，使用Photoshop进行描边和上色，再搭配数位板的使用，可以轻松绘制出不同风格的艺术效果。下左图为时尚概念插画设计效果，下右图为创意扁平插画设计效果。

（5）网页设计

Photoshop在网页设计方面也发挥着重要的作用。使用Photoshop加工、美化网页中的元素，或处理网页中的版面、线条等，可以使网页整体效果更具张力，结合Dreamweaver和Flash进行动画交互的融合再处理，便可实现互动的网站页面效果。下左图为网页排版设计效果，下右图为Web登录界面设计效果。

（6）效果图后期处理

在制作一些3D效果图时，许多人物与配景的颜色和样式需要在Photoshop中进行调整，一些3D产品也可以在Photoshop中进行贴图美化，这样不仅节约了渲染时间，也增强了画面的质感，使效果图的呈现更加饱满。下页左图为建筑效果图场景后期设计效果，下页右图为产品贴图处理设计效果。

1.2 Photoshop 2024新增功能

了解Photoshop各个版本的新增功能，可以帮助我们更智能、更便捷地进行学习和创作。Adobe Photoshop 2024相较之前的版本，功能有了进一步的提升和改进。接下来主要介绍3个2024版本新增或增强的实用功能，分别是“移除工具”“上下文任务栏”和“渐变工具”。

1.2.1 移除工具

使用移除工具在需要被移除的物体边缘涂抹，无需将该对象完全刷满，Photoshop会自动连接圆圈的距离并填充圆圈，然后迅速自动移除所涂抹的对象，而且填充效果非常理想。移除工具相较之前的仿制图章等修复工具更加智能便捷，同时大大节省了操作时间。首先选择“移除工具”，如下左图所示。在物体边缘涂抹，如下中图所示。可以看到Photoshop自动移除涂抹的对象，并自动识别填充，效果如下右图所示。

1.2.2 上下文任务栏

上下文任务栏是一个持续显示的菜单，显示了工作流程中最相关的后续步骤。例如，选择一个对象时，上下文任务栏会出现在画布上，并为潜在的下一步操作提供更多选项。当用户使用蒙版工具，上下文任务栏会自动显示蒙版相关的工具，供用户增加和减少蒙版选区，非常便捷。首先执行“窗口>上下文任务栏”命令，如下左图所示。任务栏会出现在画布上，如下中图所示。选择不同的工具会显示不同样式的上下文任务栏，如下右图所示。

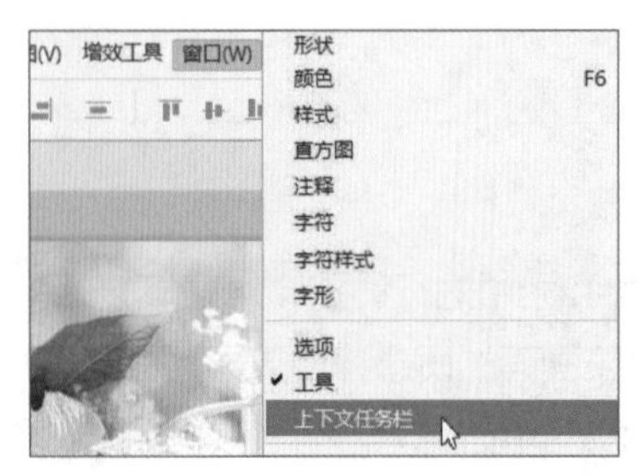

1.2.3 渐变工具

在Photoshop 2024中，渐变功能得到了显著的增强。使用渐变工具，我们不但可以像以前一样创建渐变效果，如下左图所示。而且可以选择使用不同的锚点来调整或扩展渐变的形状和角度，如下中图所示。还可以在样式、渐变预设和颜色之间切换，在属性栏中调整相关参数，效果会立即显示在画布中，如下右图所示。同时实时预览设置的渐变效果，可以进行非破坏性编辑。

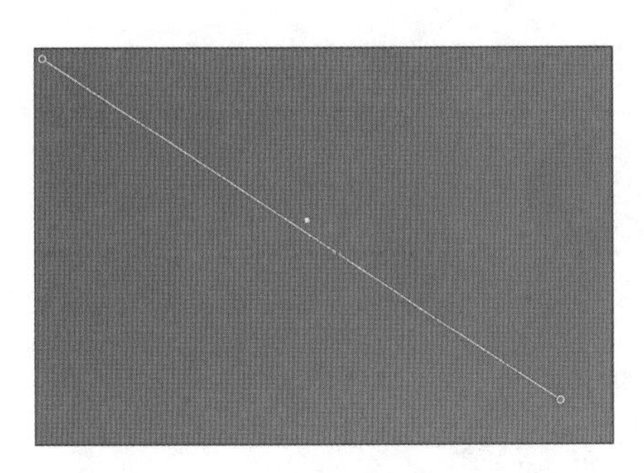

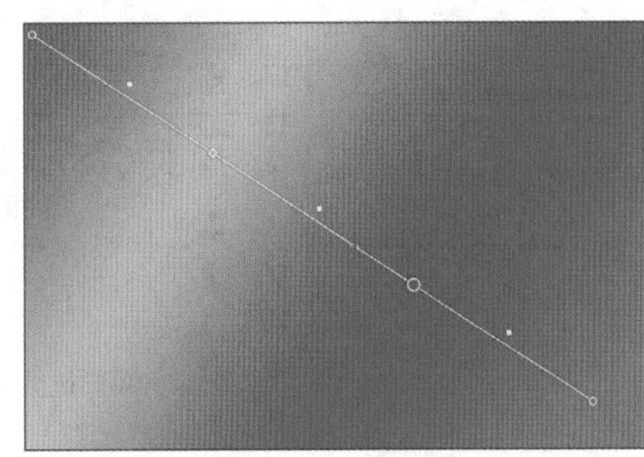

1.3 Photoshop的工作界面

为了能够熟练地使用Photoshop 2024，我们先了解一下其工作界面。Photoshop 2024的工作界面由菜单栏、工具栏、属性栏、状态栏、文档窗口、面板等组成。接下来我们来进行更具体的了解。

1.3.1 菜单栏

Photoshop 2024的菜单栏包括文件、编辑、图像、图层、文字、选择、滤镜、3D、视图、增效工具、窗口、帮助等12个菜单，如下图所示。Photoshop中几乎所有的命令都按照类别排列在这些菜单栏中，每一个菜单下均有对应的菜单列表。

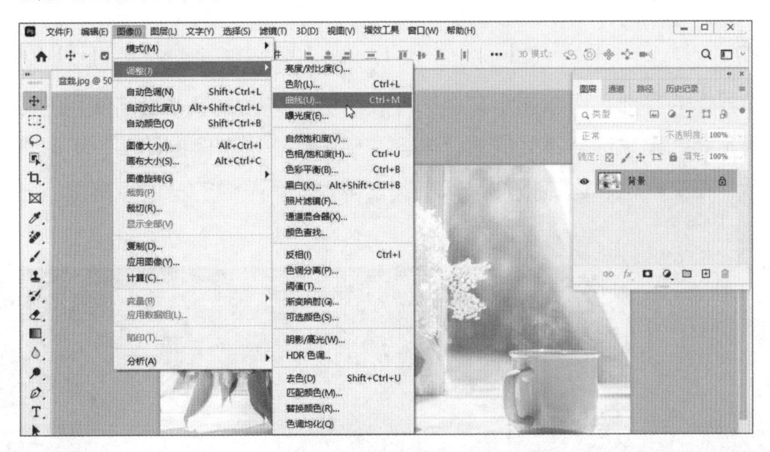

提示：为什么菜单栏中有些命令是灰色的？

菜单栏中的许多命令只有在特定的情况下才能使用。如果某一个菜单命令显示为灰色，则代表该命令在当前状态下不可用。例如打开CMYK模式下的图片，很多滤镜命令是不可用的。

如果某一命令名称后带有…符号，表示执行该命令后，将弹出相应的设置对话框。

1.3.2 工具栏

工具栏默认在工作界面的左侧，包含了所有用于创建和编辑图像的工具。单击工具栏顶部的双箭头，可以切换工具箱的显示方式，分为单排显示和双排显示。工具栏中的部分图标右下角有一个黑色小三角图标◢，表示这是一个工具组。在工具栏中长按工具所在的工具组，在弹出的工具组列表中选择自己需要的子工具，如下左图所示。如果对工具不熟悉，可将鼠标指针移至工具栏上的工具按钮并停留一会儿，便会出现工具提示，显示工具的基本操作信息，如下右图所示。

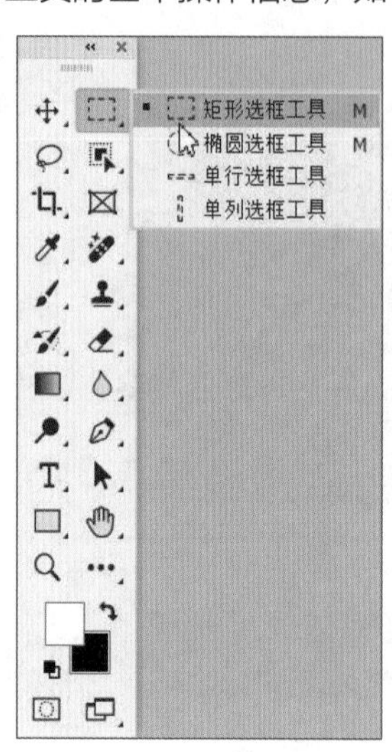

1.3.3 属性栏

属性栏一般位于菜单栏的下方，用于设置各个工具的具体参数。根据所选工具的不同，属性栏中的内容也不同。选择画笔工具后，其属性栏如下图所示。我们可以在属性栏中设置模式、不透明度等参数。

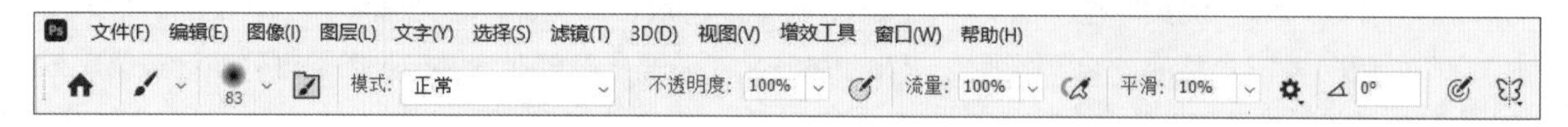

1.3.4 状态栏

状态栏位于工作界面的底部，可以显示文档的缩放比例、文档大小、当前使用的工具、暂存盘大小等信息，用户可以根据不同的需求选择不同的显示内容。单击状态栏右侧的箭头，可以查看关于图像的各种信息，如下左图所示。在文档信息区域按住鼠标左键，可以显示图像的宽度、高度、分辨率等信息，如下右图所示。

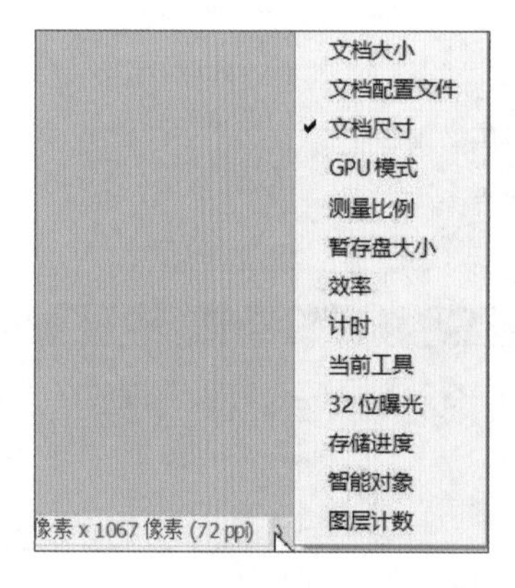

1.3.5 文档窗口

在Photoshop 2024中每打开一个图像，便会创建一个文档窗口。要是打开多个图像，则会按打开顺序以选项卡的形式显示，如下左图所示。单击一个文档名称，即可将其设置为当前操作窗口，如下右图所示。在图像文件窗口标题部分依次显示的是文件名称、文件格式、缩放比例以及颜色模式等信息，便于用户更直观地了解文档信息。

提示：如何在多个文档间快速切换?

除了单击选择文档外，用户也可以使用快捷键来选择文档。按Ctrl+Tab组合键，可以按照顺序切换窗口；按Ctrl+Shift+Tab组合键，则可以按相反的顺序切换窗口。

1.3.6 面板

面板常用来设置图像颜色、参数以及执行编辑命令，不同的面板包含的图像编辑功能也不同。在“窗口”菜单中可以选择需要的面板选项将其打开，如下左图所示。默认情况下，面板是以选项卡的形式成组出现的，如下右图所示。

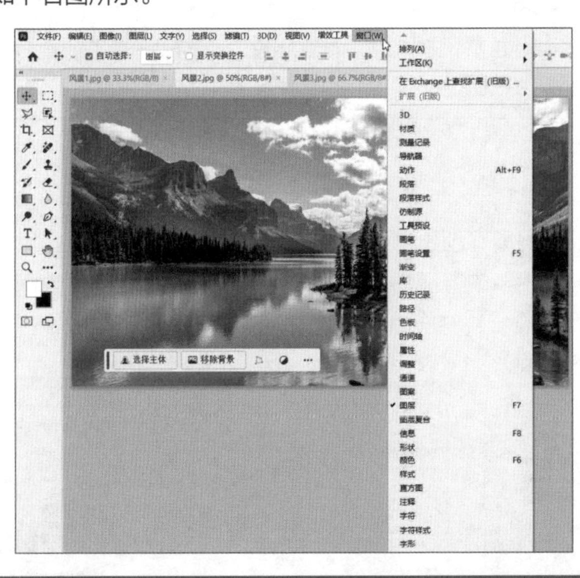

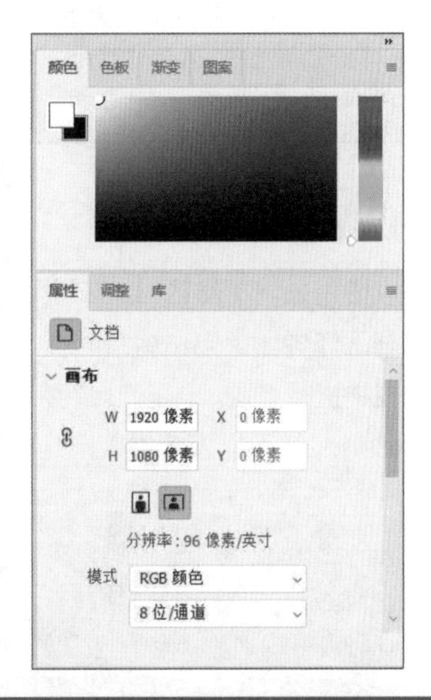

提示：为什么打开的面板会自动折叠?

面板自动折叠对一些能够熟练操作Photoshop的用户来说，是一种很便捷的设置。执行“编辑>首选项>工作区”命令，在弹出的对话框中勾选或者取消勾选“自动折叠图标面板”复选框，在下次启动Photoshop时面板就会自动折叠或者取消折叠。

1.4 Photoshop的工作区

Photoshop 2024对工作区进行了许多改善，使得图像处理区域更加开阔，文档之间的切换更加便捷。软件本身自带了几种适应不同类型需求的工作区，我们可以根据需求进行选择，同时也可以根据自己的喜好和需要创建自己的工作区。

1.4.1 预设工作区

Photoshop自带的工作区称为预设工作区，执行“窗口>工作区”命令，在下拉菜单中选择相应的命令，可以选择软件中预设的工作区，如下左图所示。用户也可以通过单击属性栏上的“选择工作区”按钮，在下拉列表中选择需要的工作区，如下右图所示。

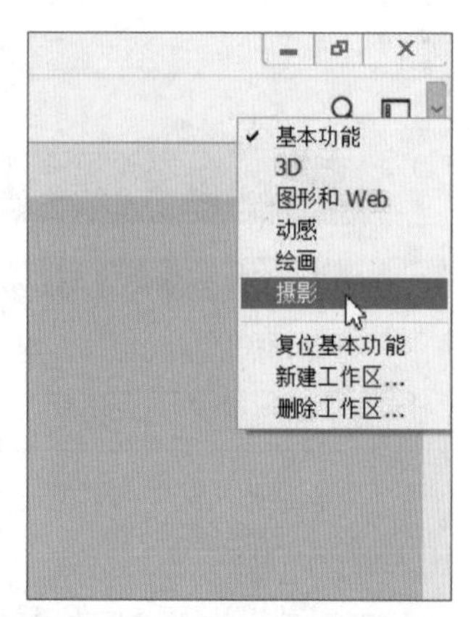

提示：如何选择工作区？

Photoshop 2024提供了5种预设工作区，其中“基本功能（默认）”是最基本的工作区，平面设计师最常用。“3D”工作区界面会显示3D功能，供从事3D制作的人员使用。“图形和Web”工作区可以帮助我们轻松创建网页的组件。“动感”工作区以制作动画为主，显示“时间轴”等面板。“绘画”工作区是为专业绘图人员服务的一种工作区。“摄影”工作区是为摄影行业提供的工作区。

1.4.2 自定义工作区

除了可以使用预设工作区，用户也可以根据喜好创建自己的工作区，即自定义工作区。用户可以按照自己的需求在工作界面上自由组合面板，下左图是笔者最常用的基本工作区。若想自定义绘画工作区，则可以在菜单栏中执行“窗口>工作区>绘画”命令，打开专门绘图的工作区，如下右图所示。设置完成后再次打开Photoshop，可以直接进入自定义工作区。

知识延伸：使用辅助工具精准定位

我们在Photoshop中处理图像时，常常会使用一些辅助工具。辅助工具不能用于图像编辑，但可以帮助用户更好地完成选择、定位或编辑图像的操作。下面介绍如何使用辅助工具对图像中的某个部分进行精确定位。

第一种方法是使用对齐功能。执行“视图>对齐”命令，使该命令处于“√”状态，然后在“视图>对齐到”子菜单里选择一个对齐项目，即可启用该对齐功能，如下左图所示。再次执行“视图>对齐”命令，取消其“√”标记，即可关闭全部对齐功能。用户也可以在属性栏中选择需要的对齐方式，如下右图所示。

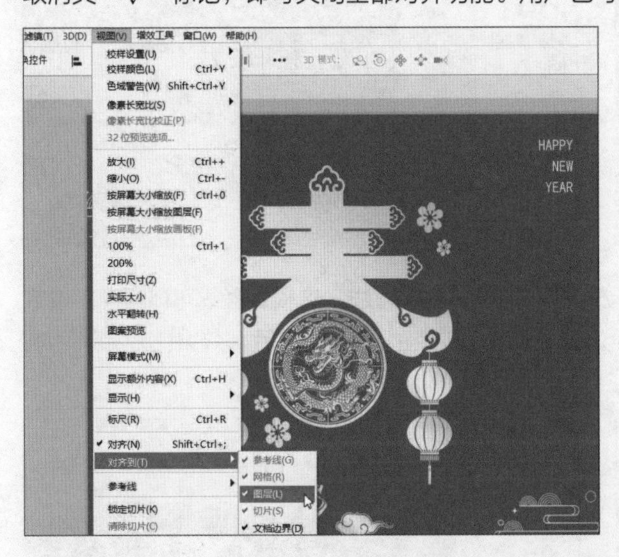

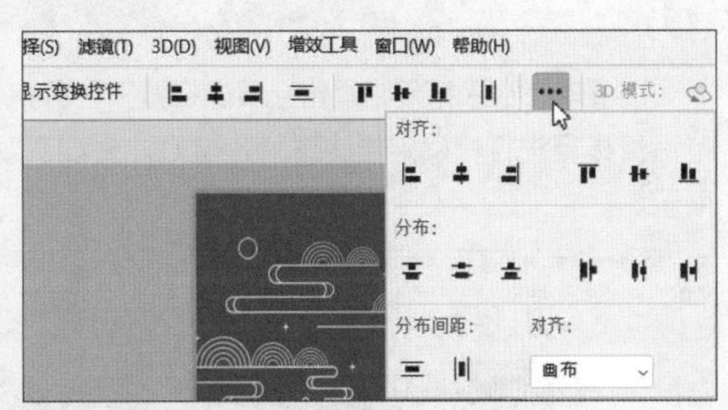

第二种方法是使用参考线。参考线仅在编辑时可以看见，输出图像后是不显现的。调出参考线有两种方法：一种是精确定位，一种是自由定位。

要执行精准定位操作，则在菜单栏中执行“视图>参考线>新建参考线”命令，如下左图所示。然后在弹出的“新参考线”对话框中进行参数设置，如下右图所示。这种方法可以使图像按照参考线进行精确定位，在移动图像时可以自动吸附，以达到定位的目的。

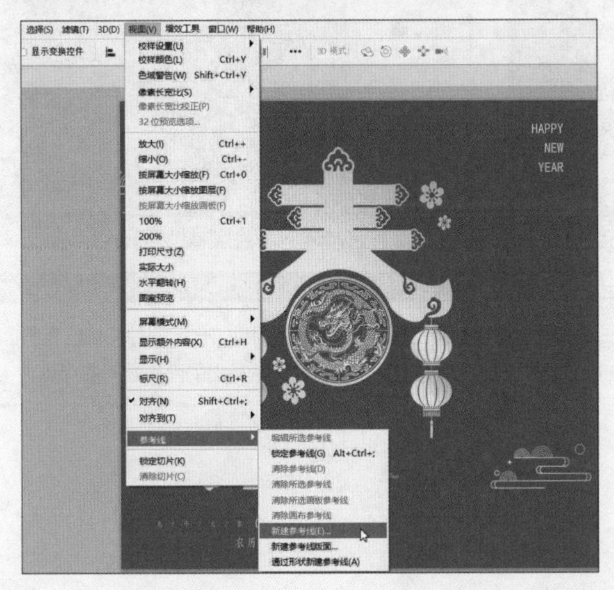

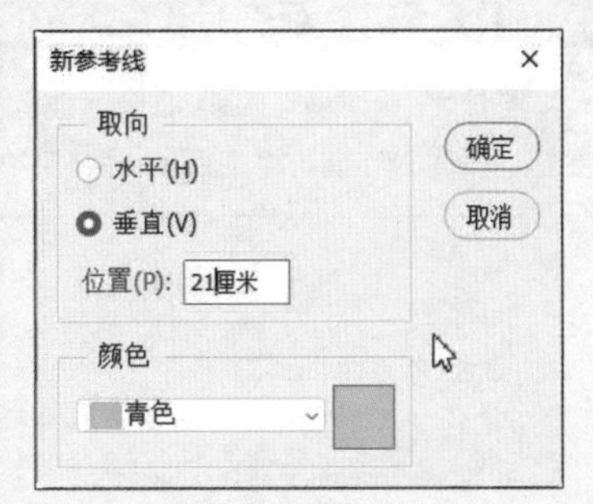

自由定位功能使用起来更加灵活，在菜单栏中执行“视图>标尺”命令，如下左图所示。在文档窗口中水平位置和垂直位置均出现了标尺，如下右图所示。用户可以按下Ctrl+R组合键，显示标尺；再次按下Ctrl+R组合键，可将标尺隐藏。

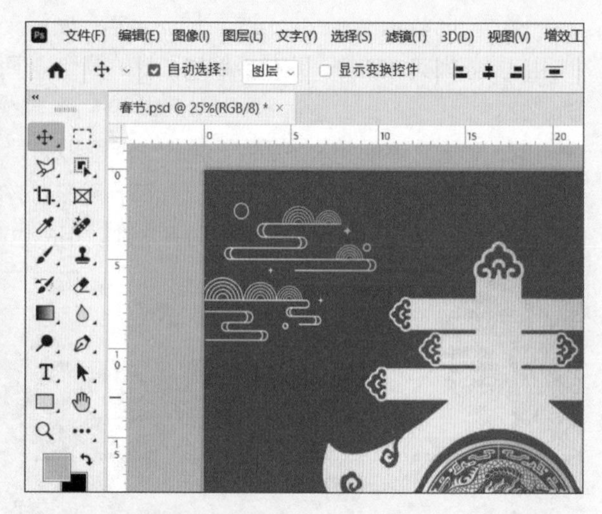

接下来在水平标尺和垂直标尺的位置按住并拖动，即可拖出一根参考线，这根参考线可以任意定位或者沿着标尺进行精确定位，这种定位方法更加直观，也更加有效。完成上述操作后，效果比对如下两图所示。

提示：如何计算工作区任意两点之间的距离？

执行“图像>分析>标尺工具”命令，或者在工具栏中选择标尺工具，单击需测量的一端，并按住鼠标左键向另一端释放鼠标，按住Shift键可将工具限制为45°的倍数。上方的属性栏显示的数值即为测量出的两点之间的距离。

 上机实训：将PS文件和AI文件关联

Adobe Illustrator简称AI，是一种矢量绘图软件，日常设计中经常会使用到。在Illustrator中绘制图像并将其粘贴到Photoshop，其中大部分是可编辑的，可以实现PS和AI互相关联。如果在Illustrator中进行图像的编辑并保存，Photoshop会自动更新对象，两种软件搭配使用是十分便捷的。下面将介绍如何将PS文件和AI文件关联，具体操作步骤如下。

扫码看视频

步骤 01 打开Photoshop，执行“文件>新建”命令，设置相应的参数，新建文档，如下左图所示。

步骤 02 在Illustrator中打开相关文件，选中需要的图像，按下Ctrl+C组合键复制图像，如下右图所示。

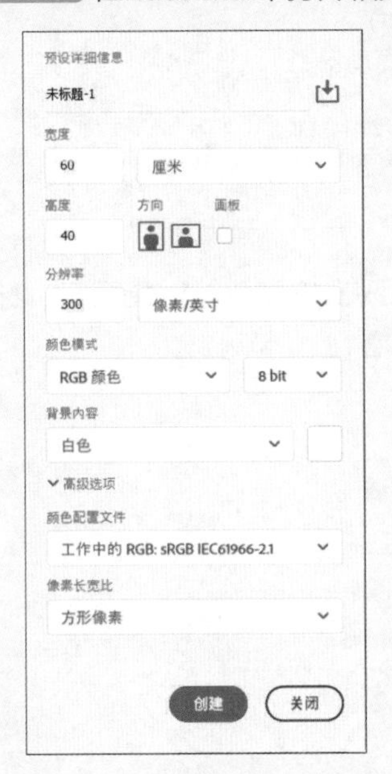

步骤 03 打开Photoshop，在弹出的“粘贴”对话框中选择粘贴为“图层”单选按钮，如下左图所示。若弹出提示对话框，询问选区中部分内容将进行栅格化处理，是否继续粘贴，单击“继续”按钮。

步骤 04 粘贴过来的图像在“图层”面板中会有相应的图层，且都是可编辑的状态，便于我们操作调整，如下右图所示。

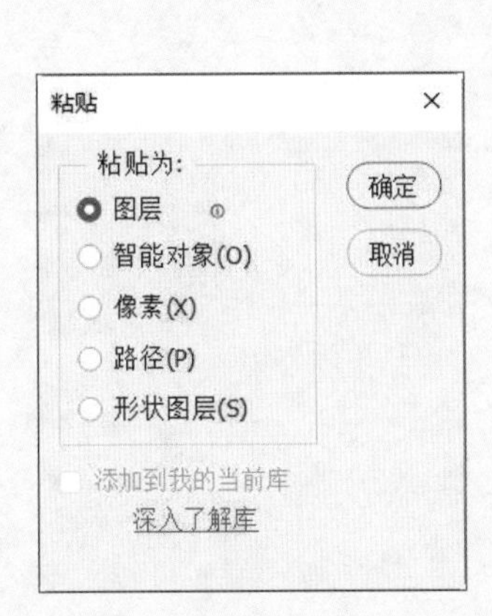

步骤 05 可以看到，大多数图层是矢量的，在变形、放大等一系列操作后也不用担心图像的清晰度，如下左图所示。

步骤 06 若在上页“步骤04”弹出的“粘贴”对话框中选择粘贴为“智能对象”单选按钮，如下右图所示。

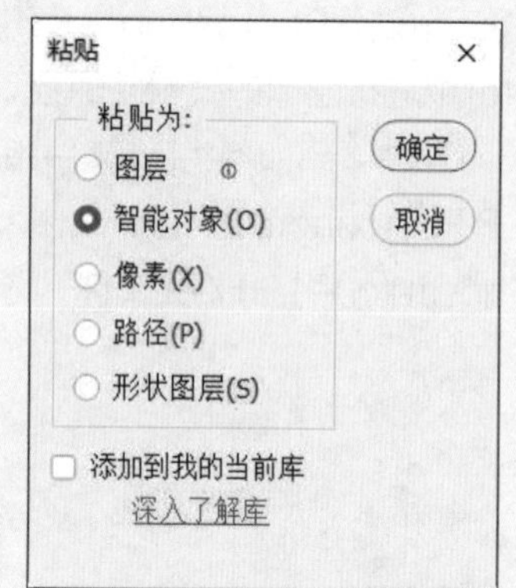

步骤 07 则图像会以矢量智能对象的形式粘贴到Photoshop中。双击矢量智能对象窗口，即可在Illustrator中打开文件，如下图所示。

步骤 08 在Illustrator中编辑并存储图像后，在Photoshop中会自动更新智能对象，如下图所示。

课后练习

一、选择题

（1）Photoshop一般用于（　　）等应用领域。

A. 平面设计　　B. UI设计

C. 界面设计　　D. 插画设计

（2）（　　）功能在Photoshop 2024新增工具中用于清除画面中不需要的部分。

A. 渐变工具　　B. 移除工具

C. 修补工具　　D. 上下文任务栏

（3）（　　）功能可以对图像进行精准定位。

A. 标尺　　B. 对齐功能

C. 参考线　　D. 属性栏

二、填空题

（1）在Photoshop里的各个文档间切换时，可以使用快捷键__________________。

（2）Photoshop中自带的预设工作区有__________、__________、__________、__________、__________和__________。

（3）执行“__________”菜单栏中的命令，可以打开需要的面板菜单。

三、上机题

学习Photoshop工作界面中各部分的构成和功能后，用户可以根据需要创建适合自己的工作区。下图为笔者常用的平面设计的工作区，供参考。

第2章 图像的操作

本章概述

这一章主要对图像的基础操作进行讲解，包括图像的基础知识、文件的基本操作、图像和画布的基础操作以及图像的编辑等，掌握图像的操作是独立创作的第一步。

核心知识点

1. 了解图像的基础操作
2. 熟悉文件的基本操作
3. 熟悉图像和画布的操作
4. 熟悉图像的编辑操作

2.1 图像的基础知识

在学习使用Photoshop进行图像的相关操作之前，需要简单了解一些数字化图像的基础知识。计算机的数字化图像分为两种类型，即位图和矢量图。两种图像类型各有优缺点，应用领域也有所不同。这一节除了会讲解位图和矢量图的区别之外，还会对分辨率的概念、颜色模式以及常见的图像格式进行介绍。

2.1.1 像素

像素（Pixel）是组成位图图像最基本的元素，是构成位图图像的最小单位。把图像放大便能看到一个个小方格，这就是像素，如下左图所示。每一个像素都记载着图像的颜色信息，图像的像素越多，颜色信息就越丰富，同时也会占用更多的储存空间。执行“窗口>信息”命令，调出“信息”面板，将鼠标光标移动到任意一个像素点上，会出现这个像素点对应的颜色值和位置，如下右图所示。

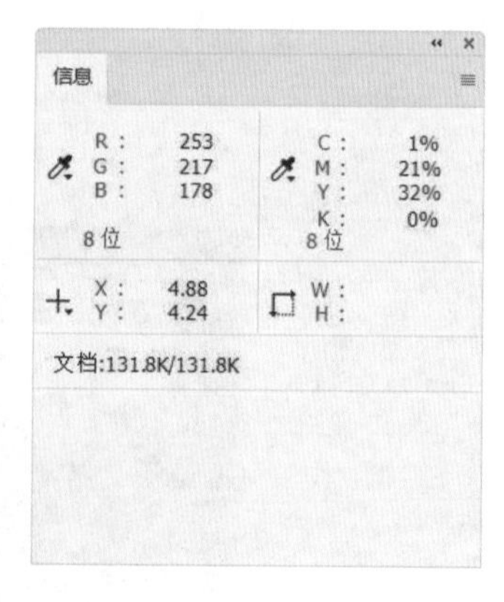

2.1.2 位图和矢量图

位图和矢量图作为图像的两大类型，具有各自的优点和缺点，下面将对这两种图像类型进行详细介绍。

（1）位图

位图是由像素组成的，位图图像可以很好地表现丰富的色彩变化并产生逼真的效果，而且可以在不同的软件中交换使用。位图在储存时需要记录每一个像素的色彩信息，因此在位图中，像素越高，所占用的储存空间越大。受到分辨率的制约，在对位图进行缩放、旋转等操作时，无法生成新的像素，因此会产生锯齿，图像会变模糊，如下页左图所示。如果以高于创建时的分辨率来打印或以高缩放比率对位图进行扩大，将会使清晰的图像变得模糊，也就是我们通常所说的图像变虚了，如下页右图所示。

（2）矢量图

矢量图是用一系列计算机指令来描述和记录图像的，它由点、线、面等元素组成，只能靠软件生产。使用这种方式记录的文件放大后图像不会失真，占用的存储空间很小，适用于文字设计、标志设计和一些图形设计等。矢量图的缺点是色彩变换较少，不能很好地表现出细节或者制作一些色彩复杂的图案。下左图是一个矢量图插画。放大之后观察细节，依然是十分清晰平滑的，如下右图所示。

2.1.3 分辨率

分辨率是指单位长度里面包含的像素点，像素点个数越多分辨率越高，文件也就越大。它的单位通常为像素/英寸（ppi），如72ppi表示每英寸包含72个像素点，300ppi表示每英寸包含300个像素点，如下两图为同一照片分辨率分别设置为72像素和300像素的效果。

2.1.4 颜色模式

颜色模式是一种记录图像颜色的方式，在计算机的图像世界中，画面呈现出几种不同的颜色其实是由几种特定的颜色混合而成的。Photoshop中的颜色模式分为RGB模式、CMYK模式、Lab模式、位图模式、灰度模式、索引颜色模式、双色调模式和多通道模式。想要更改图像的颜色模式，需要执行“图像>模式”命令，然后在子菜单中选择即可，如下左图所示。制作用于在电子屏幕上显示的图像需要使用RGB模式，如下中图所示。CMYK模式是通用的印刷模式，肉眼很难看出CMYK模式和RGB模式的区别，但是这些模式的色彩混合方式截然不同。灰度模式则是将图像做黑白处理，如下右图所示。

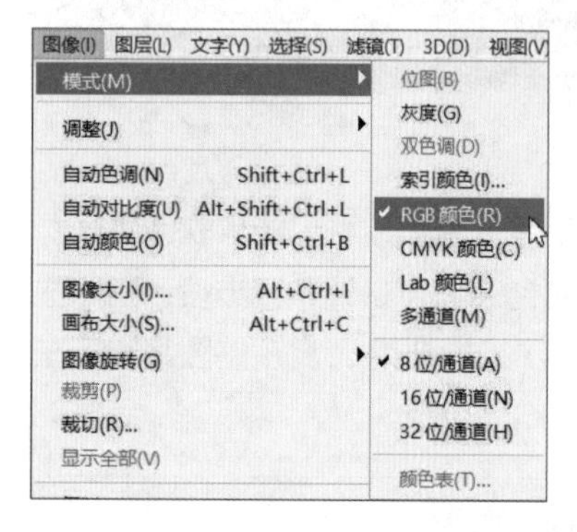

2.1.5 图像文件格式

在Photoshop中，图像可以保存成不同的文件格式。不同的文件格式后期的图像处理方式有所差别。PSD是Photoshop默认的文件格式，用于存储操作的文档，便于修改。如果图像占用资源大于1个G，则需要将保存格式修改为PSB格式。常见的图像存储格式有JPG格式、TIFF格式、PNG格式、GIF格式等，Photoshop支持大量打开和保存的图像格式，如下图所示。

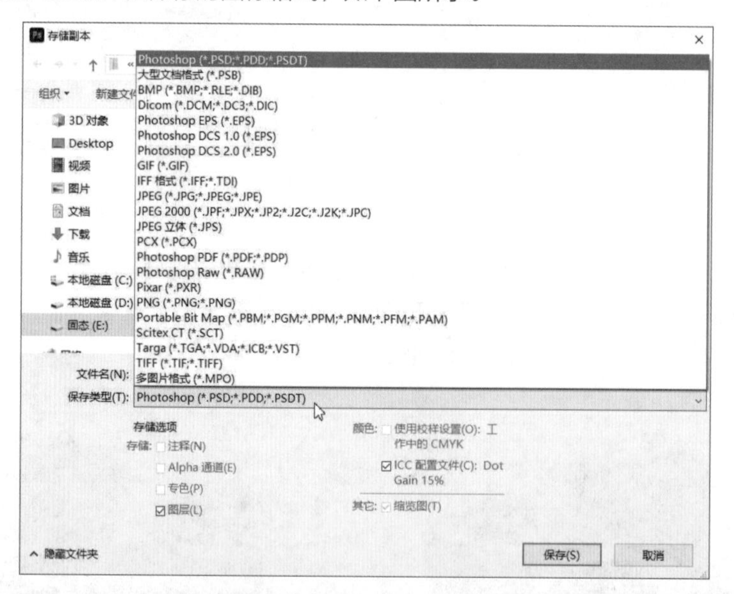

提示：存储为和存储副本的保存类型为什么不同?

在Photoshop 2024软件中，需要执行“文件>存储副本”命令，才能够选择不同的保存类型。在Photoshop旧版本中，执行“文件>存储为”命令即可，这对于之前使用过的用户可能会有点不适应，若想改变存储方式，可以执行“编辑>首选项>文件处理”命令，在打开的文档窗口中勾选启用旧版“存储为”即可。

2.2 文件的基本操作

Photoshop文档的基本操作包括文件的新建、打开、保存、关闭、导入和导出等，灵活运用这些操作可以加快图像处理的速度。这一节将对文件的基本操作进行详细讲解。

2.2.1 新建文件

新建图像文件是指在Photoshop工作界面中创建一个空白文件，方法是执行“文件>新建”命令或按下Ctrl+N组合键，如下左图所示。打开“新建文档”对话框，在其中可以设置文件的名字、文档类型、大小、分辨率、颜色模式等参数，完成后单击“创建”按钮，即可新建一个空白文件，如下右图所示。

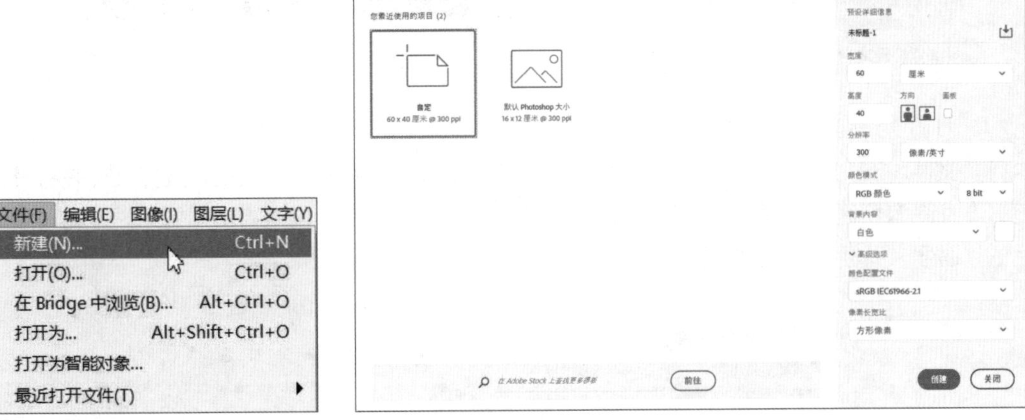

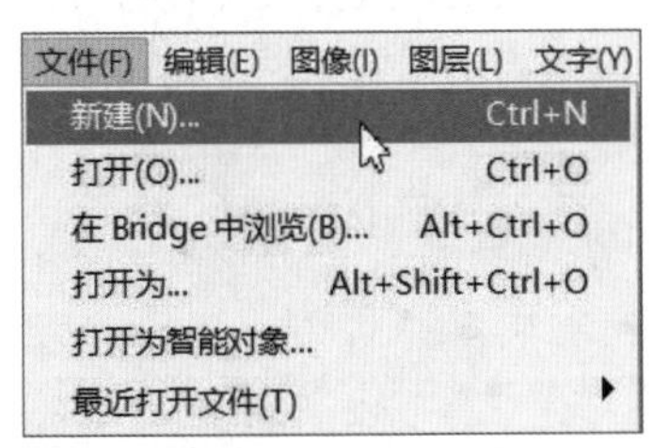

2.2.2 打开文件

在Photoshop中对图像进行处理时，首先需要打开文件。文件的打开方法有很多种，可以使用命令打开或通过快捷方式打开。

（1）“打开”命令

执行“文件>打开”命令或按下快捷键Ctrl+O，即可打开“打开”对话框，如下左图所示。在“打开”对话框中对需要的文件进行选取，然后单击“打开”按钮（或者双击该文件）即可打开该图像文件，如下右图所示。

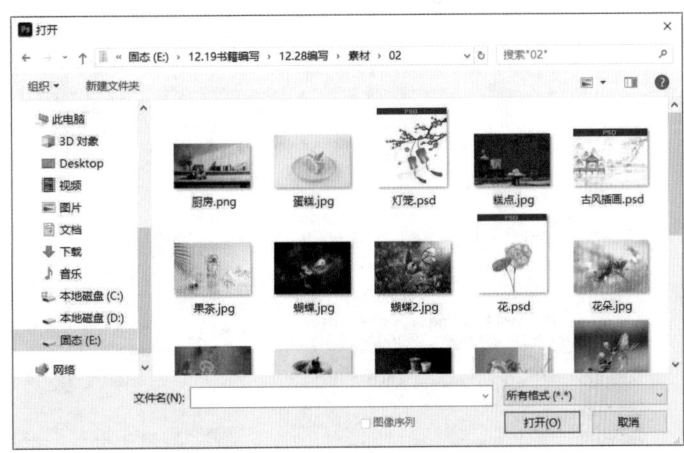

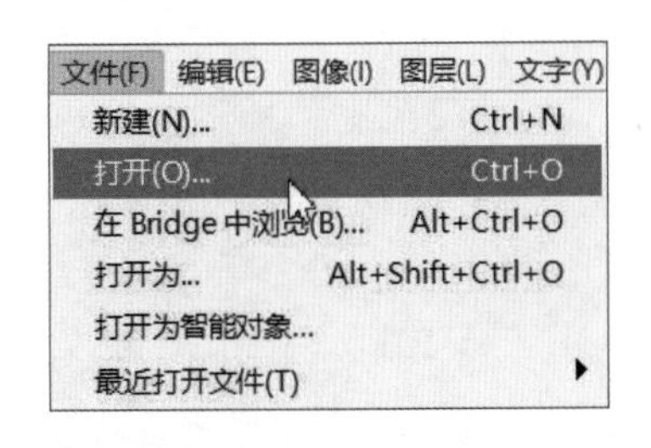

（2）“打开为”命令

执行“文件>打开为”命令或按下快捷键Ctrl+Alt+Shift+O，如下左图所示，即可打开“打开”对话框，如下右图所示。和上一个命令有所区别的是，这个命令可以打开没有拓展名或者文件实际格式与储存格式不一致的文件。

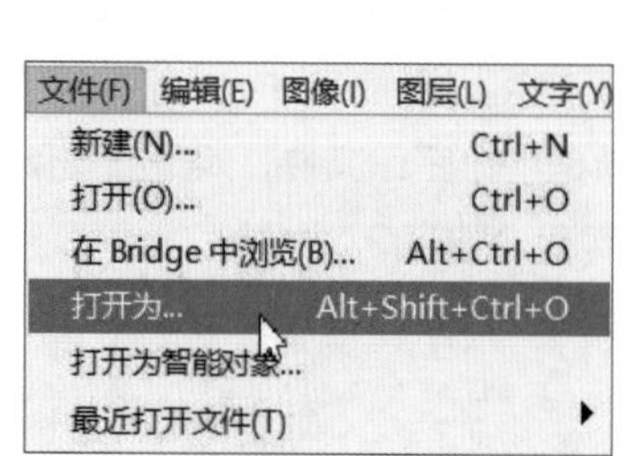

（3）“打开为智能对象”命令

执行“文件>打开为智能对象”命令，如下左图所示。弹出“打开”对话框，选择文件并将其打开。和“打开”命令有所区别的是，“打开智能对象”命令打开文件之后会自动将文件转化为智能对象，打开图像后的“图层”面板如下右图所示。

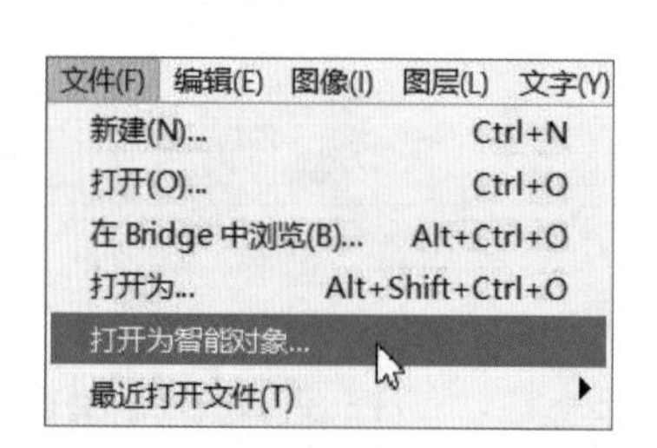

2.2.3 保存文件

打开图像文件并进行编辑后，若不需要对其文件名、文件格式或存储位置进行修改，可以执行“文件>存储”命令或按下Ctrl+S组合键存储文件，保存新修改的图像效果，如下左图所示。若要将文件保存为另外的名称、格式，或者存储在其他位置，可以执行“文件>存储为”命令或按下Shift+Ctrl+S组合键，在打开的“存储为”对话框中将文件另存，如下右图所示。

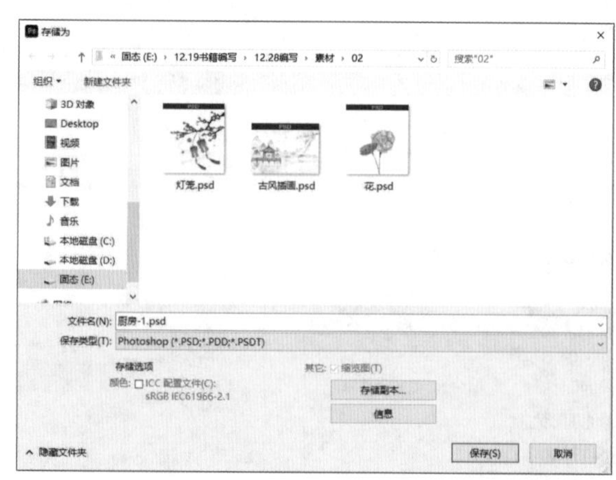

2.2.4 关闭文件

完成图像的编辑后，可以关闭打开的文件，以免占用内存空间并提高工作效率。用户可以在菜单栏中执行“文件>关闭”命令，如下左图所示。也可以单击程序窗口右上角的“关闭”按钮，如下右图所示。

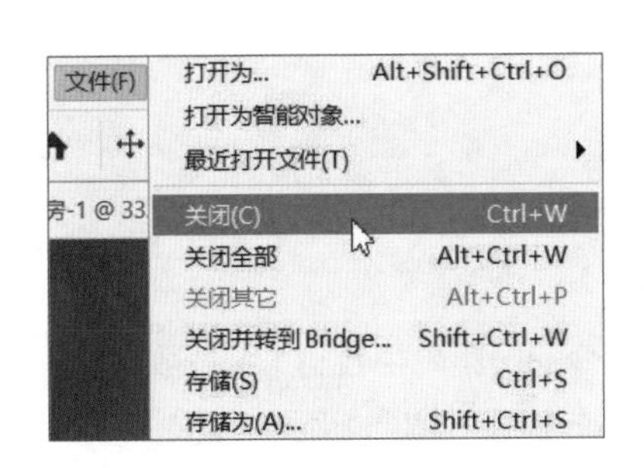

2.2.5 置入文件

置入文件和打开文件有所不同，置入文件命令只有在Photoshop工作界面中已经存在图像文件时才能激活。置入是将新的图像文件放置到打开或新建的图像文件中，也可将Illustrator的AI格式文件、EPS文件、PDF文件和PDP文件等放置在当前运行的图像文件中。

（1）置入嵌入对象

执行“置入嵌入对象”命令，选择一幅图像文件作为智能对象打开，可以置入JPEG文件，但最好是置入PSD或是AI文件，这样方便用户添加图层、修改图像并重新保存文件而不造成任何损失。执行“文件>置入嵌入对象”命令，如下左图所示。在打开“置入嵌入的对象”对话框中选择需要置入的文件，然后单击“置入”按钮即可，如下右图所示。

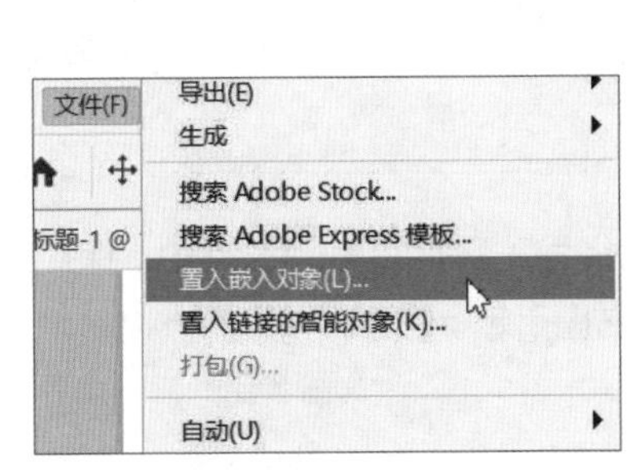

（2）置入链接的智能对象

执行“置入链接的智能对象”命令后，可以选择一幅图像文件作为智能对象链接到当前文档中。当源图像文件发生更改时，链接的智能对象内容也会随之更新。执行“文件>置入链接的智能对象”命令，如下页左图所示。在打开的“置入链接对象”对话框中选择所需文件，单击“置入”按钮，将该图像文件置入文档中。链接的智能对象会在“图层”面板中创建并显示带有链接的图标，跟嵌入的智能对象显示的图标有所区别，如下页右图所示。

2.2.6 导入和导出文件

本节将对文件的导入和导出操作进行介绍，具体如下。

(1) 导入文件

新建图像之后，执行“文件>导入”命令，即可在“导入”命令的子菜单中看到“变量数据组”“视频帧到图层”“注释”“WIA支持”等命令。想要导入变量数据组，需先执行“图像>变量>定义”命令，才能使用其功能。变量数据组搭配图像处理器，可以批量处理文件，十分便捷。

(2) 导出文件

在Photoshop中对图像进行编辑和调整后，若要将其导出为网页格式或AI格式的文件，则可使用“导出”命令。执行“文件>导出”命令，其子菜单中有多个命令可供用户选择。选择“存储为Web所用格式（旧版）”命令，如下左图所示，可将文件存储为网页用的JPEG、PNG、GIF文件等，选择相应的品质来调整文件大小，如下右图所示。

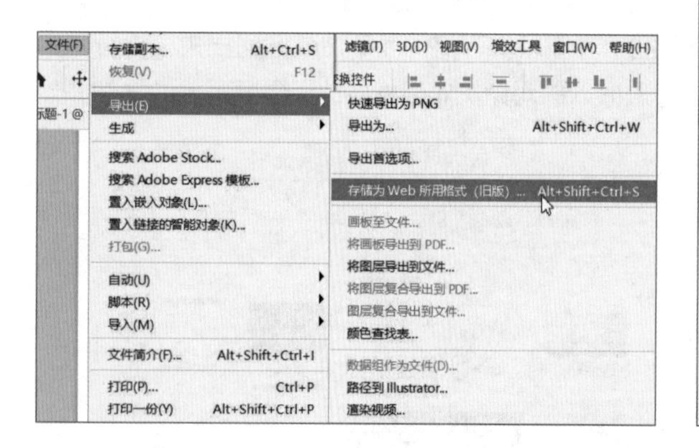

选择“路径到Illustrator”命令，可将Photoshop中制作的路径导入到Illustrator文件中。保存的路径可以在Illustrator中打开，并可以应用于矢量图形的绘制中，如下右图所示。

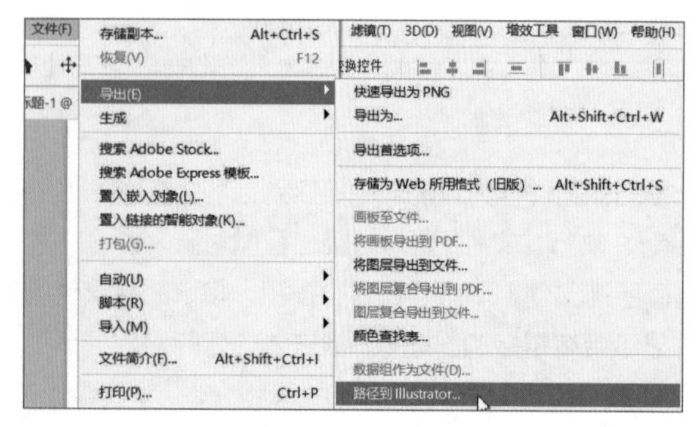

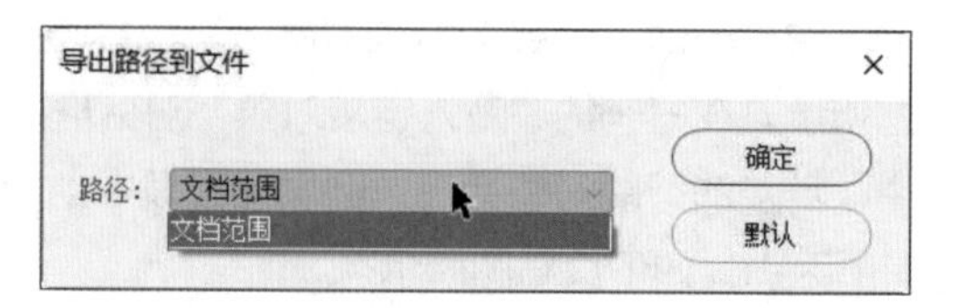

2.3 图像和画布的基础操作

学习了如何对文件进行新建、打开、保存和关闭等基本操作之后，需要进一步掌握图像和画布的基本操作。这些操作包括移动和复制图像、跨文档移动图像、修改图像或画布大小和旋转画布等，下面分别进行详细介绍。

2.3.1 移动和复制图像

本小节将对图像的复制和移动的操作方法进行介绍，具体如下。

(1) 移动图像

当需要移动画布中的某个图像时，在“图层”面板中选择需要移动对象所在的图层，如下左图所示。在左侧工具栏中选择移动工具，如下右图所示。

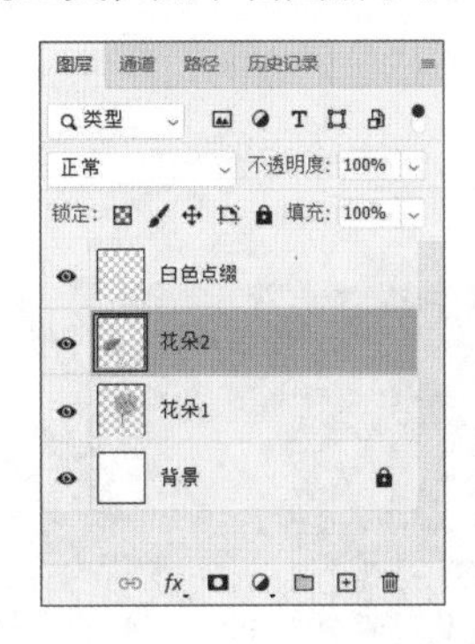

(2) 复制图像

需要复制图像时，用户可以采用以下四种方法：第一种是在菜单栏执行“图层>复制图层”命令，如下左图所示。在打开的“复制图层”对话框中设置图层名称，如下中图所示。第二种是在菜单栏中执行“图层>新建>通过拷贝的图层”命令，如下右图所示。或者按快捷键Ctrl+J，可以达到同样的效果。

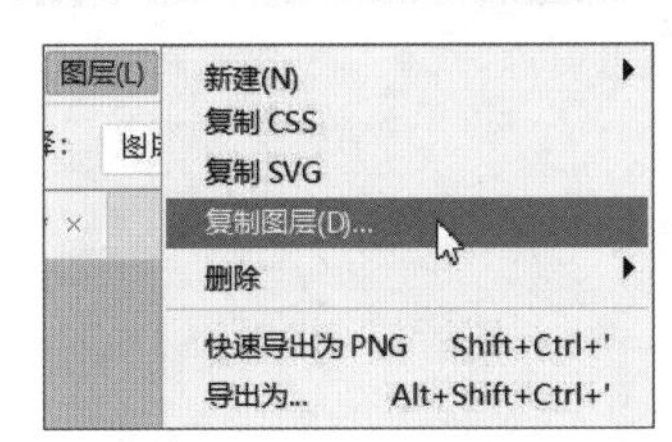

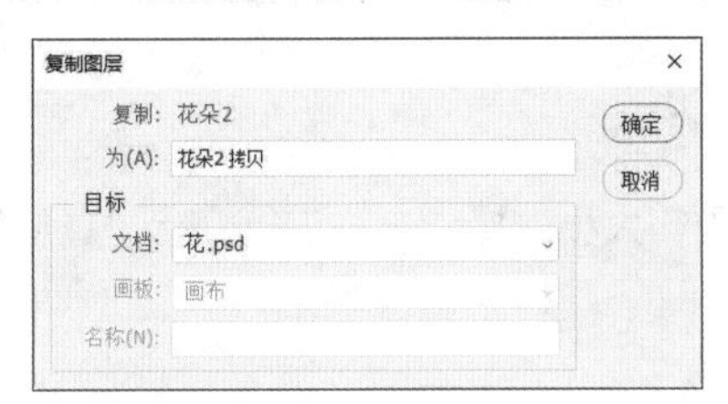

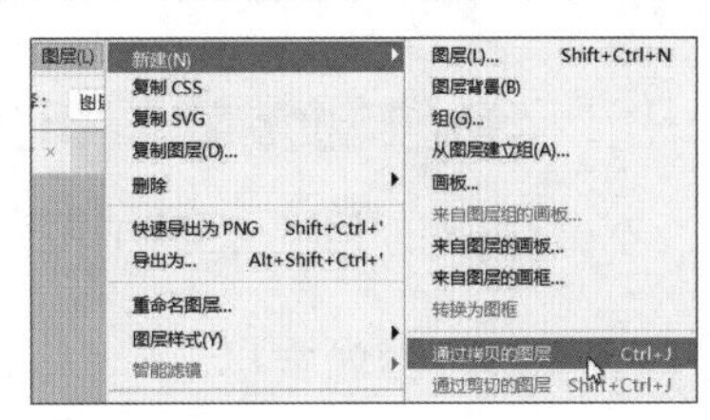

第三种是选中需要复制的图层，将其拖动到“图层”面板下方的“创建新图层”按钮上，如下左图所示。第四种是按住Alt键移动图像，完成后可以在“图层”面板看到拷贝的图层，如下右图所示。

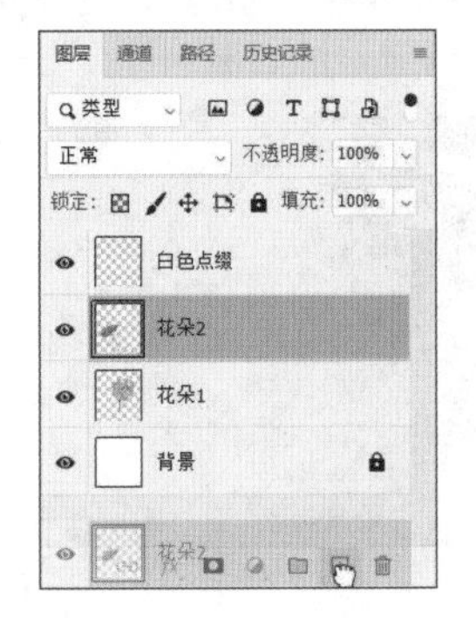

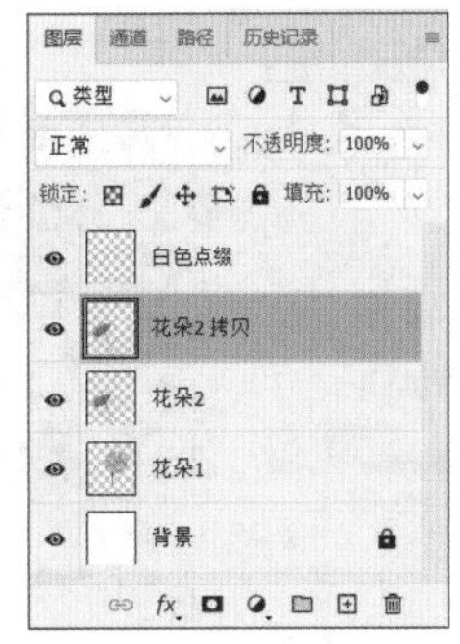

复制完成之后，复制的图像默认叠加在原图像上，这时需要移动复制的图像或者原图像。操作完成后，可以看到前后对比效果，如下两图所示。

2.3.2 跨文档移动图像

当需要将一个文档中的图像移动到另一个文档中时，用户可以在文档窗口中按住图像并将其拖动到选项卡上的另一个标题栏上，停留片刻后，画面会切换到这个标题对应的文档中。接下来移动图像到该文档工作界面，当光标变成下左图的形状，释放鼠标左键即可。操作完成之后，跨文档移动图像就完成了，如下右图所示。

2.3.3 修改图像或画布大小

本小节将对如何修改图像或更改画布大小的操作方法进行介绍，具体如下。

（1）修改图像大小

在Photoshop中处理文件时，经常需要调整图像的大小。图像的大小包括图像的尺寸和分辨率，图像的尺寸和分辨率同时也决定了图像的质量和存储空间的占用比。在菜单栏中执行“图像>图像大小”命令，如下左图所示。在打开的“图像大小”对话框中对图像的相关参数进行设置，如下右图所示。

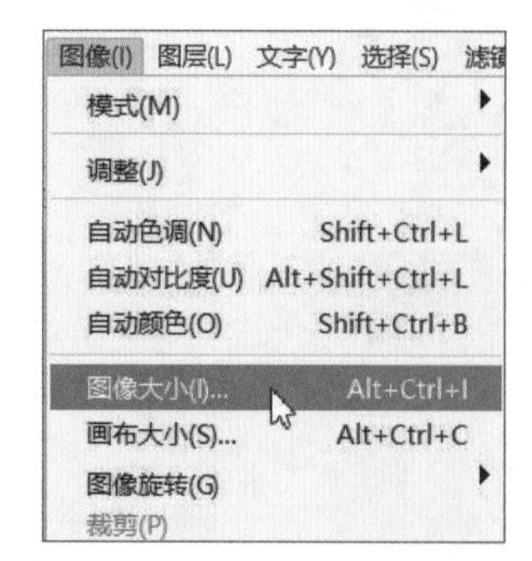

（2）修改画布大小

画布是容纳图像内容的窗口，在菜单栏中执行“图像>画布大小”命令，如下左图所示。在“画布大小”对话框中可以对图像的宽度和高度进行设置，可以通过单击箭头来选择“定位”的位置，从而设置画布增大或减小的方向，也可以调整扩展区域的颜色，如下右图所示。

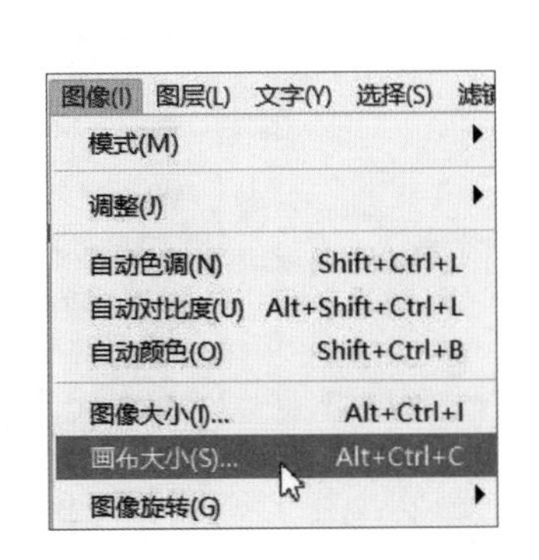

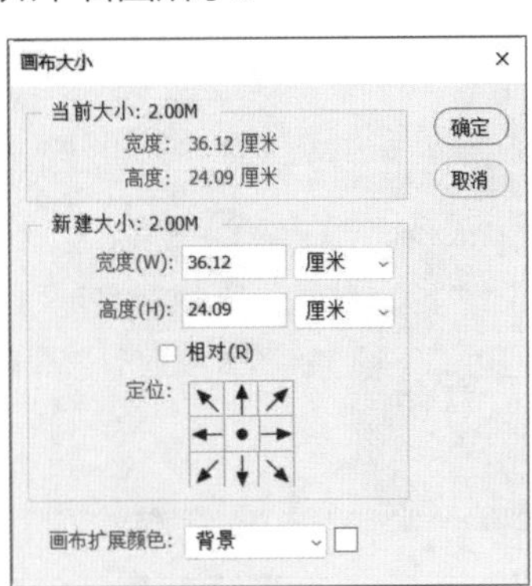

2.3.4 旋转画布

当我们想对画布进行旋转、翻转时，可以执行“图像>图像旋转”命令，在下拉菜单中选择相应的命令，如下左图所示。打开一张图片，如下中图所示。执行“图像>图像旋转>水平翻转画布”命令后，前后对比效果如下右图所示。

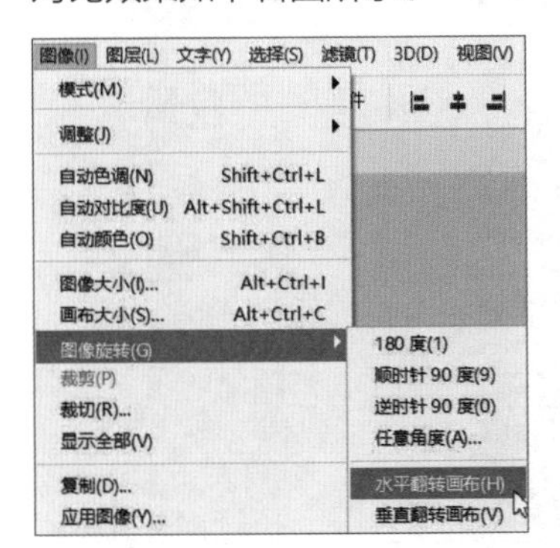

实战练习 修改图像的尺寸和画布大小

接下来将温习上面学习的内容，将一张图像修改成A4尺寸的图像，以下是详细讲解。

步骤 01 启动Photoshop 2024，执行“文件>打开”命令，打开名为“向日葵.jpg”的图像文件，如下左图所示。

步骤 02 执行“图像>图像大小”命令或按下Alt+Ctrl+I组合键，如下右图所示。

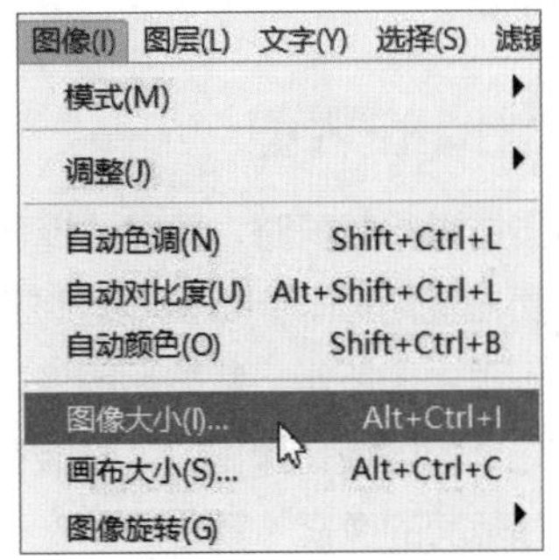

步骤 03 在打开的“图像大小”对话框中单击“限制长宽比”按钮，将“高度”设置为21厘米。完成设置后单击”确定”按钮，如下左图所示。

步骤 04 接着执行“图像>画布大小”命令或按Alt+Ctrl+C组合键，如下右图所示。

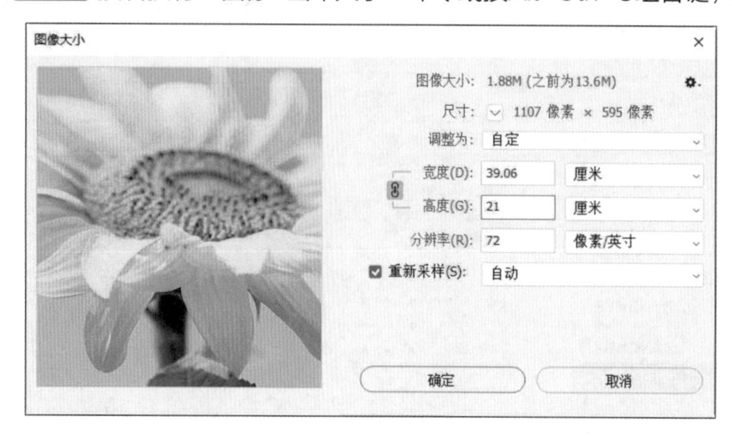

步骤 05 打开“画布大小”对话框，选择定位中间的箭头，也就是默认情况下的定位，设置以图像中心为原点向四周缩小画布大小，如下左图所示。

步骤 06 完成后单击“确定”按钮并查看效果，图像被修改成了A4尺寸，如下右图所示。

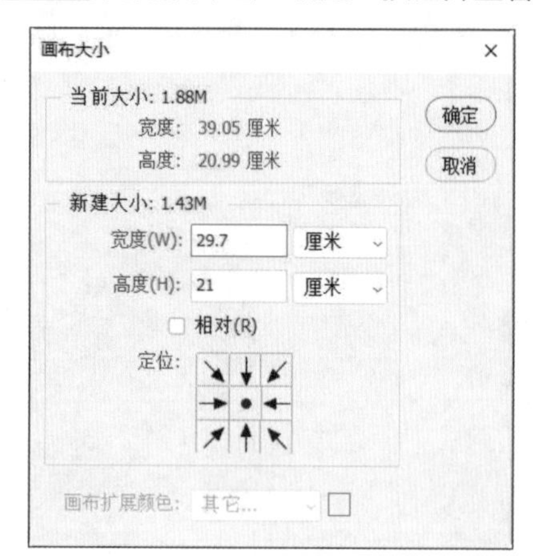

2.4 图像的编辑

在Photoshop中，我们可以删除不需要的图像部分，还可以进行各种图像的变换操作（包括旋转、缩放等），或者进行图像的变形操作（包括扭曲、斜切等）。同时，在编辑图像的过程中，可以随时对图像进行复原和重建。

2.4.1 图像的裁剪

需要对图像进行裁剪时，可以选择裁剪工具直接在文档中拖动并调整裁剪控制框，形成所需的裁剪区域，如下页左图所示。完成裁剪区域选定后，释放鼠标左键并按下Enter键，即可保留裁剪区域内的图像部分，如下页中图所示。裁剪后图像的分辨率与未裁剪的原照片分辨率相同，图像不会变模糊。默认情况下，裁剪之外的区域是保留的，隐藏在画布之外，若想删除裁剪之外的区域，可以在裁剪之前勾选属性栏中的“删除裁剪的像素”复选框。

2.4.2 图像的变换与变形

在Photoshop中，用户可以对图层、选区、路径和图像进行变换和变形操作，包括缩放、旋转、斜切、扭曲等。执行“编辑>变换”命令，在下拉菜单中包含对图像进行变换的各种操作命令，如下左图所示。执行这些命令后，在图像上会出现一个定界框，如下右图所示。或是使用快捷键Ctrl+T并在画布上右击，执行对图像的变换操作。

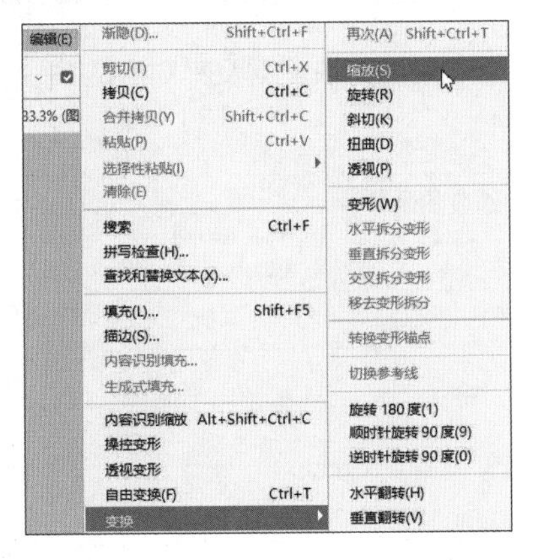

在定界边框上有多个控制点，当将光标移动到四角的控制点周边，出现下左图的形状时，可以对图像进行自由旋转。按住Ctrl键并单击控制点，可以自由变化图像形状，如下右图所示。变换完成之后，按Enter键即可。

2.4.3 图像的还原与重做

在图像处理过程中，用户需要撤销已进行的错误操作，或者需要与之前编辑的效果进行对比，此时可以利用菜单命令和“历史记录”面板来撤销操作。执行“编辑>还原名称更改”命令或者使用Ctrl+Z组合键，可撤销刚执行过的操作，如下页左图所示。一直执行此命令，则连续撤回执行过的操作。如果需要撤回多步操作，可以执行“窗口>历史记录”命令，如下页中图所示。在弹出的“历史记录”面板中单击之前的处理步骤，即可回到选中步骤时的状态，如下右图所示。

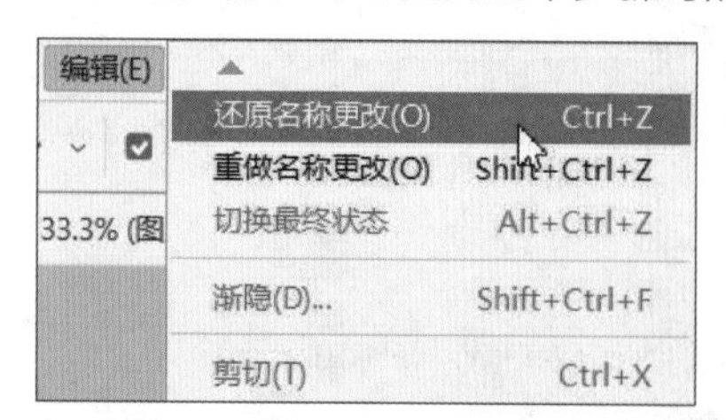

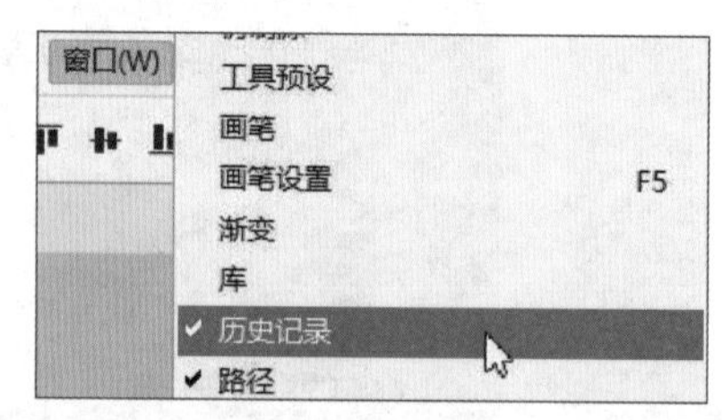

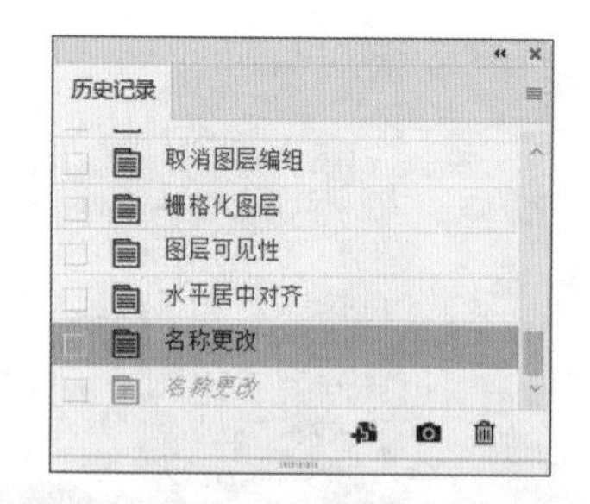

提示：怎样增加历史记录的步骤?

Photoshop默认的历史记录是20步，新操作的步骤会覆盖最初执行的步骤，想要更好地对比和编辑文件，可以增加历史记录的步骤。用户可以执行“编辑>首选项>性能”命令，在打开的窗口中将历史记录状态调整为所需的数值。

知识延伸：常用快捷键

熟练应用快捷键，可以提高工作效率。以下是Photoshop中常用的快捷键及其对应的命令，熟记这些快捷键便于我们更快速地开展工作。

快捷键	对应的命令
Ctrl+N	执行“文件>新建”命令
Ctrl+O	执行“文件>打开”命令
Ctrl+Shift+O	执行“文件>打开为”命令
Ctrl+S	执行“文件>储存”命令
Ctrl+Shift+S	执行“文件>储存为”命令
Alt+Shift+Ctrl+S	执行“文件>导出>存储为Web所用格式（旧版）”命令
Ctrl+W	执行“文件>关闭”命令
Ctrl+C	执行“编辑>拷贝”命令
Ctrl+V	执行“编辑>粘贴”命令
Ctrl+X	执行“编辑>剪切”命令
Ctrl+Z	执行“编辑>还原状态更改”命令
Ctrl+Shift+N	执行“图层>新建>图层” 命令
Ctrl+T	执行“编辑>自由变换” 命令
Ctrl+J	执行“图层>新建>通过拷贝的图层”命令
Ctrl+A	执行“选择>全选”命令
Ctrl+D	执行“选择>取消选择”命令
Shift+Ctrl+I	执行“选择>反选”命令
Ctrl+0	执行“视图>按屏幕大小缩放”命令
Ctrl++	执行“视图>放大”命令
Ctrl+-	执行“视图>缩小”命令
Ctrl+R	执行“视图>标尺”命令

上机实训：制作桌面插画壁纸

学习完本章的知识，相信用户对Photoshop图像的基本操作有了一定的认识。下面以制作桌面插画壁纸为例，巩固本章所学的知识，具体操作如下。

步骤 01 打开Photoshop 2024，执行"文件>新建"命令，在弹出的"新建文档"对话框中设置相应参数，如下左图所示。

步骤 02 执行"文件>打开"命令，在弹出的"打开"对话框中选择需要的文件，如下右图所示。

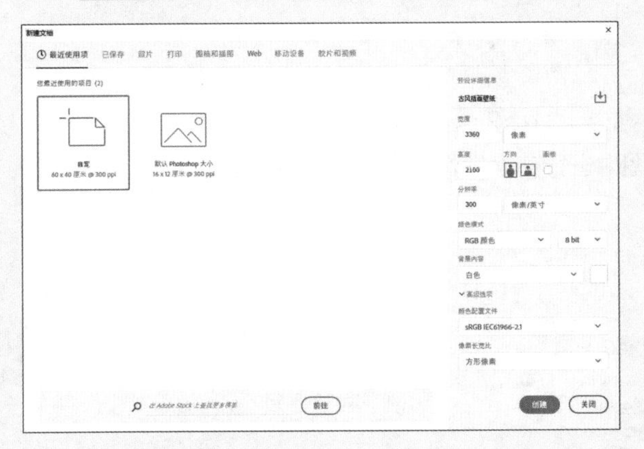

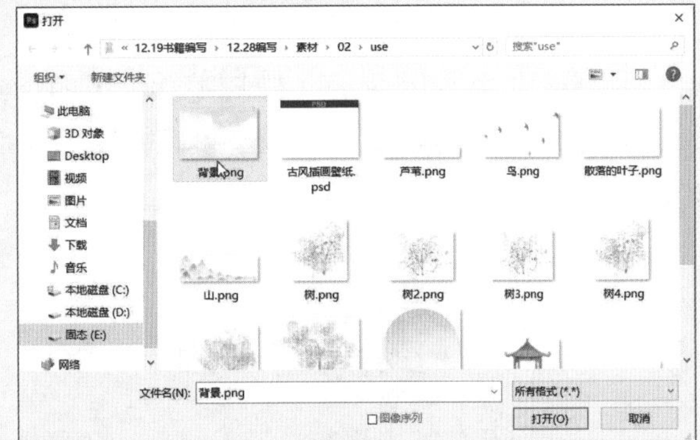

步骤 03 然后在"图层"面板中选择名为"图层1"的背景图层，如下左图所示。

步骤 04 将背景图层移动到新建的图像中并适当调整大小，如下右图所示。

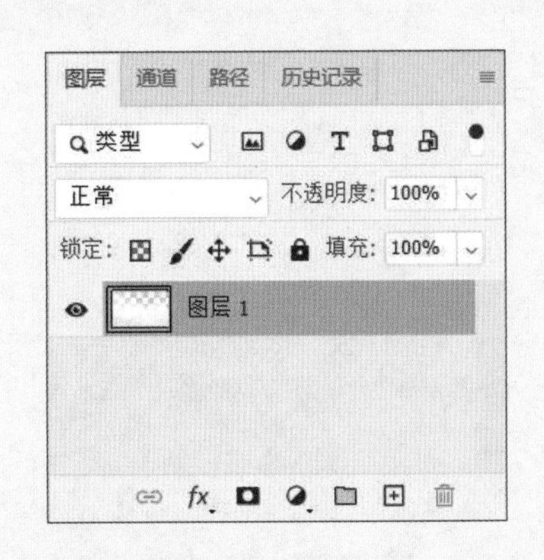

步骤 05 在菜单栏中执行"文件>置入嵌入对象"命令，如下左图所示。

步骤 06 在弹出的"置入嵌入的对象"对话框中选择需要置入的对象，如下右图所示。

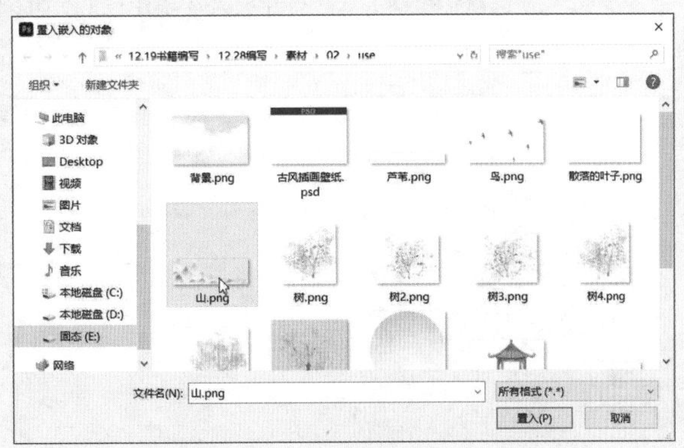

步骤07 置入文件之后，需要对置入的图像进行自由变换，以适应图像的大小，如下左图所示。

步骤08 待大小和位置调整完毕按下Enter键，自由变换控制点即可消失，如下右图所示。

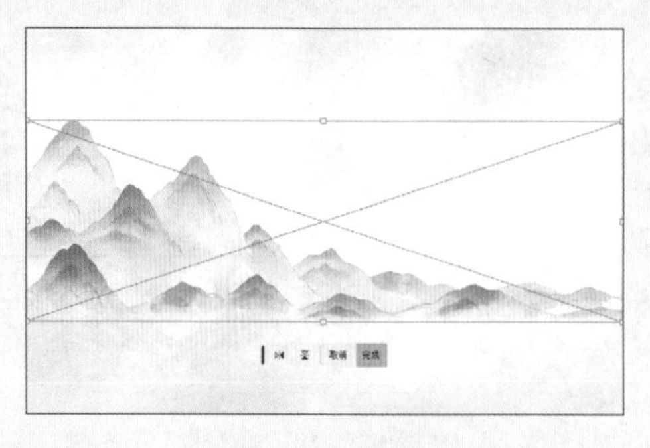

步骤09 选中“山”图层，按下快捷键Ctrl+J复制图层，如下左图所示。

步骤10 执行“编辑>变换>垂直翻转”命令，对图像进行变换操作命令，如下右图所示。

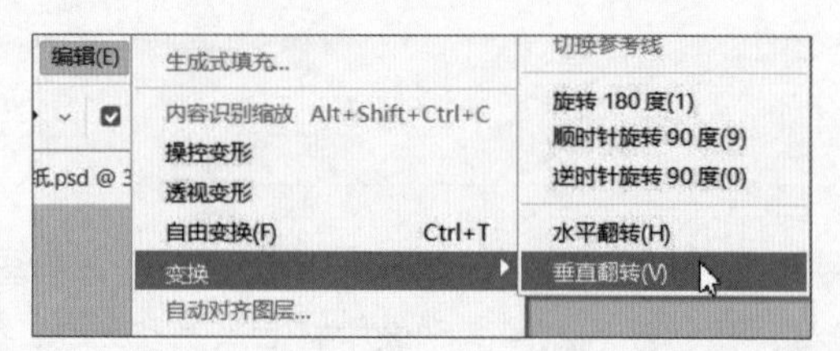

步骤11 垂直翻转图像后的效果如下左图所示。

步骤12 调整图像位置并降低图像的不透明度，如下右图所示。

步骤13 用相同的方法置入庭院素材，复制图层并对图像进行变换操作，如下左图所示。

步骤14 继续打开其他素材，调整图像大小和位置，可以在文档窗口中看到最终完成的图像效果，如下右图所示。

课后练习

一、选择题

（1）Photoshop默认的文件格式是（　　）。

A. PSD　　B. PSB

C. PNG　　D. JPG

（2）Photoshop可以置入以下哪几种文件（　　）。

A. PSD文件　　B. AI文件

C. PDF文件　　D. EPS文件

（3）需要对图层进行等比放大或缩小时，可以使用（　　）组合键。

A. Ctrl+J　　B. Alt

C. Ctrl+Z　　D. Ctrl+T

二、填空题

（1）Photoshop中的颜色模式包括__________、__________、__________、__________、__________、__________、__________和__________。

（2）在“图像”菜单中执行__________命令，可以修改图像的分辨率。

（3）按住__________键移动图像，即可在画布中复制图像。

三、上机题

根据实例文件中给定的素材制作一张新年卡片，最终参考效果如下图所示。

操作提示

① 应用打开及置入文件相关命令，灵活使用变换工具调整图像大小。

② 使用选区工具制作投影效果（这将在下一节进行详细讲解）。

第3章 图层和选区的操作

本章概述

这一章主要对图层和选区的基础操作进行讲解。图层呈现图像的内容，图层的数量决定图像的复杂程度，合理使用选区可以很方便地对图像的局部进行操作，而不影响选区外的内容。

核心知识点

❶ 了解图层的基础操作
❷ 熟悉图层的混合模式
❸ 熟悉图层样式
❹ 掌握选区的基础操作

3.1 图层的基础操作

图层是Photoshop的核心功能之一，所有的编辑和修饰都需要在图层上进行展现。这一节将对图层的概念和基础操作进行详细讲解。

3.1.1 图层的概念

图层是Photoshop中最主要的载体，用来装载各种各样的图像。在“图层”面板的图层缩览图中，用户可以看到每一个图层的位置及其内容，如下左图所示。当多张半透明的画纸重叠在一起，不同位置的内容彼此叠加起来就形成了一个完整的图像，如下右图所示。

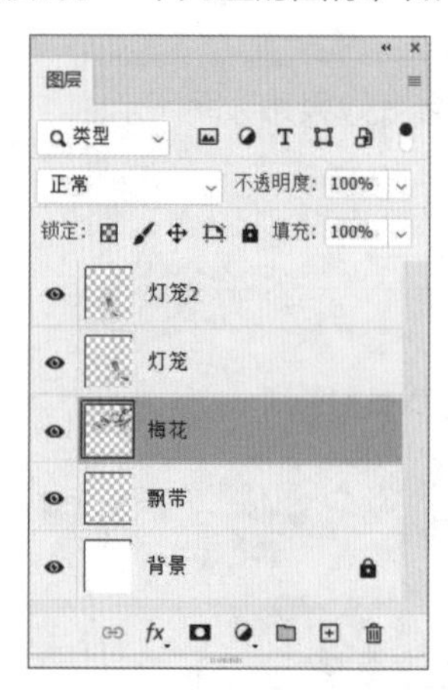

每一个图层就像一张半透明的画纸，且都是独立存在的，如下图所示。除“背景”图层外，其他图层都可以通过调节不透明度或者修改图层混合模式，让上方和下方的图像产生特殊的混合效果。右击图层缩览图可以调整缩览图的大小，其中的棋盘格代表了图像的透明区域。

3.1.2 图层面板

“图层”面板用于创建、编辑和管理图层，也可以为图层添加图层样式。执行“窗口>图层”命令，如下左图所示。或者按下F7键，即可打开图层面板。在面板中罗列了当前文档中包含的所有图层、图层组和图层样式等，如下右图所示。

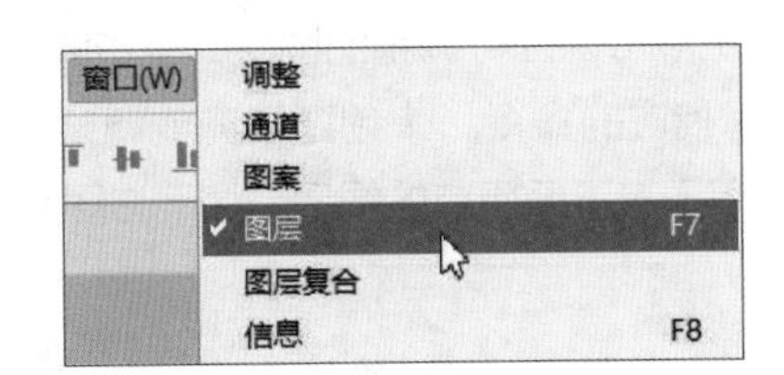

3.1.3 图层类型

图层类型根据功能的不同，可以分为普通图层、智能对象图层、文字图层、形状图层、填充图层和调整图层，下面将分别讲解这些图层的特点和功能。

（1）普通图层和智能对象图层

普通图层是常规操作中使用频率最高的图层。普通图层包括空白图层和像素图层，通常情况下新建图层就是指新建空白图层，如下左图所示。像素图层是由一个个像素组成的图层，用户可以随意修改和调整，在进行多次放大或缩小的操作后，图像会产生锯齿并变得模糊，如下中图所示。智能对象图层在经过一系列操作之后依然会保留图像的清晰度，防止图像失真。双击智能对象可以在新打开的窗口中对图像进行编辑，如下右图所示。

（2）文字图层和形状图层

文字图层是编辑文字的图层，即图层面板中带有“T”标志的图层，如下页左图所示。形状图层是一种矢量图层，该图层既可以随意调整填充颜色、添加样式，还可以通过编辑矢量路径来创建用户需要的形状，如下页右图所示。

（3）填充图层和调整图层

填充图层和调整图层，是在不改变整个图像的情况下可以进行调整的图层。单击图层面板下方的“创建新的填充或调整图层”按钮，在弹出的菜单中选择相应的命令，来创建填充或调整图层，如下左图所示。填充和调整图层显示在选择的图层上方，效果作用于其下面所有的图层，如下右图所示。

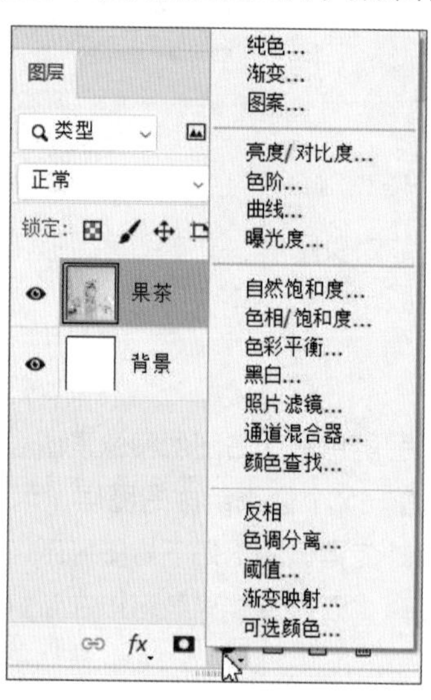

3.1.4 新建图层

新建图层有多种方法，下面着重介绍两种常用的方法。第一种是在菜单栏执行“图层>新建>图层”命令，如下左图所示。在弹出的“新建图层”对话框中设置相应的内容，如下右图所示。

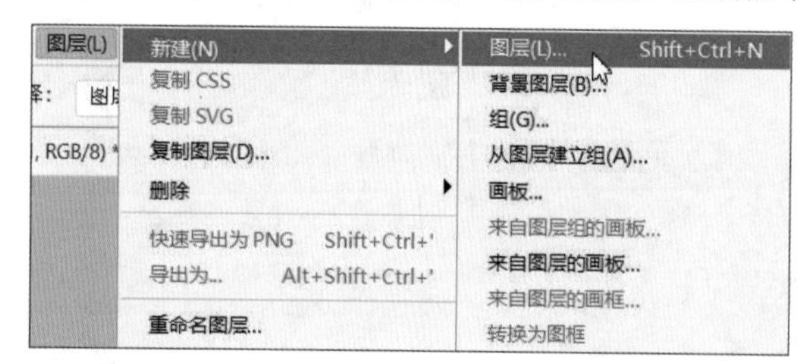

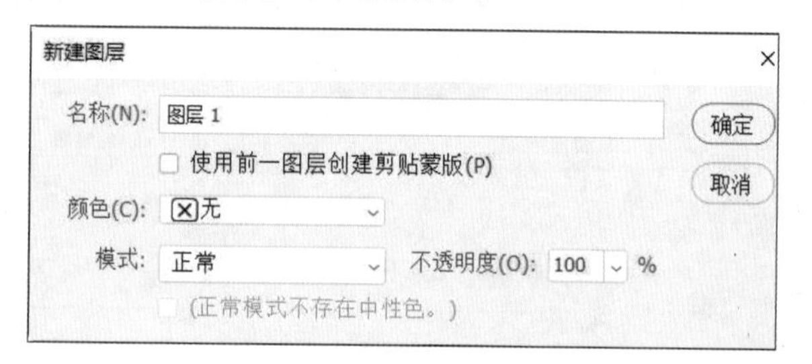

第二种方法是点击“图层”面板下方的“创建新图层”按钮，如下页左图所示，即可创建出一个新图层，如下页右图所示。

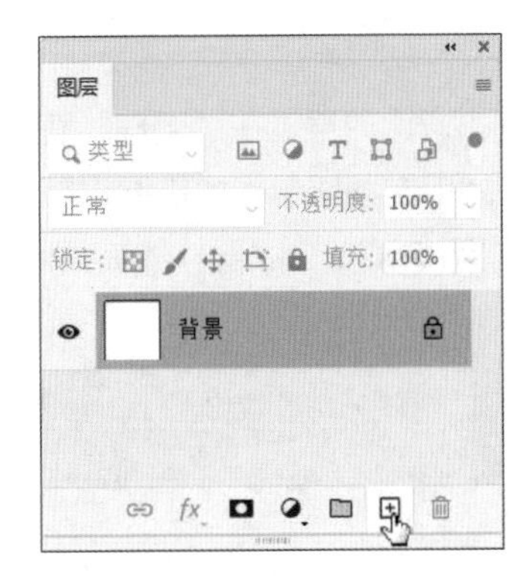

3.1.5 编辑图层

在Photoshop中，图层的编辑操作包括选择图层、重命名图层、显示和隐藏图层、删除和合并图层、锁定图层、图层的不透明度和填充、图层组等，下面对编辑图层的相关操作分别进行介绍。

（1）选择图层

在对图像进行编辑和修饰前，需要选择相应的图层。单击图层面板中的一个图层即可选择该图层，如下左图所示。如果要选择多个相邻的图层，可以单击第一个图层，然后按住Shift键单击最后一个图层，效果如下中图所示。如果要选择多个不相邻的图层，可以按住Ctrl键单击这些图层，效果如下右图所示。

（2）重命名图层

新建图层默认的名称一般不是用户所需要的图层名，这时就需要对图层进行重命名操作。重命名图层的操作比较简单，在需要重命名的图层名称上双击，当图层名称呈白色文字框显示时在其中输入新的图层名称，如下左图所示。按下Enter键即可确认重命名操作，效果如下右图所示。

（3）显示和隐藏图层

在编辑图像的过程中，有时需要将某个图层隐藏起来对比效果。在“图层”面板中单击“指示图层可见性”图标，当其变为时则隐藏该图层中的图像，如下左图所示。如需要将隐藏的图层显示出来，再次单击眼睛图标即可显示图层。如果想一次性隐藏或显示除某一个图层外的其他所有图层，可以按住Alt键，同时单击“指示图层可见性”图标，如下右图所示。

（4）删除和合并图层

删除图层是将不需要的图层删除。选择需要删除的图层，将其拖动到“删除图层”按钮上，如下左图所示。或是直接按键盘上的Delete键即可。合并图层是将两个及两个以上的图层合并成一个图层，减少图层的数量以便用户操作。在“图层”面板中选择需要合并的图层，如下中图所示。然后在菜单栏执行“图层>合并图层”命令或按下Ctrl+E组合键即可，如下右图所示。

（5）锁定图层

当确定不需要修改某一图层时，就可以将当前图层锁定，通常情况下锁定背景及装饰图层。在“图层”面板中单击“锁定全部”图标，即可将当前图层锁定，如下左图所示。锁定之后，在“图层”面板中的图层右侧会出现锁的图标，如下右图所示。如需解锁，单击锁的图标即可。

（6）图层的不透明度和填充

不透明度设置的是图层的总体不透明度，在“图层”面板中可以对图层不透明度的百分比进行调整，如下左图所示。填充设置的是图层的内部不透明度，在“图层”面板中可以对图层填充的百分比进行调整，如下右图所示。

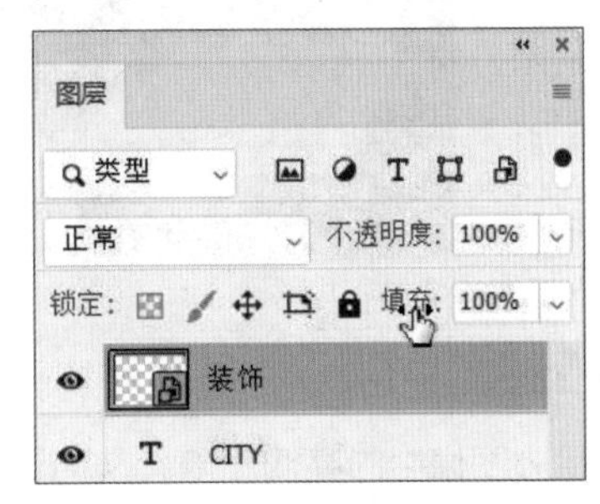

（7）图层组

当“图层”面板中有大量的图层时，繁多的图层会使用户的操作变得不简便，如下左图所示。此时可以对图层进行分组，选中需要分成一组的图层，在“图层”面板中单击“创建新组”按钮，如下中图所示。整理之后的“图层”面板会变得清晰明了，效果如下右图所示。

3.2 图层的混合模式

图层的混合模式就是将相邻的两个图层进行混合，通过色彩叠加而产生的效果，Photoshop提供了共计6组27种混合方式，分别是正常模式组、变暗模式组、变亮模式组、对比模式组、色相模式组、色调模式组。本节将对常用的混合模式进行详细讲解。

3.2.1 正常模式组

正常模式组分为正常模式和溶解，如下页左图所示。正常模式是Photoshop的默认模式，对图层不做任何混合调整，上方图层所在的区域会遮盖下方图层，效果如下页中图所示。而溶解模式则是将图像以散乱的点状形式叠加到下一层图像上，对图像的色彩不产生影响，与图像的不透明度有关。将图层的不透明度设置为80%，效果如下页右图所示。

3.2.2 变暗模式组

变暗模式组用于除去图像中的亮调图像，从而达到使图像变暗的目的。其中包括变暗模式、正片叠底模式、颜色加深模式、线性加深模式和深色模式，如下左图所示。在“图层”面板中将图层的混合模式设置为正片叠底，效果如下中图所示。将图层的混合模式设置为线性加深，效果如下右图所示。

3.2.3 变亮模式组

变亮模式组用于除去图像中的暗调图像，从而达到使图像变亮的目的。其中包括变亮模式、滤色模式、颜色减淡模式、线性减淡（添加）模式和浅色模式，如下左图所示。在“图层”面板中将图层的混合模式设置为滤色，效果如下中图所示。将图层的混合模式设置为颜色减淡，效果如下右图所示。

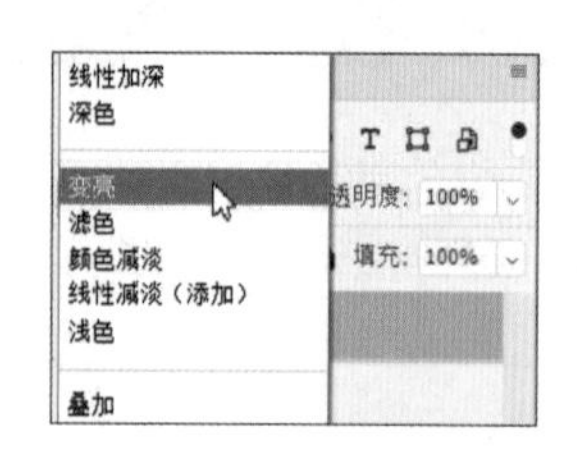

3.2.4 对比模式组

对比模式组用于除去图像中的亮部和暗部，使中性灰混合，增强图像的反差。其中包括叠加模式、柔光模式、强光模式、亮光模式、线性光模式、点光模式和实色混合模式，如下页左图所示。在“图层”面板中将图层的混合模式设置为叠加，效果如下页中图所示。将图层的混合模式设置为强光，效果如下页右图所示。

3.2.5 色相模式组

色相模式组通过将当前图像与底层图像作比较，制作出各种另类、反色的效果。其中包括差值模式、排除模式、减去模式和划分模式，如下左图所示。在“图层”面板中将图层的混合模式设置为差值，效果如下中图所示。将图层的混合模式设置为划分，效果如下右图所示。

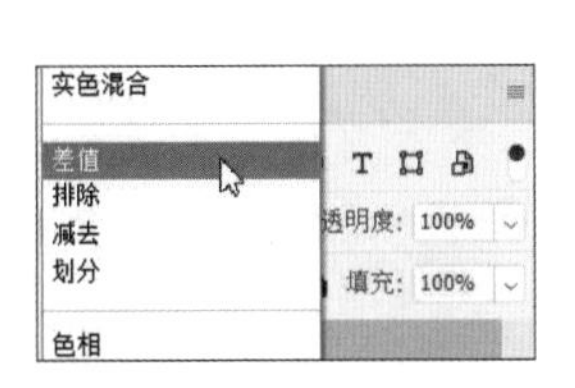

3.2.6 调色模式组

调色模式组依据上层图像的色彩信息，不同程度地映衬下面图层上的图像。其中包括色相模式、饱和度模式、颜色模式和明度模式，如下左图所示。在“图层”面板中将图层的混合模式设置为颜色，效果如下中图所示。将图层的混合模式设置为明度，效果如下右图所示。

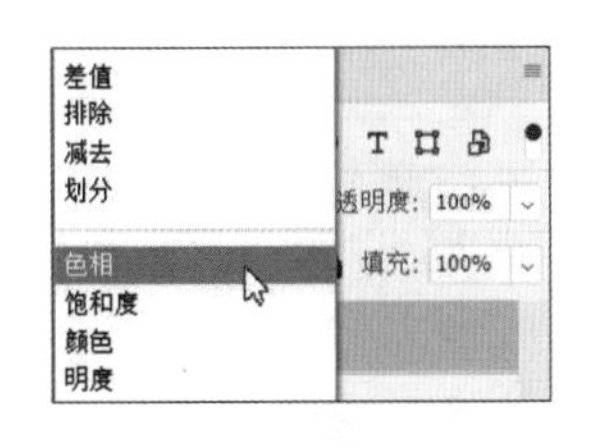

3.3 图层样式

图层样式是给图层添加的效果，可以为图像、文字等图层添加如发光、投影、描边等效果，使图像更加有质感。下面将详细介绍图层样式的相关内容。

3.3.1 添加图层样式

为图层添加样式一般有三种方法。第一种是选择需要添加图层样式的图层，在菜单栏执行“图层>图层样式”命令，在弹出的菜单列表中选择需要添加的样式，如下左图所示。然后在弹出的“图层样式”对话框中设置图层样式的相关参数，如下右图所示。

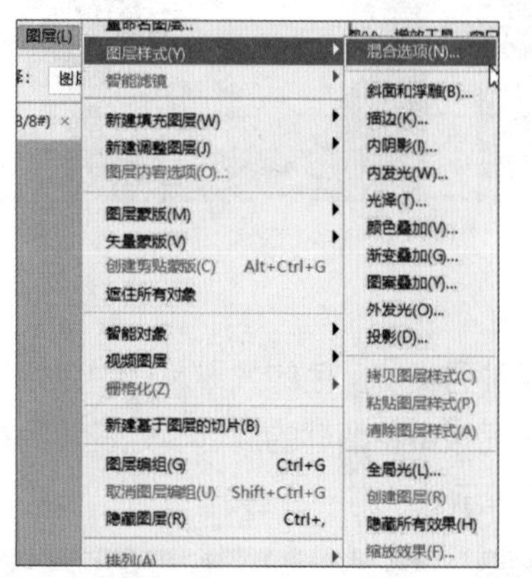

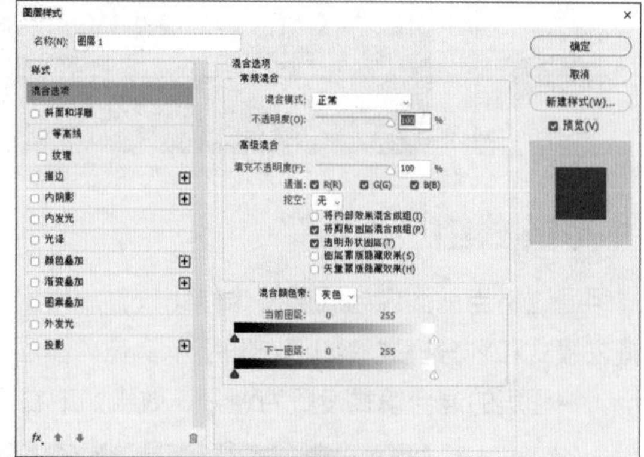

第二种方法就是单击“图层”面板中的“图层样式”按钮fx，选择一个样式，之后会弹出“图层样式”对话框，如下左图所示。第三种方法是双击需要添加图层样式的图层，即可弹出“图层样式”对话框。添加过图层样式的图层右侧会显示fx字样，如下右图所示。

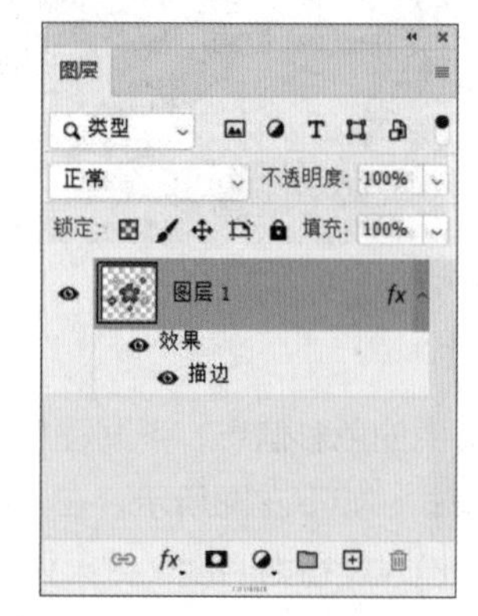

3.3.2 “斜面和浮雕”样式

“斜面和浮雕”样式用于增强图像边缘的明暗度，使图层呈现出立体的效果。在菜单栏中执行“图层>图层样式>斜面和浮雕”命令，如下左图所示。之后弹出“图层样式”的对话框，如下右图所示。

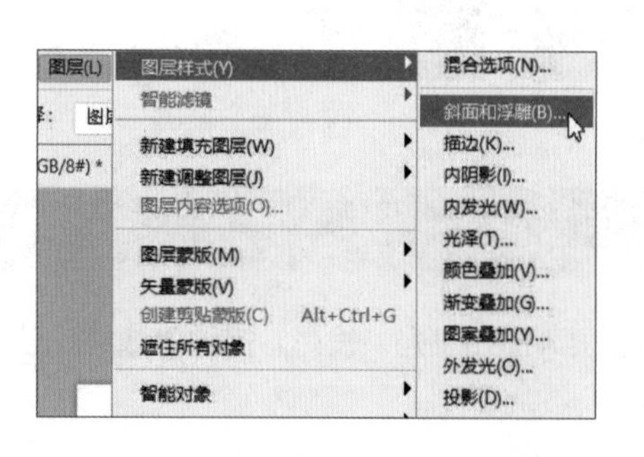

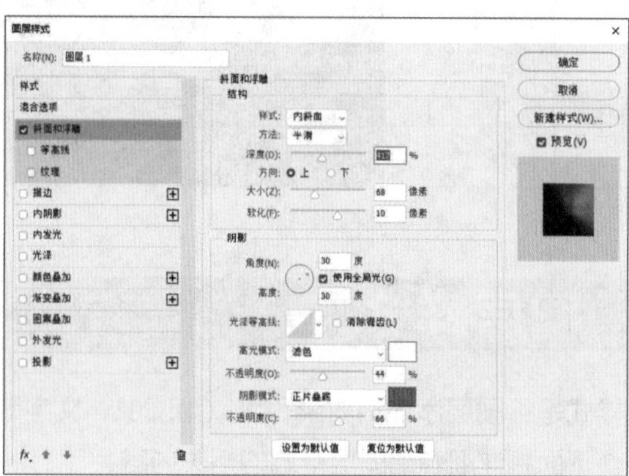

在“斜面和浮雕”样式列表的下方有两个复选框，分别是“等高线”和“纹理”选项，用于设置图像细节，如下两图所示。

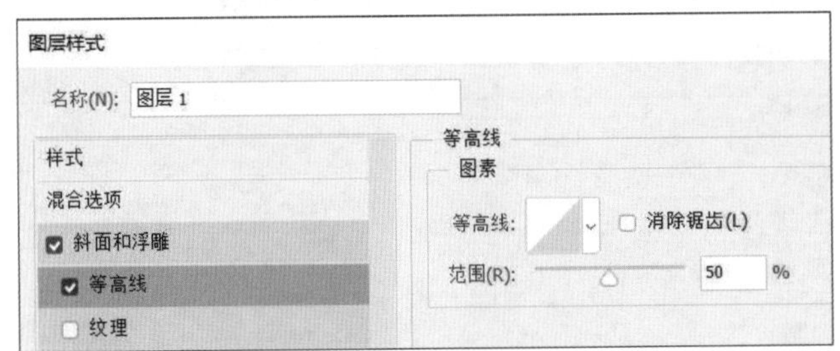

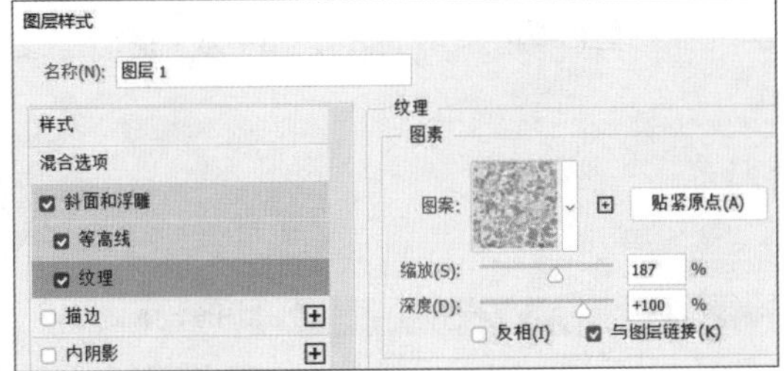

完成上述操作后，观看前后对比效果，如下两图所示。

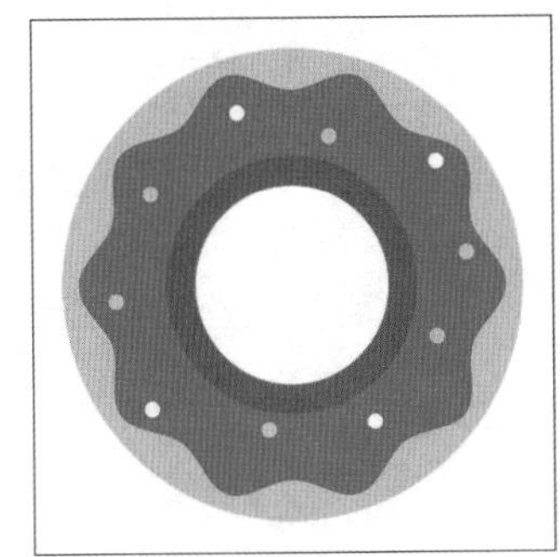
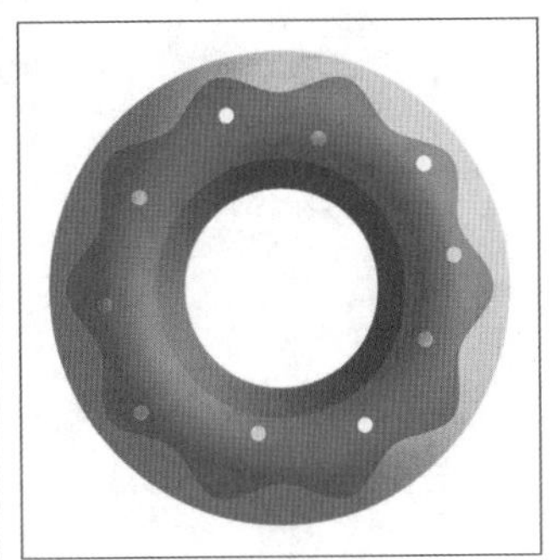

3.3.3 “描边”样式

“描边”样式是使用颜色、渐变或图案对当前图层中的图像进行描边，适用于硬边形状。在菜单栏中执行“图层>图层样式>描边”命令，如下左图所示。之后弹出“图层样式”的对话框，如下右图所示。

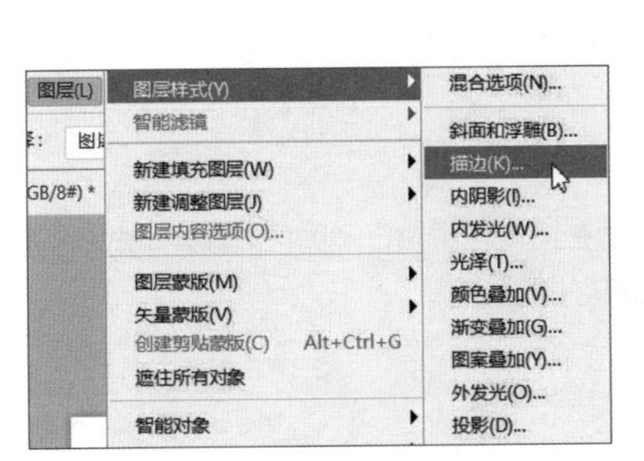

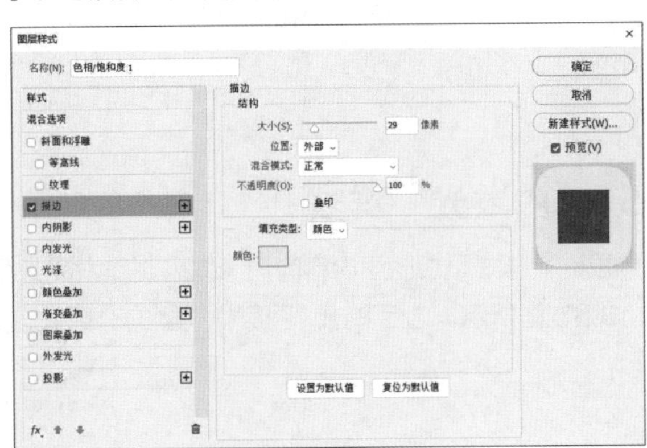

完成上述操作后，观看前后对比效果，如下两图所示。

3.3.4 “内阴影”样式

“内阴影”样式是在图层内容的边缘内部添加阴影，从而产生内部凹陷的效果。在菜单栏中执行“图层>图层样式>内阴影”命令，如下左图所示。之后弹出“图层样式”的对话框，如下右图所示。

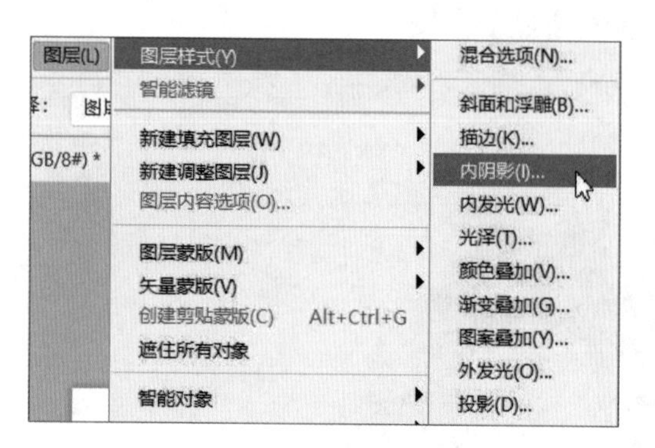

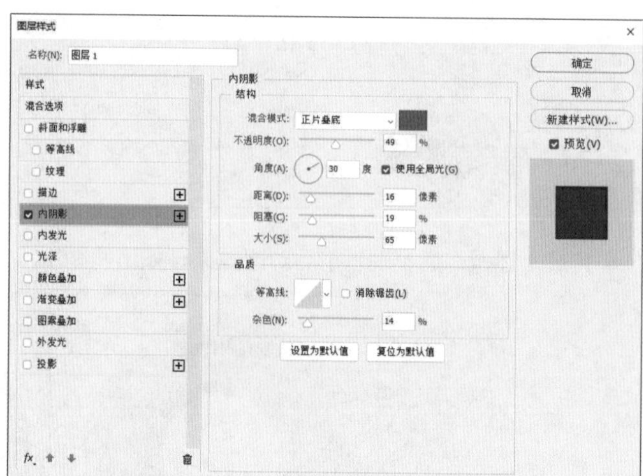

完成上述操作后，观看前后对比效果，如下两图所示。

3.3.5 “内发光”样式

“内发光”样式是由图层内容的边缘向内制作发光效果。在菜单栏中执行“图层>图层样式>内发光”命令，如下左图所示。之后弹出“图层样式”的对话框，如下右图所示。

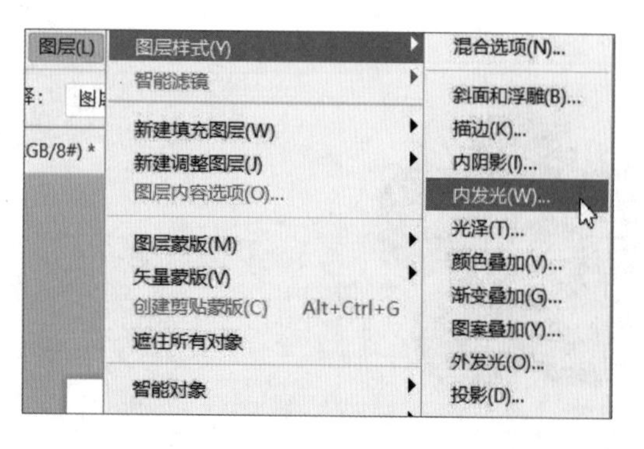

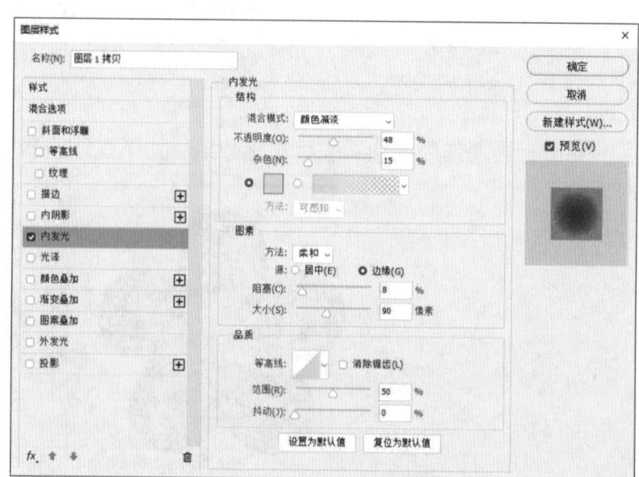

完成上述操作后，观看前后对比效果，如下两图所示。

3.3.6 “光泽”样式

“光泽”样式可以创建出光滑的内部阴影，通常用于制作金属光泽。在菜单栏中执行“图层>图层样式>光泽”命令，如下左图所示。之后弹出“图层样式”的对话框，如下右图所示。

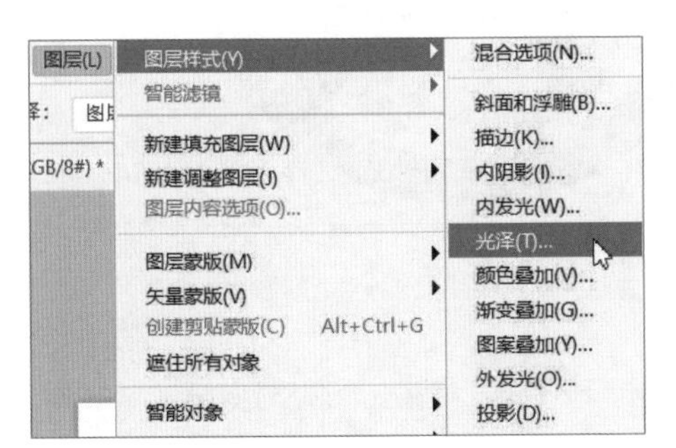

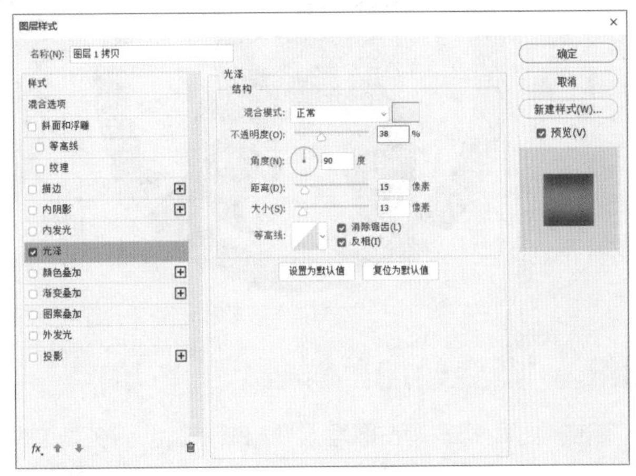

完成上述操作后，观看前后对比效果，如下两图所示。

3.3.7 “颜色叠加”样式

“颜色叠加”样式是在图层上叠加颜色，通过修改混合模式和不透明度调整叠加效果。在菜单栏中执行“图层>图层样式>颜色叠加”命令，如下页左图所示。之后弹出“图层样式”的对话框，如下页右图所示。

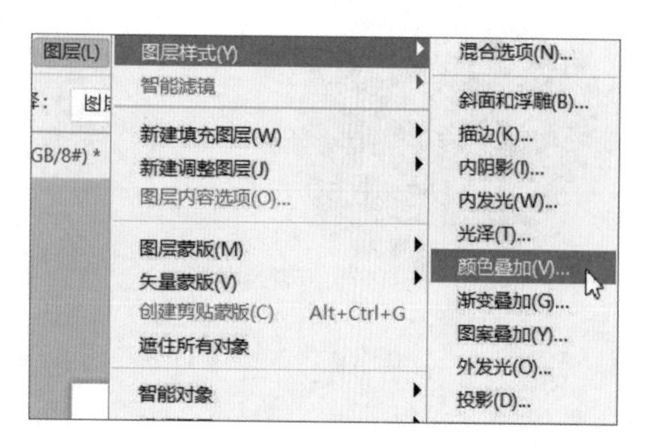

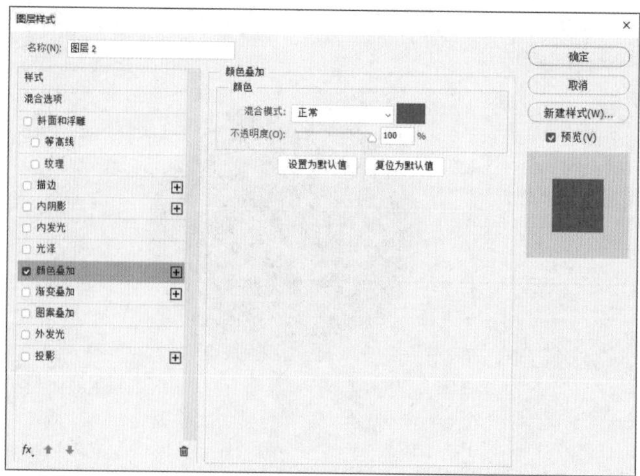

完成上述操作后，观看前后对比效果，如下两图所示。

3.3.8 “渐变叠加”样式

“渐变叠加”样式是在图层上叠加渐变颜色。在菜单栏中执行“图层>图层样式>渐变叠加”命令，如下左图所示。之后弹出“图层样式”的对话框，如下右图所示。

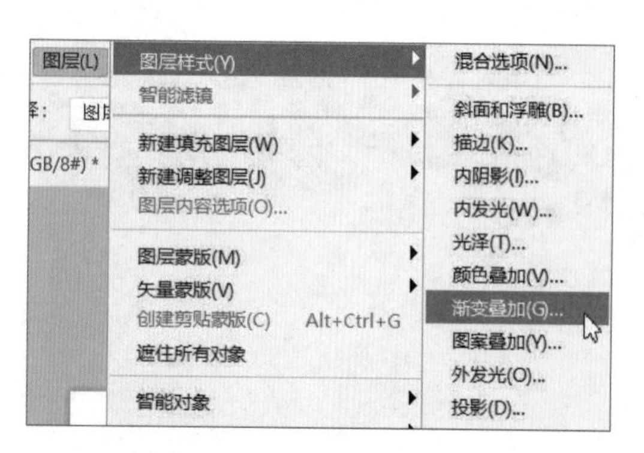

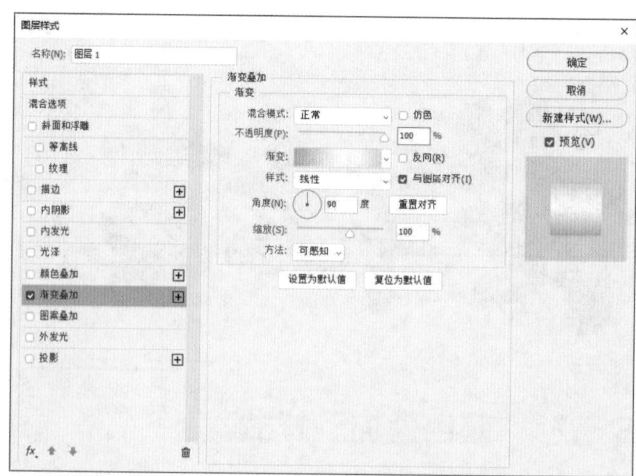

完成上述操作后，观看前后对比效果，如下页两图所示。

3.3.9 “图案叠加”样式

“图案叠加”样式是在图层上叠加预设或者自定义的图案。在菜单栏中执行“图层>图层样式>图案叠加”命令，如下左图所示。之后弹出“图层样式”的对话框，如下右图所示。

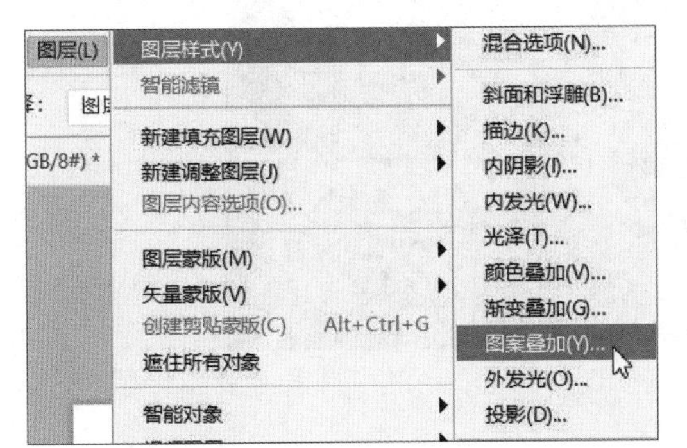

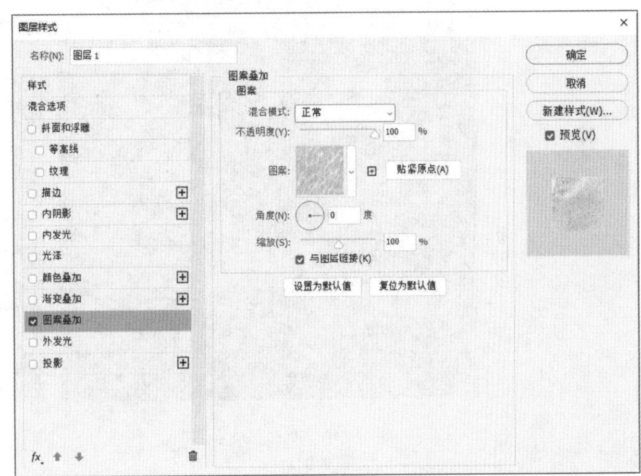

完成上述操作后，观看前后对比效果，如下两图所示。

3.3.10 “外发光”样式

“外发光”样式是由图层内容的边缘向外制作发光效果。在菜单栏中执行“图层>图层样式>外发光”命令，如下页左图所示。之后弹出“图层样式”的对话框，如下页右图所示。

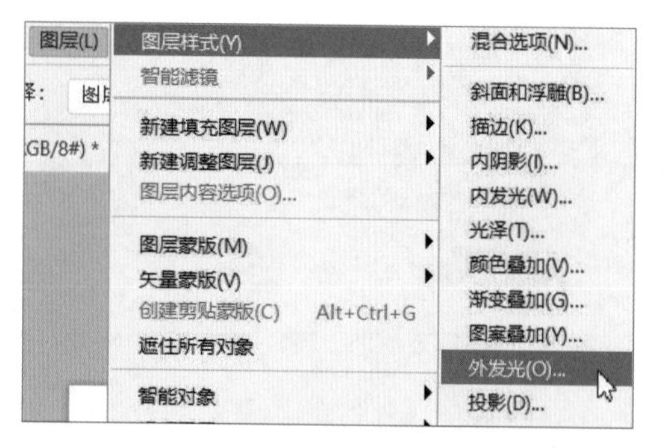

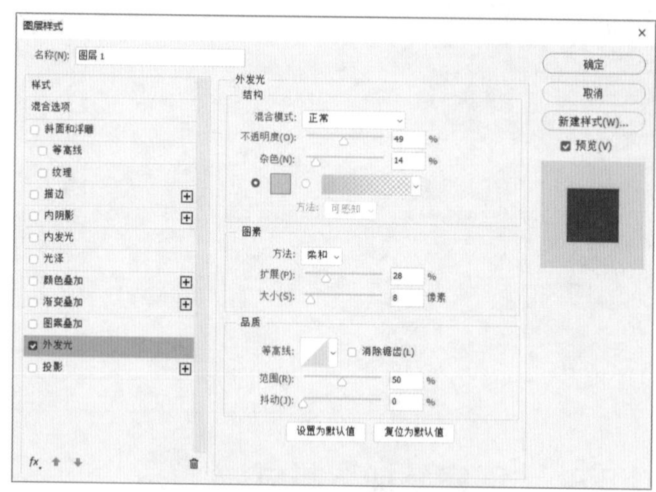

完成上述操作后，观看前后对比效果，如下两图所示。

3.3.11 “投影”样式

“投影”样式主要是在图层内容的后面添加阴影，从而产生立体化的效果。在菜单栏中执行“图层>图层样式>投影”命令，如下左图所示。之后弹出“图层样式”的对话框，如下右图所示。

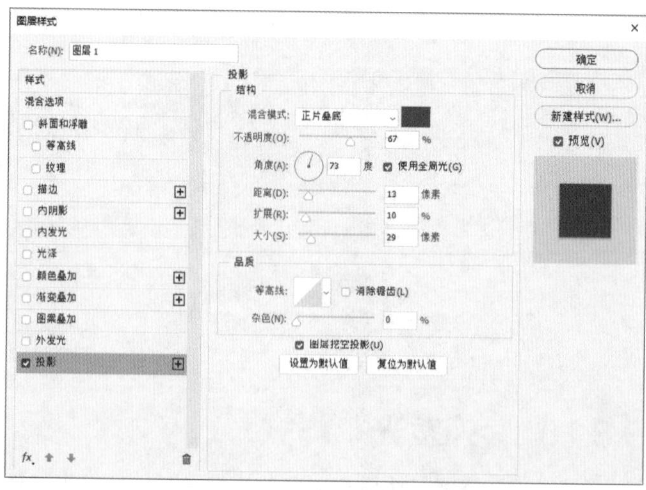

完成上述操作后，观看前后对比效果，如下页两图所示。

3.4 编辑图层样式

图层样式是非常灵活的功能，我们可以随时对图层样式的参数进行修改、拷贝和粘贴、隐藏和显示、删除效果，这些操作都不会对图层中的图像造成任何破坏，下面分别进行介绍。

3.4.1 拷贝和粘贴图层样式

拷贝和粘贴图层样式可通过执行相关命令进行操作。首先选择已添加图层样式的图层，单击鼠标右键，在菜单中选择“拷贝图层样式”命令，如下左图所示。选择目标图层，单击鼠标右键，在菜单中选择“粘贴图层样式”命令，如下右图所示。这样图层中的效果就被复制粘贴到新的图层中了。也可以通过执行“图层>图层样式>拷贝图层样式”命令和“图层>图层样式>粘贴图层样式”命令达到相同的效果。

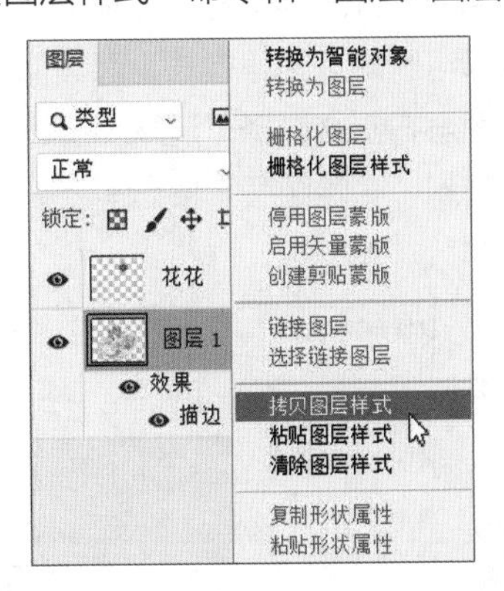

在想要操作的图层相邻近时，使用快捷键进行操作更加便捷，即按住Alt键的同时将要复制的图层样式的指示图层效果图标fx拖动到粘贴的图层上，如下左图所示。释放鼠标左键即可复制图层样式到其他图层中。如果没有按住Alt键，图层样式将转移到目标图层上，原图层将不再有图层样式效果，如下右图所示。两种操作效果的鼠标光标是不同的，便于用户分清操作效果。

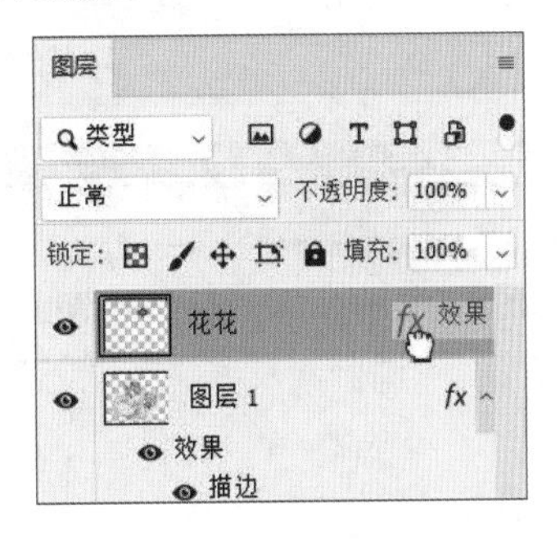

3.4.2 隐藏和显示图层样式

隐藏图层样式有两种形式，一种是隐藏当前图层效果中的任意图层样式。单击已添加图层样式前的“切换单一图层效果可见性”图标，即可隐藏当前图层的图层样式，如下左图所示。另一种是隐藏当前图层的所有图层样式，单击图层样式前的“切换所有图层效果可见性”图标，即可隐藏该图层的所有图层样式，如下中图所示。再次单击图标即可显示刚隐藏的效果。也可以右击图层效果图标选择“停用图层效果”隐藏该图层的所有图层样式，如下右图所示。

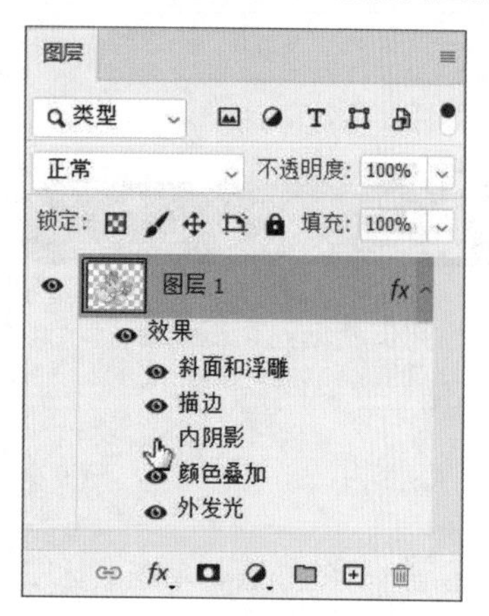

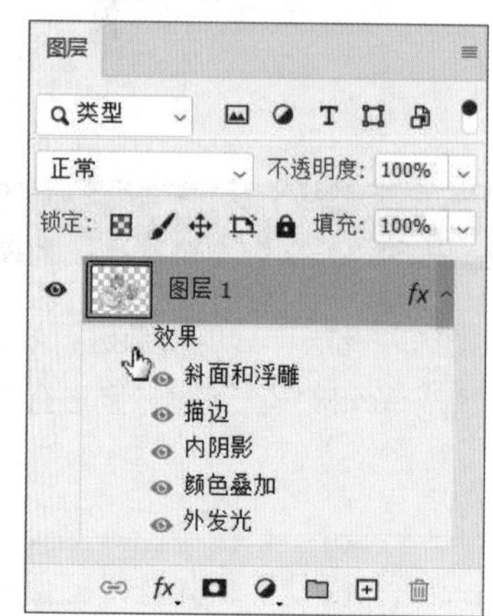

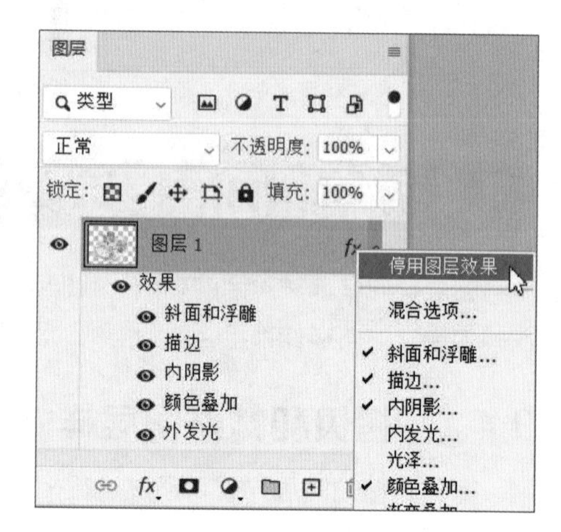

3.4.3 删除图层样式

删除图层样式有两种形式，一种是删除图层中运用的部分图层样式。展开图层样式，将要删除的图层样式拖动到“删除图层”按钮上，如下左图所示，即可删除该图层样式，而其他图层样式依然保留。另一种是删除当前图层的所有图层样式，方法是在当前图层右击并选择“清除图层样式”命令，如下中图所示；或者将要删除图层的“指示图层效果”图标拖动到“删除图层”按钮上，如下右图所示。以上两种方法都可以达到删除该图层所有图层样式的效果。

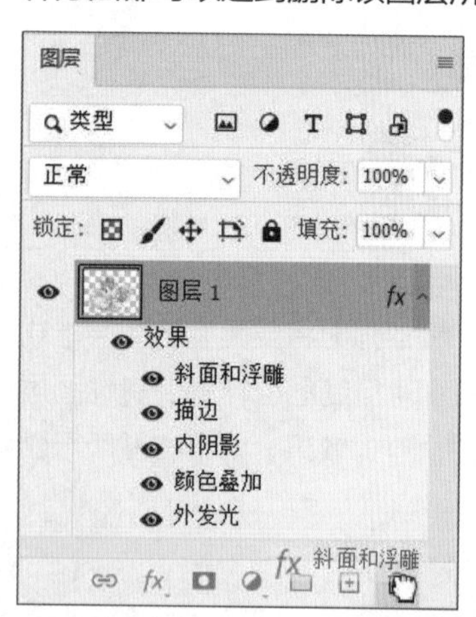

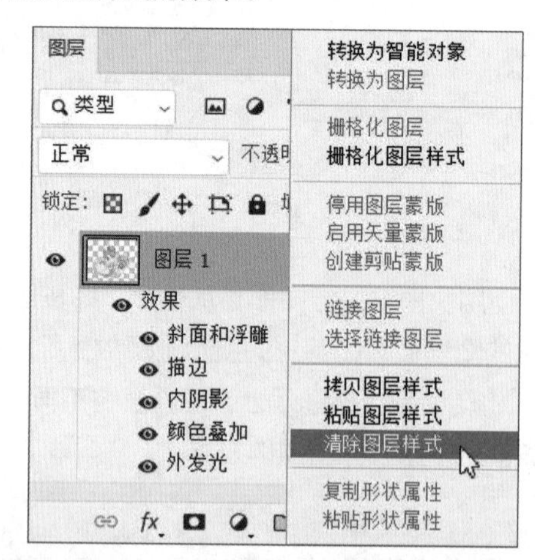

提示：折叠和展开图层样式

为图层添加图层样式后，在图层右侧会显示一个“在画板中显示图层效果”的图标。当三角形图标指向下端时，该图层上的所有图层样式会折叠到一起。单击该按钮，图层样式将展开。

实战练习 使用图层样式制作炫彩气泡字体

接下来将温习上面学习的内容，并使用图层样式制作炫彩气泡文字，以下是详细介绍。

步骤 01 启动Photoshop 2024，执行“文件>打开”命令，在弹出的“打开”对话框中选择打开名为“炫彩潮流背景”的图像，如下左图所示。

步骤 02 执行“文件>置入嵌入对象”命令，嵌入文字对象，如下右图所示。

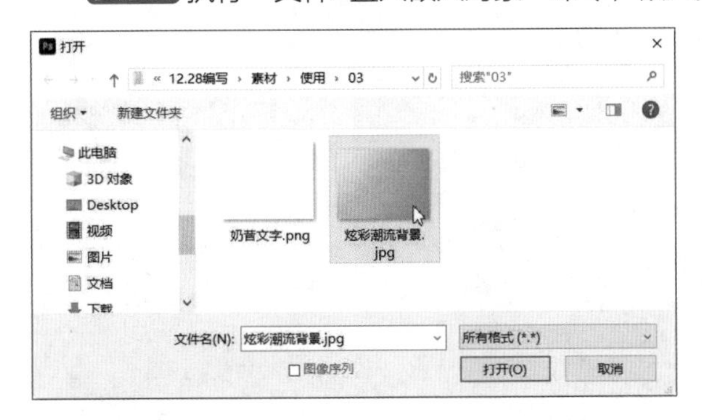

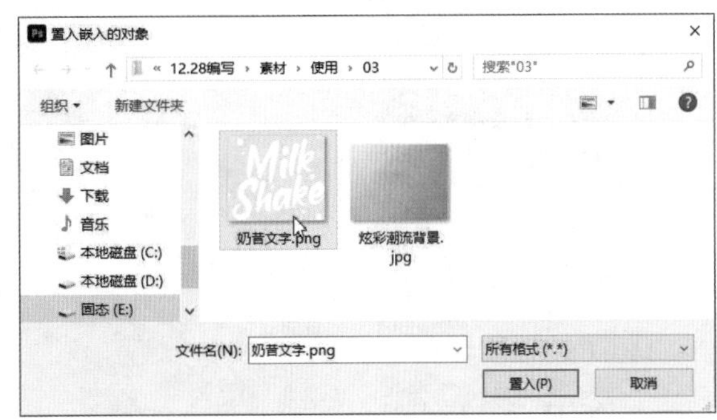

步骤 03 调整图层文字内容的大小至合适的尺寸，如下左图所示。

步骤 04 选中文字图层，在“图层”面板中双击打开“图层样式”对话框，设置“斜面和浮雕”的相关参数，如下右图所示。

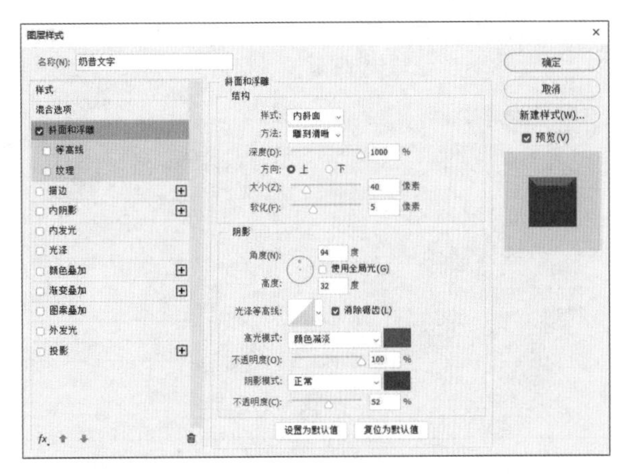

步骤 05 接着对“内阴影”的相关参数进行设置，如下左图所示。

步骤 06 然后对“投影”的相关参数进行设置，如下右图所示。

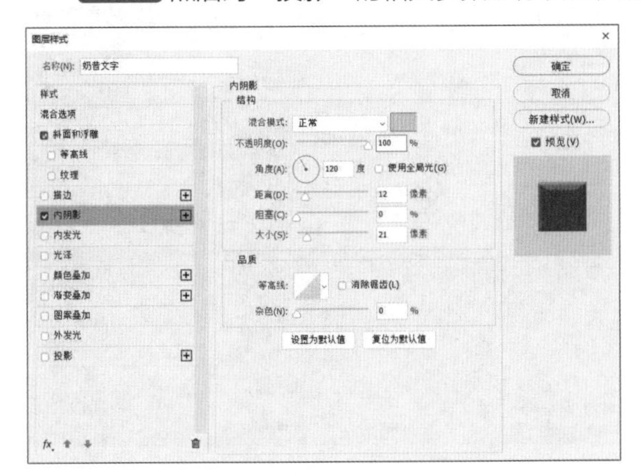

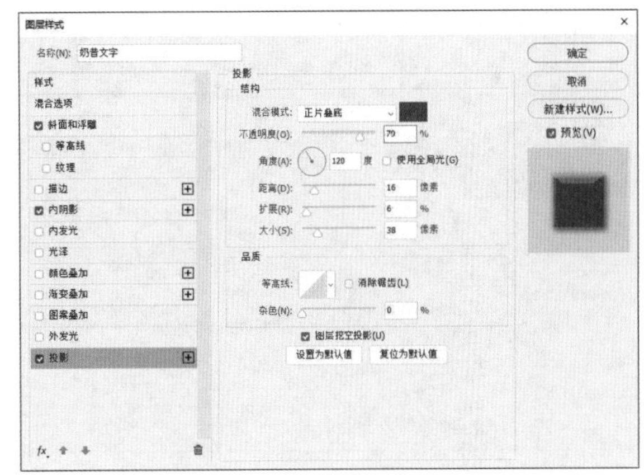

步骤 07 将文字图层的填充设置为“0%”，如下左图所示。

步骤 08 设置完成后的效果如下中图所示。

步骤 09 复制“奶昔文字”图层，会得到“奶昔文字 拷贝”图层，删除其图层样式效果，效果如下右图所示。

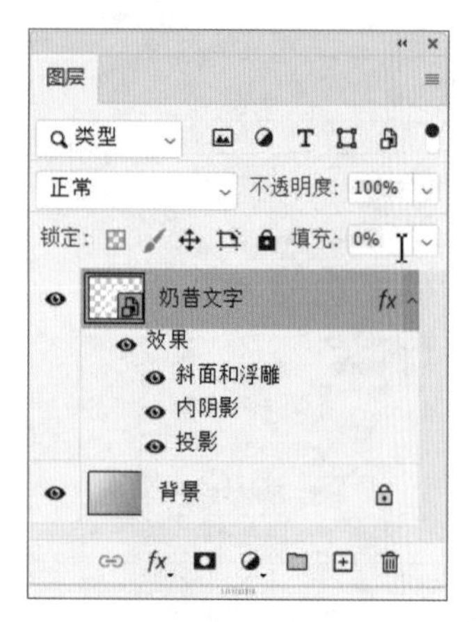

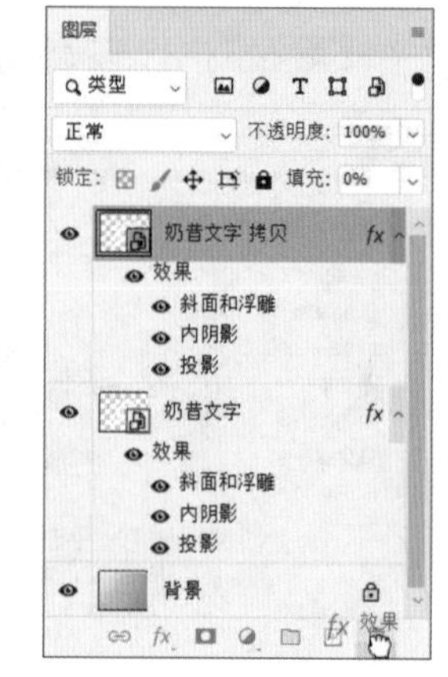

步骤 10 选中“奶昔文字 拷贝”图层，双击打开“图层样式”对话框，设置“斜面和浮雕”的相关参数，如下左图所示。单击“斜面和浮雕”下方的复选框，设置“等高线”参数，如下右图所示。

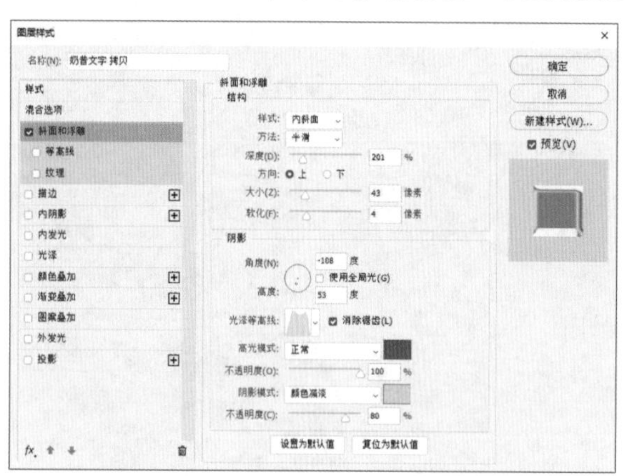

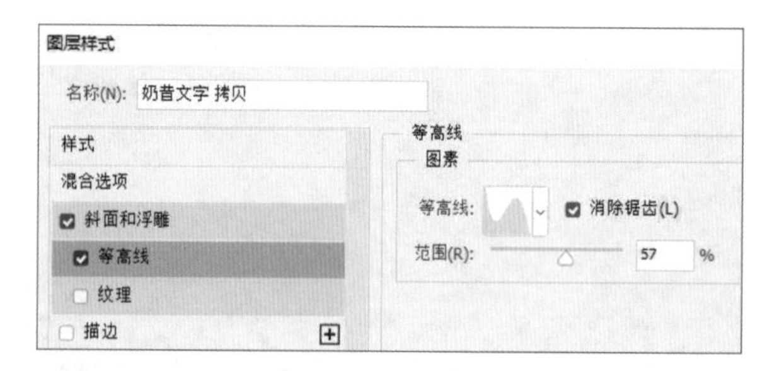

步骤 11 接着对“内阴影”的相关参数进行设置，如下左图所示。

步骤 12 设置完成后的效果如下右图所示。

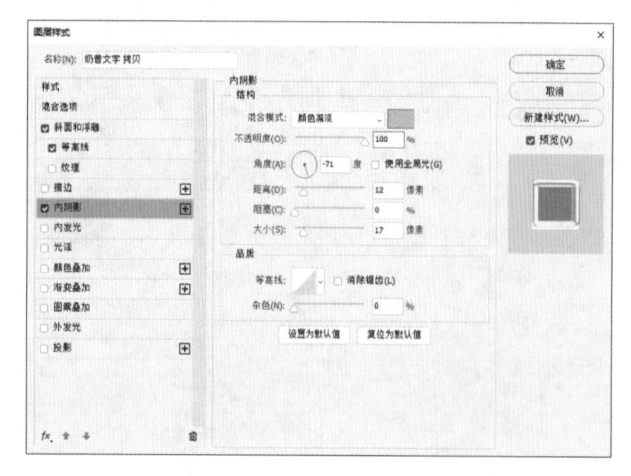

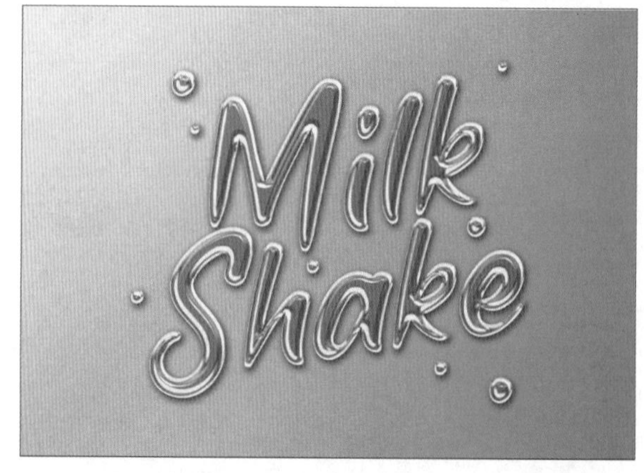

3.5 图像的选区

选区是Photoshop中重要的功能之一，通过对本章内容的学习，用户将学会创建规则和不规则选区的方法，学会利用命令创建选区并修改图像，掌握关于选区的基础操作，为Photoshop功能的全面应用打下基础。

3.5.1 选区的概念

选区可以将图层中的部分内容隔离出来进行单独处理，选区建立后，几乎所有的操作都只对选区范围内的图像有效。如果要对全图进行操作，则必须先取消选区。另外，选区也可以分离图像。选择一张图片，如下左图所示。如果要为图像更换背景，可以使用选区抠出图像，然后将其置于新的背景中，如下右图所示。

3.5.2 通过工具创建选区

创建选区有多种方法，这一节主要介绍常用的创建选区的工具。

（1）选框工具组

如果需要创建一个规则的选区，如矩形、椭圆选区，可以在工具箱中选择选框工具，如下左图所示。选择工具后在图像中拖拽即可绘制选区，如下右图所示。

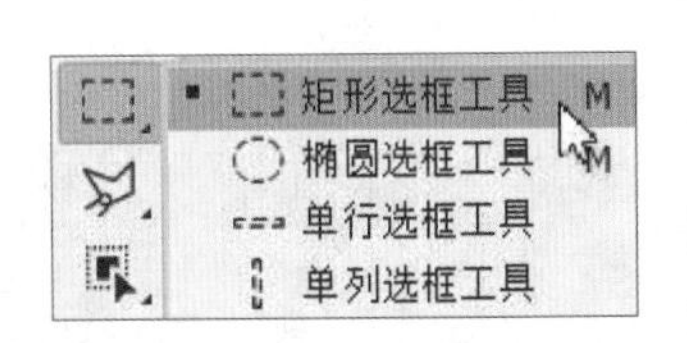

（2）套索工具组

如果需要创建一个不规则的选区，可以在工具箱中选择套索工具，如下页左图所示。套索工具主要用于创建手绘类的不规则选区，一般不用来精确定制选区。多边形套索工具可以轻松地绘制出多边形形态的图像选区，如下页中图所示。磁性套索工具是一种比较智能的选择类工具，可以贴着主物体的轮廓自动创建选区边缘，如下页右图所示。

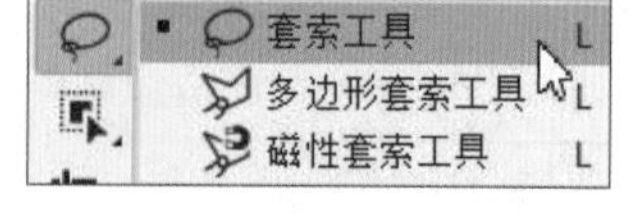

（3）快速选择工具组

快速选择工具组中包含对象选择工具、快速选择工具和魔棒工具，如下左图所示。这些工具可以快速框选出需要进行独立处理的图像部分。对象选择工具可以自动检测并选择图像中的对象或区域，用户不需要做精确的边缘绘制，只需要框选出范围，即可自动生成选区，如下右图所示。

快速选择工具比较适合选择和背景相差较大的图像，该工具的选取范围会随着光标的移动而自动向外扩展，操作自由性很高，如下左图所示。魔棒工具可以在背景较为单一的图像中快速创建选区，单击图像中的白色区域可快速创建选区，如下右图所示。然后即可轻松抠取图像。

(4)钢笔工具

钢笔工具可以创建更加精细的选区，如毛发、复杂的细节等图像的选区。在工具箱中选择钢笔工具，如下左图所示。使用钢笔工具沿着主体建立锚点，如下右图所示。

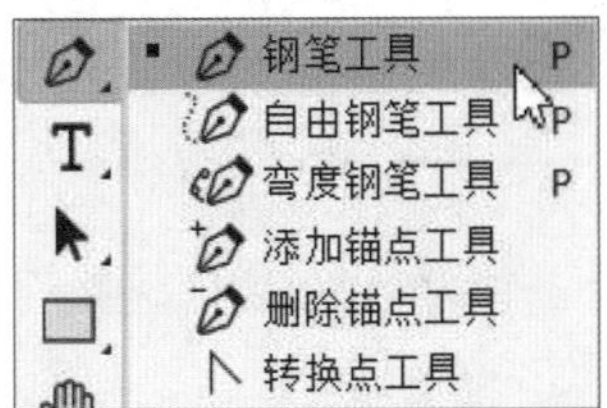

闭合锚点之后右击，在弹出的快捷菜单中选择“建立选区”命令，如下左图所示。之后会弹出“建立选区”的对话框，进行参数设置并单击“确定”即可建立选区，如下右图所示。

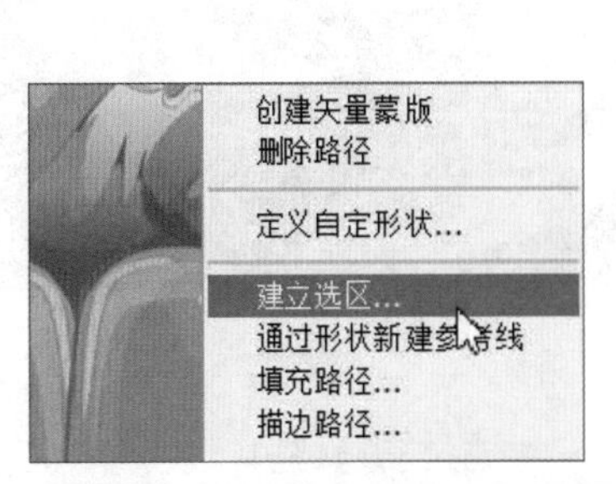

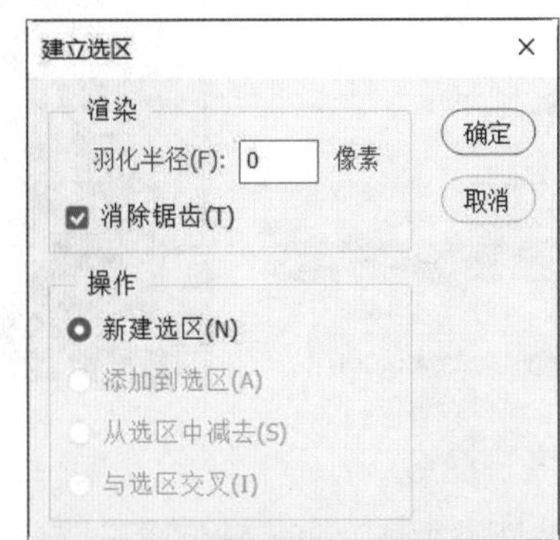

提示：如何使用钢笔工具绘制曲线?

使用钢笔工具在图像中单击即可创建路径的起始点，将鼠标光标移动到适当的位置，按住鼠标并拖动，可以创建带有方向性的平滑锚点。通过鼠标拖动的方向和距离可以设置方向线的方向。灵活使用钢笔工具可以更自由地创建选区的形状。

3.5.3 通过命令创建选区

除了可以使用工具创建选区外，在Photoshop中也可以通过执行相关命令来创建选区，下面分别进行介绍。

(1)“色彩范围”命令

“色彩范围”命令可以从图像中一次性得到一种颜色或几种颜色的选区，十分便捷。在Photoshop中任意打开一张图像文件，然后执行“选择>色彩范围”命令，如右图所示。之后弹出“色彩范围”的对话框，如下页左图所示。将吸管放在图像或黑白预览区域上后单击，就可以对要包含的颜色取样，根据需要设置颜色容差，然后单击确定即可得到创建的选区，如下页右图所示。

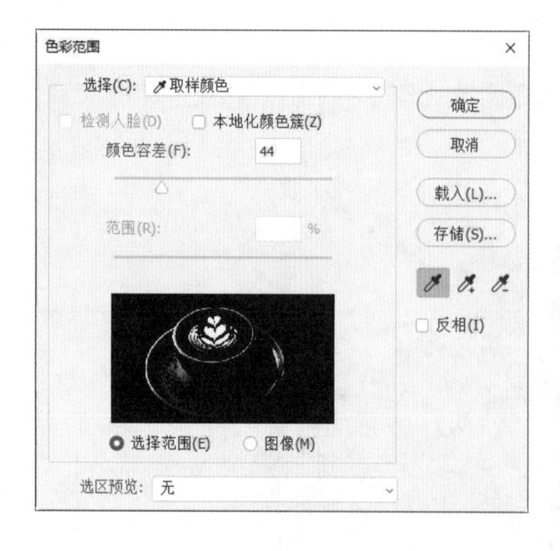

（2）“主体”命令

“主体”命令是基于人工智能计算实现的，适用于边缘较为清晰的人物或物体图像。执行“选择>主体”命令，如下左图所示。Photoshop会自动选择图层中的主体，如下右图所示。

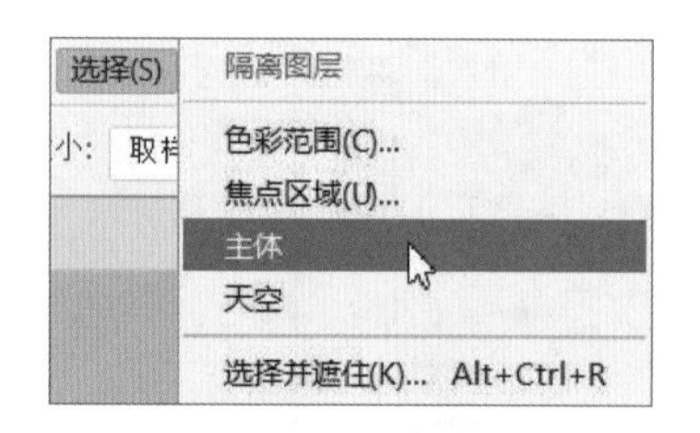

（3）“取消选择”命令

“取消选择”命令就是取消创建的选区。取消选区有三种方法：一是执行“选择>取消选择”命令，如下左图所示。二是按下快捷键Ctrl+D，该方法是比较常用的一种方法。三是在已创建的选区中的任意位置右击，在快捷菜单中选择“取消选择”命令即可，如下右图所示。

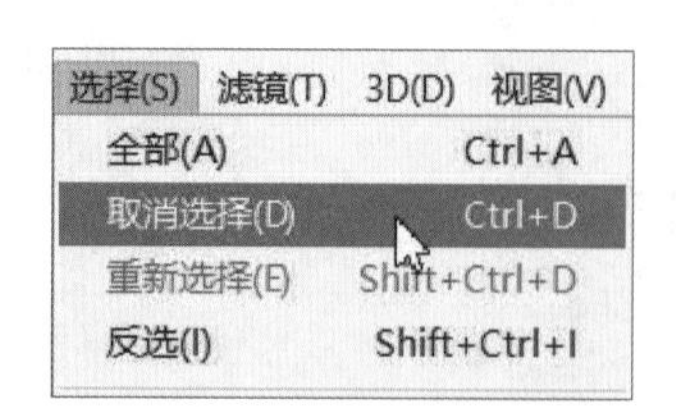

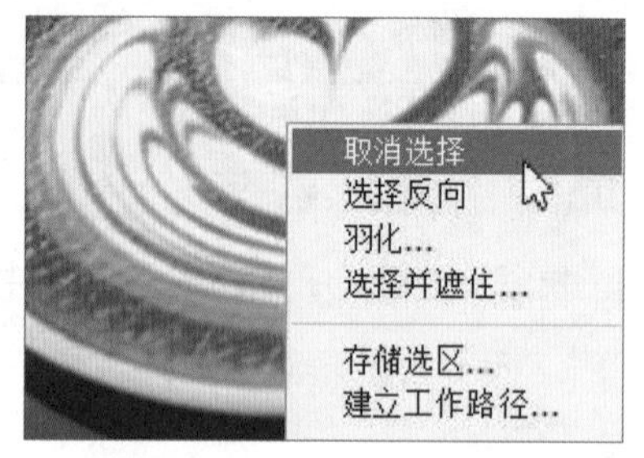

3.6 选区的基础操作

在了解了如何创建选区之后，本节将对选区的基础操作进行讲解。这些编辑操作包括选区的移动、选区的运算、选区的反选、选区的扩展和收缩、选区的羽化和选区的描边，下面将进行详细介绍。

3.6.1 选区的移动

移动选区时，保持工具箱中的选区工具不变，将光标移动到选区内或边缘位置，当光标变为形状时，按住鼠标左键进行拖拽即可，如下左图所示。建立选区之后，在工具箱中选择移动工具，当光标变为形状时按住鼠标左键进行拖拽，如下中图所示，即可移动选区内的图像，如下右图所示。

3.6.2 选区的运算

选区的运算是指在画面中存在选区的情况下，如下左图所示。使用添加到选区、从选区中减去、与选区交叉命令，如下中图所示，创建新的选区。执行“添加到选区”命令可以多次绘制选区，重叠部分会自动合并，如下右图所示。“从选区中减去”命令是从原选区中减去新绘制的选区，“与选区交叉”命令是只保留重叠部分的选区。

3.6.3 选区的反选

当区域边缘比较难以区分时，反选可以使选择图像更加简单。先在图像中创建选区，如下左图所示。在菜单栏中执行“选择>反选”命令，或按下快捷键Shift+Ctrl+I，就可以选择选区之外的图像，如下右图所示。

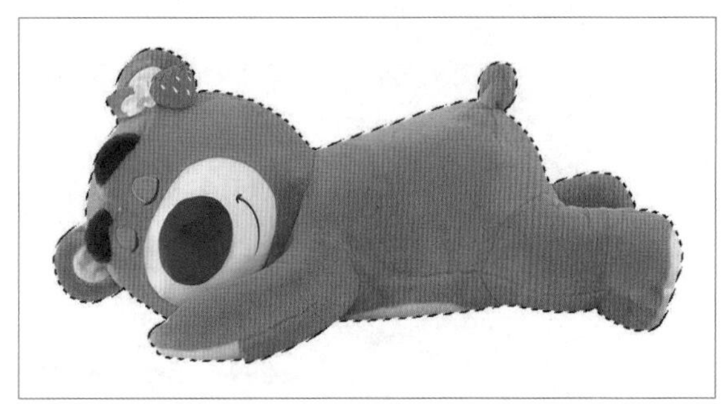

3.6.4 选区的扩展和收缩

扩展选区即按指定数量的像素扩大选择区域，通过执行“扩大选区”命令可以使用户的操作更加精确。在图像中绘制选区，如下左图所示。执行“选择>修改>扩展”命令，打开“扩展选区”对话框，在其中将“扩展量”设置为20像素，如下中图所示。完成后单击“确定”按钮，此时图像中的选区沿仓鼠边缘进行扩展，如下右图所示。

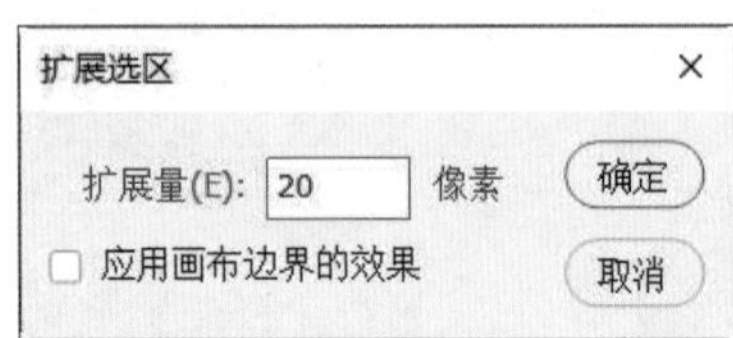

收缩选区即按指定数量的像素缩小选择选区，通过执行“收缩选区”命令可除去图像的边缘杂色。在图像中绘制选区，如下左图所示。执行“选择>修改>收缩”命令，打开“收缩选区”对话框，将“收缩量”设置为5像素，如下中图所示。完成后单击“确定”按钮，此时图像中选区的边缘会更精确，如下右图所示。

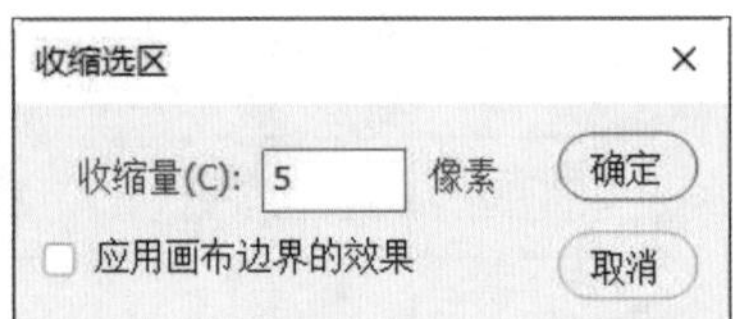

3.6.5 选区的羽化

通过执行“羽化”命令可以使选区边缘变得柔和。在创建选区后，执行“选择>修改>羽化”命令，如下左图所示。在弹出的“羽化”对话框中将“羽化半径”设置为5像素，如下右图所示。羽化值越大，模糊的范围越大。

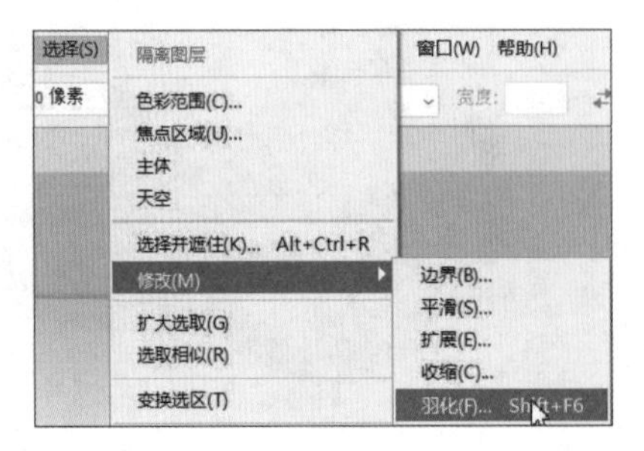

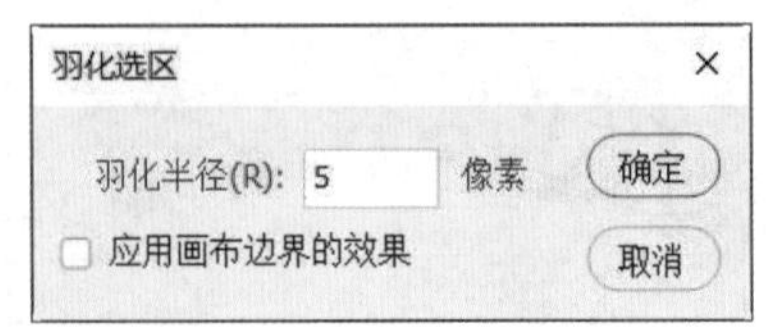

羽化选区后的效果是不能立即表现出来的，需要用户将羽化过的选区从原图像中抠取出来才能看到效果，对比效果如下两图所示。

3.6.6 选区的描边

对选区使用“描边”命令可以填充选区边缘，也能设置描边的颜色和宽度。打开一个图像，在图像中绘制一个选区，如下左图所示。执行“编辑>描边”命令，在打开的“描边”对话框中，设置描边的“宽度”值和描边的“位置”，如下中图所示。完成后的效果如下右图所示。

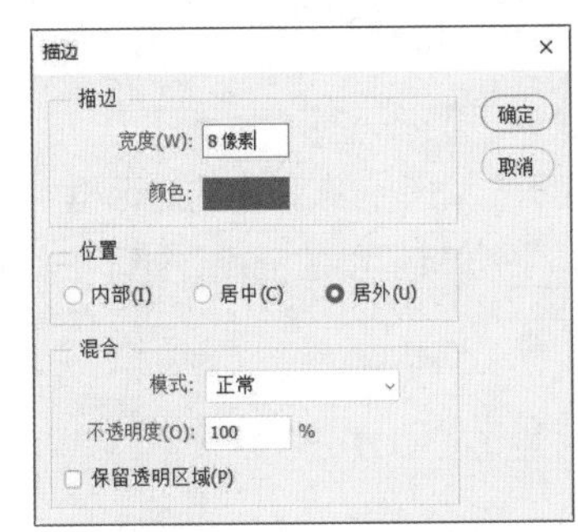

知识延伸：中性色图层

中性色图层是一个过渡图层，在Photoshop中黑色、白色和50%灰色的图层被添加到图层之后，在特定模式下，不会对其他图层产生影响。新建图层，执行“编辑>填充”命令，将内容设置为“50%灰色”，如下左图所示。修改特殊模式之后，中性色图层不可见，如下右图所示。

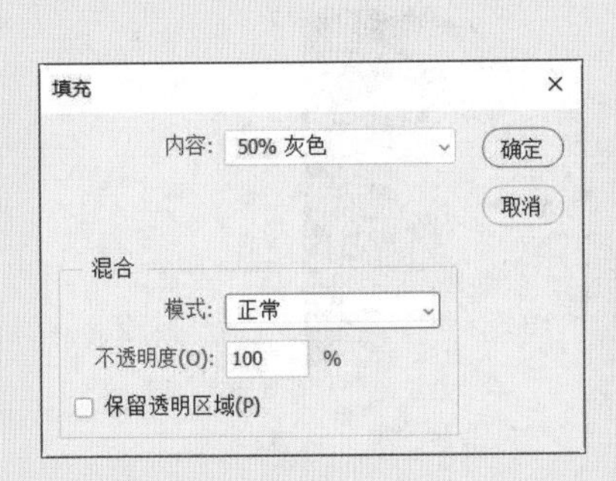

上机实训：制作公仔促销展板

扫码看视频

学习完本章的知识后，用户对Photoshop图像的基本操作有了一定的认识。下面以制作桌面插画壁纸为例，来巩固本章节的知识，具体操作如下。

步骤 01 在菜单栏中执行“文件>新建”命令，在“新建”对话框中设置相应的参数，如下左图所示。

步骤 02 执行“文件>置入嵌入对象”命令，在弹出的对话框中选择需要的文件，如下右图所示。

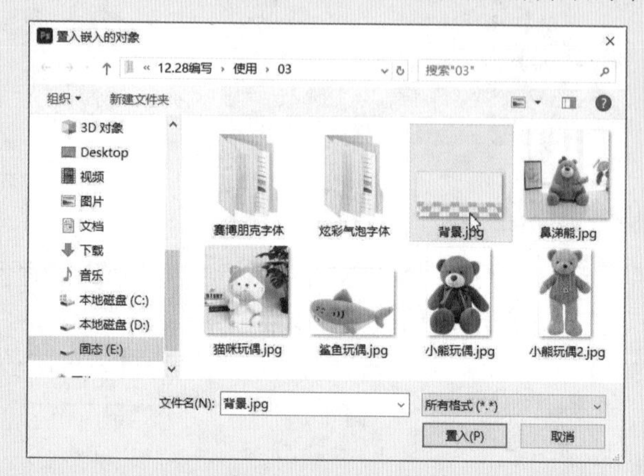

步骤 03 在菜单栏中执行“文件>打开”命令，在弹出的对话框中选择需要打开的图像，如下左图所示。

步骤 04 在工具箱中选择钢笔工具，沿着玩偶创建锚点，如下右图所示。

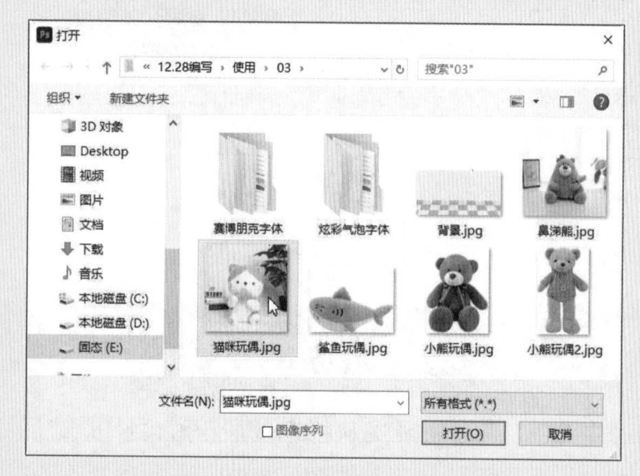

步骤 05 右击并在弹出的快捷菜单中执行“建立选区”命令，如下左图所示。

步骤 06 在弹出的“建立选区”对话框中进行参数设置，单击“确定”按钮即可看到新建的选区，如下右图所示。

步骤 07 在菜单栏中执行“图层>新建>通过拷贝的图层”命令，如下左图所示。

步骤 08 跨文档移动猫咪玩偶图像，按比例对其自由变换并适当调整位置，完成后按下Enter键，如下右图所示。

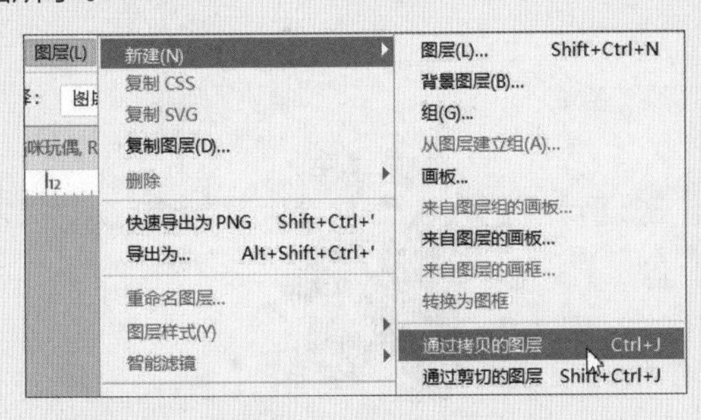

步骤 09 在菜单栏中执行“文件>打开”命令，打开名为“鲨鱼玩偶”的图像，在工具箱中选择魔棒工具，点击画面中的白色区域，如下左图所示。

步骤 10 在菜单栏中执行“选择>反选”命令，选择选区之外的图像，如下右图所示。

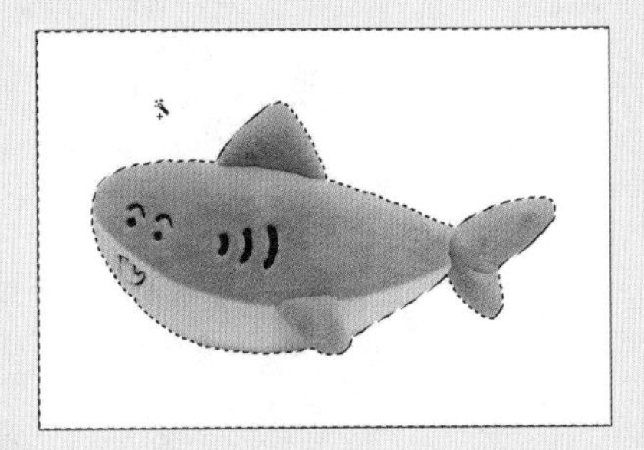

步骤 11 在菜单栏中执行“图层>新建>通过拷贝的图层”命令，跨文档移动鲨鱼玩偶图像，并调整图像的大小和位置，如下左图所示。

步骤 12 用相同的方法添加其他素材，然后调整图像的大小和位置，如下右图所示。

步骤 13 在工具箱中选择椭圆工具，在画面中绘制椭圆形状，填充颜色并将该图层移动至玩偶的下方，如下左图所示。

步骤 14 将投影图层的混合模式设置为“线性加深”，不透明度设置为“30%”，如下右图所示。

步骤 15 在菜单栏中执行“窗口>字符”命令，在弹出的“字符”面板中设置相应的参数，如下左图所示。

步骤 16 设置完成后的效果如下右图所示。

步骤 17 在“图层”面板中选中文字图层并双击，打开“图层样式”对话框，设置“描边”的相关参数，如下左图所示。接着对“投影”的相关参数进行设置，如下右图所示。

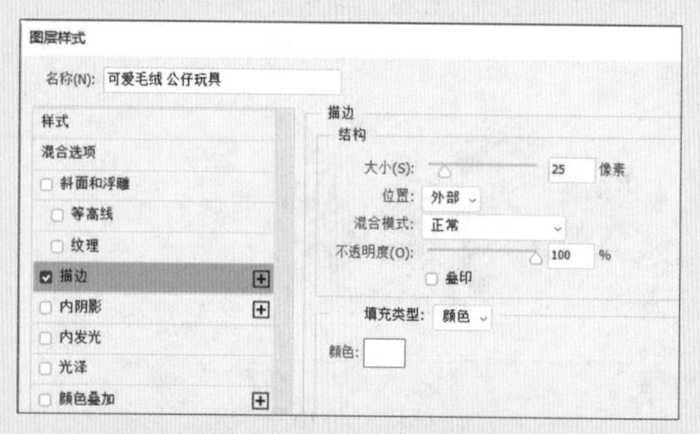

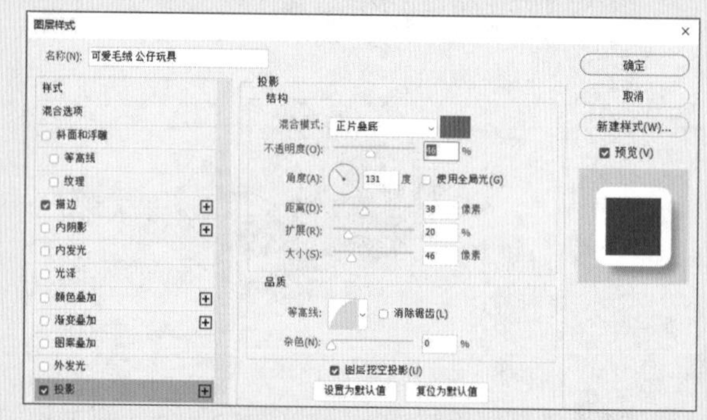

步骤 18 设置完成后的效果如下左图所示。

步骤 19 添加点缀素材，设置完成后的效果如下右图所示。

步骤 20 在制作的过程中，可以在图层面板中重命名图层，这样做便于归纳整理，如下左图所示。

步骤 21 选中需要分成一组的图层，在“图层”面板中单击“创建新组”按钮，整理之后的“图层”面板会变得清晰明了，如下右图所示。

课后练习

一、选择题

（1）如果要选择多个相邻的图层，可以单击第一个图层，然后按（　　）键单击最后一个图层。

A. Shift　　B. Ctrl

C. Alt　　D. Enter

（2）图层混合模式中的变暗模式组包含（　　）。

A. 正片叠底　　B. 滤色

C. 颜色加深　　D. 叠加

（3）使用（　　）命令可以使选区边缘变得模糊柔和。

A. 反选　　B. 描边

C. 收缩　　D. 羽化

二、填空题

（1）当背景图层不需要修改时，可以单击__________图标将其锁定。

（2）Photoshop中的图层样式包括__________、__________、__________、__________、__________、__________、__________、__________、__________和__________。

（3）通过__________命令可以快速从图像中一次性得到一种颜色的所有选区。

三、上机题

运用实例文件中提供的素材尝试制作赛博朋克文字效果，具体操作方法参照制作流光炫彩文字的步骤，制作完的效果如下图所示。

操作提示

① 用户可以尝试使用文字工具，以便于替换文字，下一节中有详细讲解。

② 用户可以尝试使用形状工具点缀画面，下一节中有详细讲解。

③ 灵活使用图层样式，可以复制图层并多次添加图层样式，使立体效果更加饱满。

第4章 文字和形状的应用

本章概述

文字在设计中可以起到美化版面和突出主题的作用，绘制形状可以辅助创作。本章主要介绍文字和形状的创建与应用，熟练掌握这些知识可以提高作品的质量。

核心知识点

❶ 了解文字的创建和转换
❷ 掌握文字的编辑
❸ 熟悉矢量形状的创建
❹ 掌握形状的编辑

4.1 文字的创建和转换

在Photoshop中，常见的文字编辑分为点文字和段落文字，我们也可根据需求创建变形或路径文字，文字之间也能进行排版间的相互转换，以下是详细讲解。

4.1.1 创建点文字

点文字主要用于创建和编辑内容较少的文本信息。在工具箱选择文字工具，如下左图所示。在图像中单击置入插入点，输入文字内容，如下右图所示。在“图层”面板中就会自动添加一个文字图层，点文字的创建包括横排点文字和直排点文字，这两种文字工具的使用方法一样，只是排列方式不同。

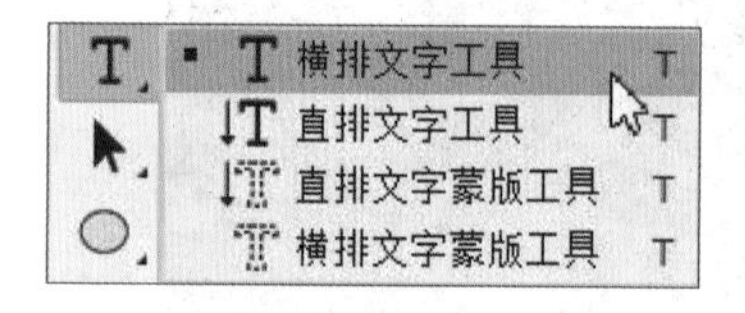

4.1.2 创建段落文字

段落文字主要用于创建和编辑内容较多的文本信息。选择文字工具后，在图像中拖拽绘制文本框，如下左图所示。文本插入点就会自动出现在文本框的前端，在文本框中输入文字即可，如下右图所示。此时在“图层”面板中会自动添加一个文字图层。如果文字超出定界框范围，可以通过调整定界框大小来显示所有文本。

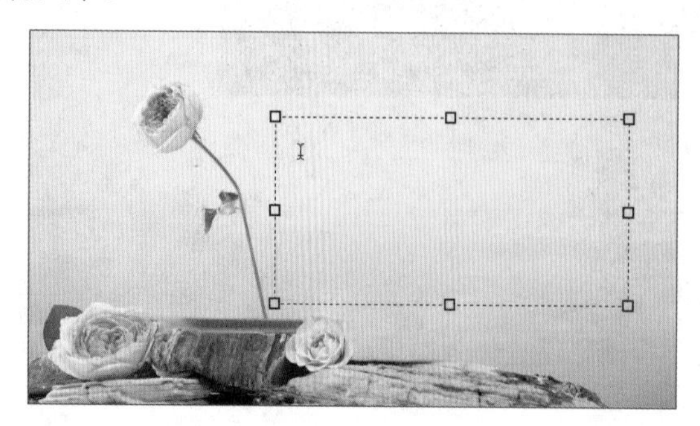

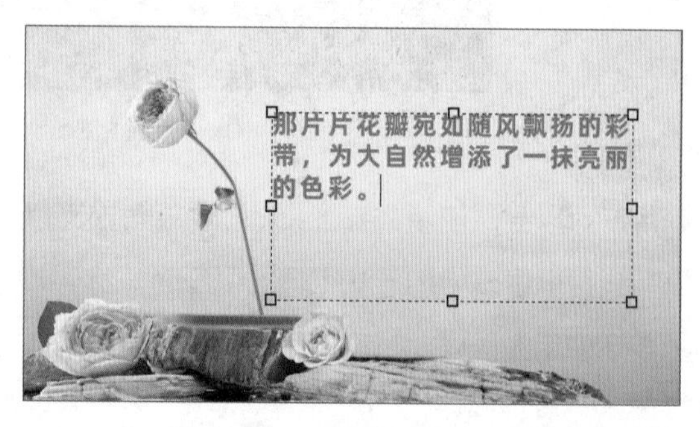

4.1.3 创建变形文字

在创建文本之后，可以对文字进行变形处理。在“图层”面板中选择需要变形的文字图层，然后在工具箱选中文本工具，接着在工具属性栏单击“创建文字变形”按钮，如下左图所示。在弹出的“变形文字”对话框中设置变形的样式，如下右图所示。

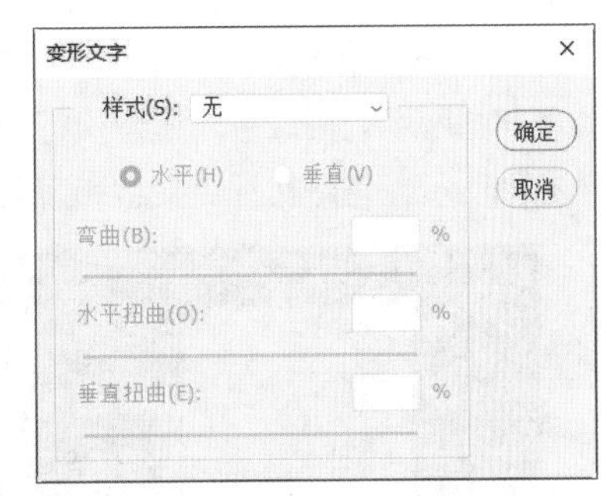

在“变形文字”对话框中，单击“样式”下三角按钮，列表中包含10多种变形样式，如下左图所示。我们选中“旗帜”样式，其他参数保持为默认，单击“确定”按钮，效果如下右图所示。

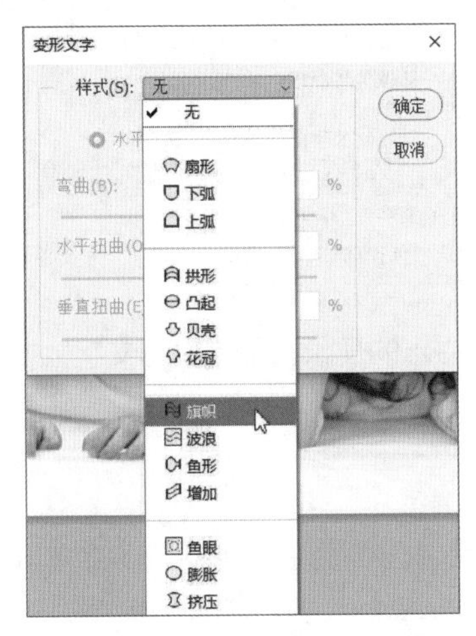

4.1.4 创建路径文字

路径文字是指创建在路径上的文字，文字会沿着路径排列，用于排列文字的路径可以是开放的，也可以是闭合的。我们可以使用钢笔工具或者形状工具绘制路径，如下左图所示。在工具箱中选择文本工具，将光标移动到路径上单击，确定插入点，如下中图所示。输入文字即可创建路径文字，如下右图所示。

4.1.5 文字间的转换

在Photoshop中，点文字和段落文字可以相互转换，横排文字和直排文字也可以相互转换，便于我们灵活应对设计版面需求，以下是详细讲解。

（1）点文字和段落文字的转换

转换的方法有两种，一种是选中文字图层，在图像中的文字上右击，若输入的是点文字，则在弹出的菜单中选择“转换为段落文本”选项；若输入的是段落文本，则可在弹出的菜单中选择“转换为点文本”选项，如下左图所示。第二种方法是执行“文字>转换为段落文本”命令或执行“文字>转换为点文本”命令，如下右图所示，也可实现点文字和段落文字之间的转换。

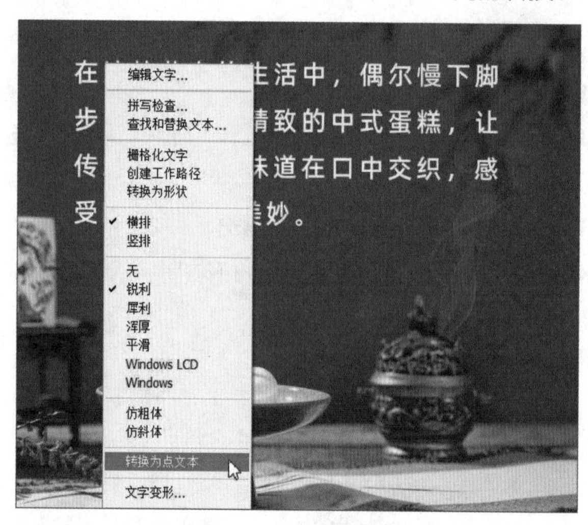

值得注意的是，在将段落文本转换为点文本时，如果有文本溢出的现象，则溢出的文字会在转换中被删除，所以需要调整定界框，使所有文本显示出来后再进行转换。

（2）横排文字和直排文字的转换

横排文字与直排文字的转换有3种方法。第1种是输入文本后单击属性栏中的“切换文本取向”按钮。第2种是使用文字工具在文字上右击，在弹出的菜单中选择“横排”或“竖排”命令，更换文本方向，如下左图所示。第3种是执行“文字>文本排列方向”命令，再选择需要更改的文字方向即可，如下右图所示。

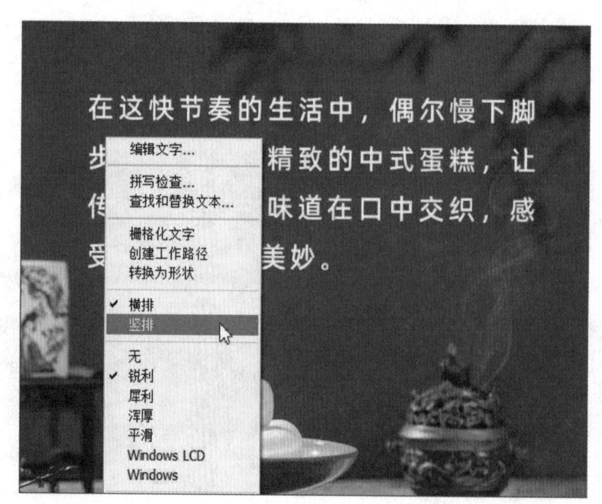

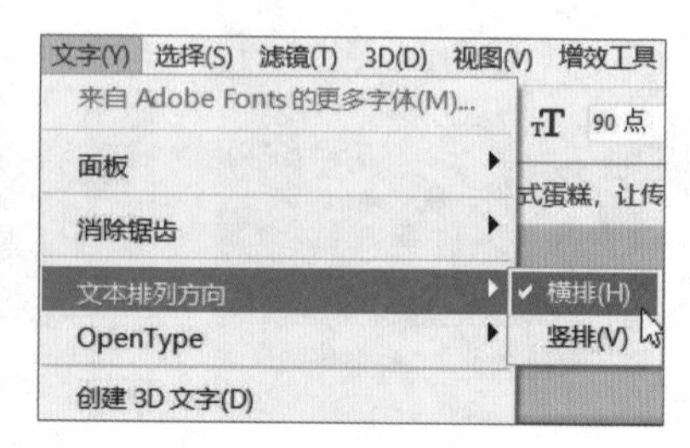

4.2 文字的编辑

通过对文字进行编辑，可以设置更加精细的文字样式。掌握文字编辑的常用方法，可以更自由地创作我们想要的文字效果。下面将进行详细介绍。

4.2.1 “字符”面板的设置

字符格式的设置主要在“字符”面板中进行，在菜单栏中执行“窗口>字符”命令，如下左图所示。打开“字符”面板，如下右图所示。用户可以对文字的字体、字号、间距、颜色等样式进行设置。

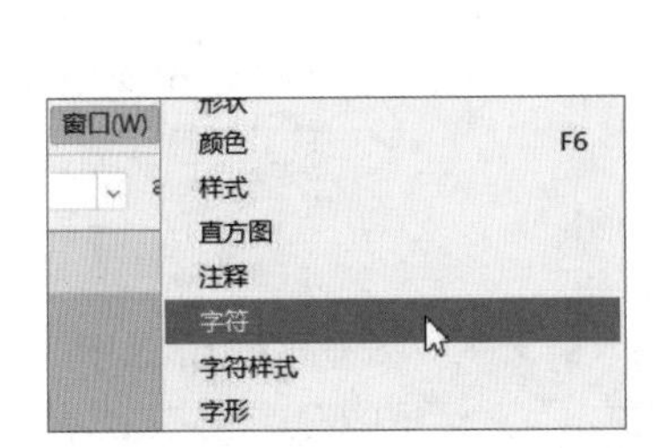

4.2.2 “段落”面板的设置

段落格式的设置主要是在“段落”面板中进行，在菜单栏中执行“窗口>段落”命令，如下左图所示。打开“段落”面板，如下右图所示。用户可以对段落的对齐方式、缩进、标点挤压等样式进行设置。

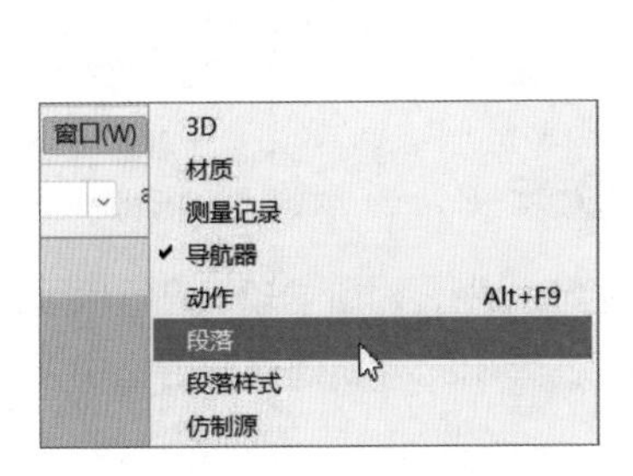

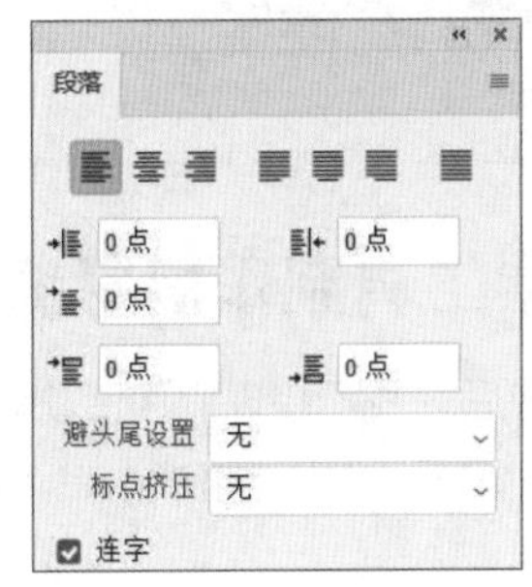

4.2.3 将文字转换为形状

使用Photoshop的将文字转换为形状功能，可以实现文字的自由变换，在Photoshop中进行文字设计经常会使用到。打开图像文档并查看“图层”面板，如下左图所示。选中文字图层，执行“文字>转换为形状”命令，如下中图所示。设置完成查看“图层”面板，如下右图所示。

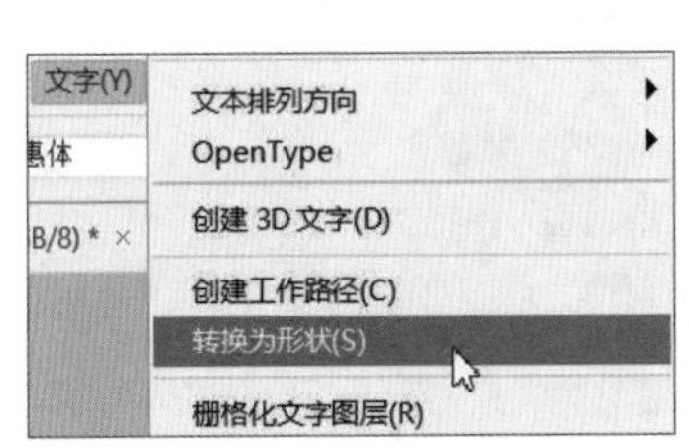

4.2.4 栅格化文字图层

将文字图层进行栅格化处理后，可以使用滤镜、画笔等工具编辑，但是文字的内容将无法修改。在“图层”面板中选择文字图层并右击，在弹出的快捷菜单中选择“栅格化文字”命令，如下左图所示。操作完成之后，在“图层”面板中可见文字图层变成了图像图层，如下右图所示。

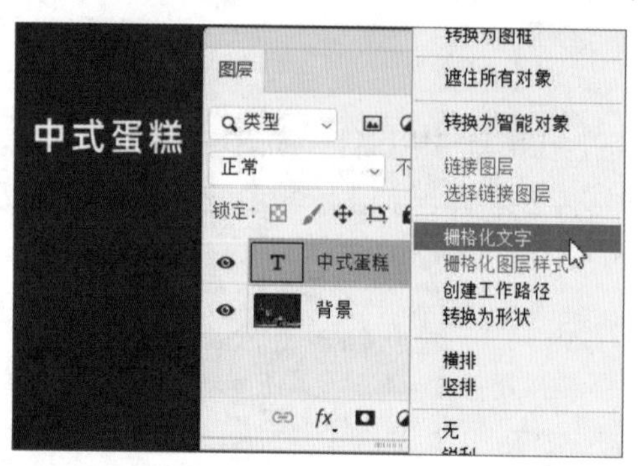

4.2.5 查找和替换文本

使用“查找和替换文本”命令，可以快速替换一些文字。选中文字图层，执行“编辑>查找和替换文本”命令，如下左图所示。在打开的“查找和替换文本”对话框中设置相应的参数，如下右图所示。

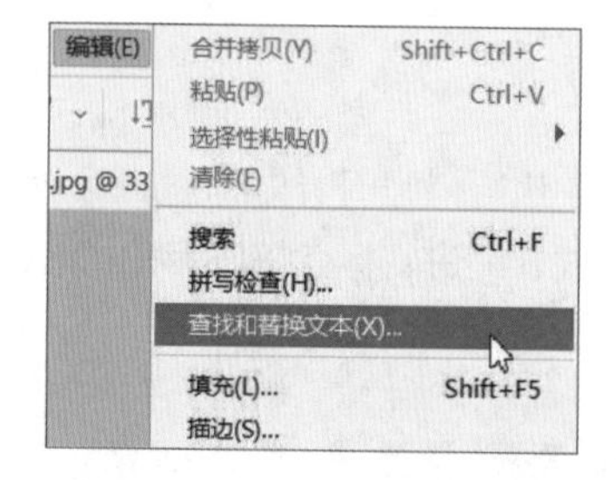

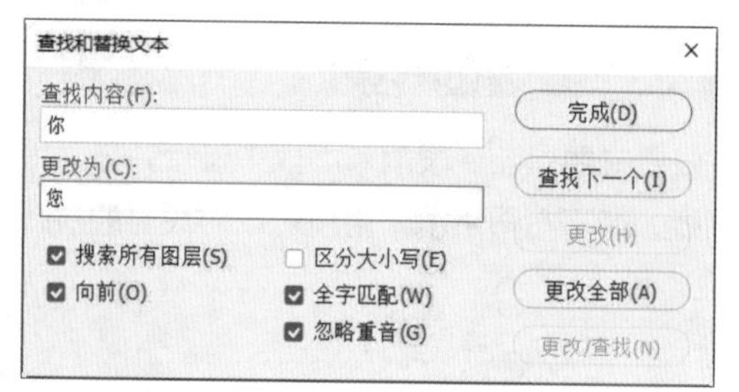

实战练习 使用文字工具制作摄影体验卡

文字工具的学习完成后，我们将以制作活动体验卡为例，对所学知识进行巩固，具体操作方法如下。

步骤 01 在菜单栏中执行“文件>新建”命令，在弹出的“新建”对话框中设置相关参数，如下左图所示。

步骤 02 执行“文件>置入嵌入对象”命令，置入“背景.png”和“主题.png”文件，如下右图所示。

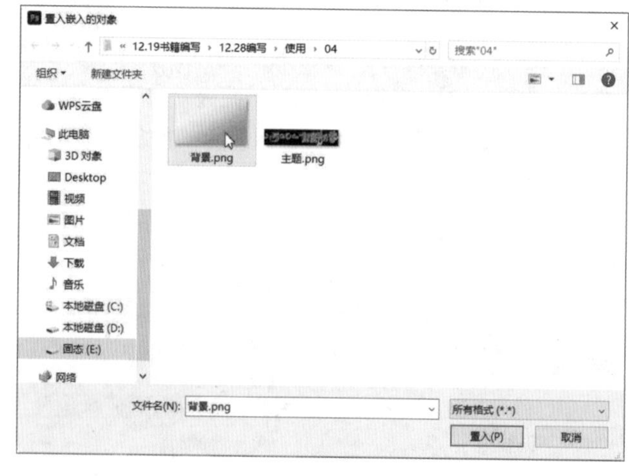

步骤 03 调整主题的大小和位置，并将其移动到画面的上方，如下左图所示。

步骤 04 选择矩形工具，绘制宽为26厘米，高为11厘米的矩形，将填充颜色设置为白色，描边大小设置为9像素，颜色设置为#ea639f，描边选项内对齐，并将矩形移动到主题图层的下方，效果如下右图所示。

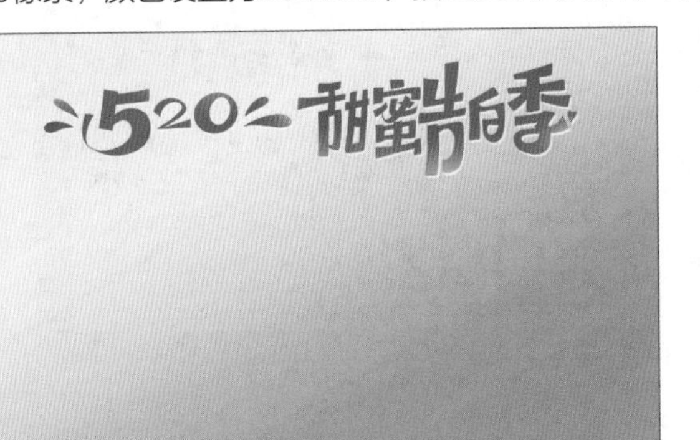

步骤 05 选择文字工具，将中文字体设置为阿里巴巴普惠体，数字字体设置为MiSans，调整文字的大小和位置，如下左图所示。

步骤 06 选择椭圆工具，按住Shift键绘制直径为1.2厘米的圆形，将填充颜色设置为白色，将描边大小设置为3像素，将颜色设置为#3365e3，调整位置后的效果如下右图所示。

步骤 07 输入文字"￥"，将字体设置为阿里巴巴普惠体，颜色设置为#3365e3，并将其和上一步创建的圆形进行水平垂直居中对齐，效果如下左图所示。

步骤 08 选择矩形工具，绘制宽为0.05厘米、高为8厘米的矩形，将填充颜色设置为#3365e3，效果如下右图所示。

步骤 09 用相同的方法输入文字信息，并调整文字的大小和位置，如下页左图所示。

步骤 10 选择文字工具，在图像中拖拽以绘制文本框，创建段落文字，将字体设置为阿里巴巴普惠体、颜色设置为黑色，设置完成后查看最终效果如下右图所示。

4.3 矢量形状的创建

矢量形状是由一系列点、线和曲线组成的，可以无限缩放而不会失真。Photoshop中有多种工具可以创建矢量形状，这一节主要对常用的形状工具和钢笔工具的应用进行讲解。

4.3.1 形状工具

在工具箱中的矢量形状工具组中包含多种形状工具，根据需要在列表中选择所需的形状工具，如下左图所示。然后在工具属性栏中将工具模式设置为“形状”，如下右图所示。

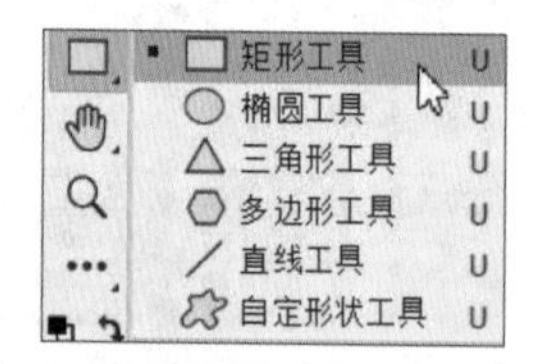

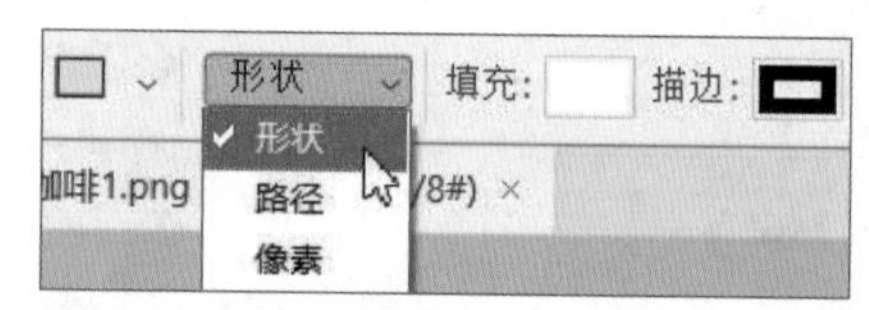

提示：绘制五角星

绘制五角星主要是使用多边形工具，在属性栏单击“设置其他形状和路径选项”按钮，设置“星形比例”为“50%”，然后在文档窗口中绘制即可。

4.3.2 钢笔工具

使用钢笔工具可以自由地创建形状。在工具箱中选择钢笔工具，如下左图所示。在工具属性栏中将钢笔创建类型设置为“形状”，如下右图所示。然后就可以在画布上自由绘制形状了。

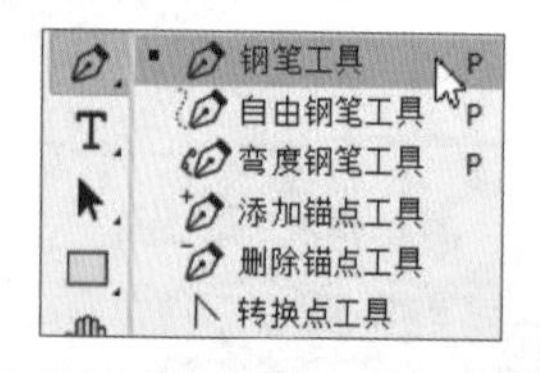

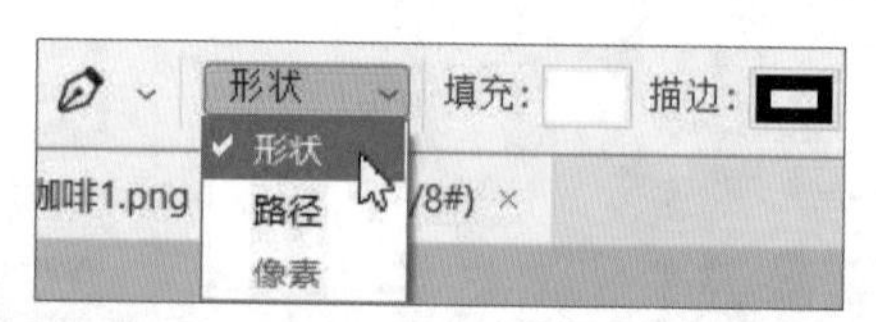

提示：贝塞尔曲线

在使用钢笔工具绘制直线段时，按住鼠标进行拖拽，即可绘制出曲线路径，绘制的曲线称作贝塞尔曲线。贝塞尔曲线由线段和节点组成，中间一个节点是可拖动的支点，两边有两个手柄，调节手柄的方向可以控制曲线的走向，调节手柄的长度可以控制曲线的弧度。

实战练习 使用钢笔工具制作扁平风格插画

完成了钢笔工具的学习，下面以绘制扁平风格插画为例，巩固所学知识，具体操作方法如下。

步骤01 在菜单栏中执行“文件>新建”命令，在弹出的“新建”对话框中设置相关参数，如下左图所示。

步骤02 执行“文件>置入嵌入对象”命令，置入“背景.png”文件，如下右图所示。

步骤03 选择钢笔工具，将创建类型设置为“形状”，将填充颜色设置为白色，绘制一个不规则的形状，如下左图所示。

步骤04 按照相同的方法创建多个不规则形状，将不透明度均调整为“30%”，如下右图所示。

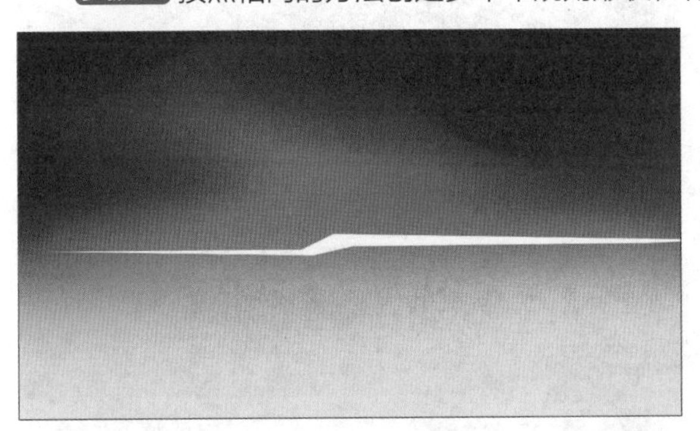

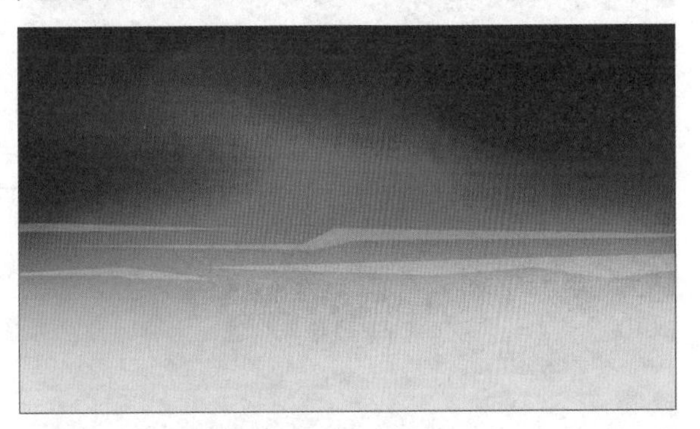

步骤05 选择钢笔工具，并在属性栏中设置相关参数，如下左图所示。

步骤06 然后绘制一个不规则形状，填充#993d69纯色颜色，如下右图所示。

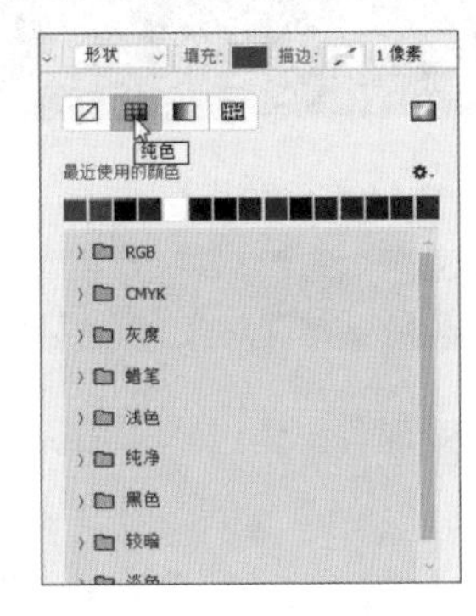

步骤07 选择矩形工具，在属性栏中设置相关参数，如下页左图所示。

步骤08 然后绘制一个不规则形状，并填充#2a1249至#5b1f3f的渐变颜色，如下页右图所示。

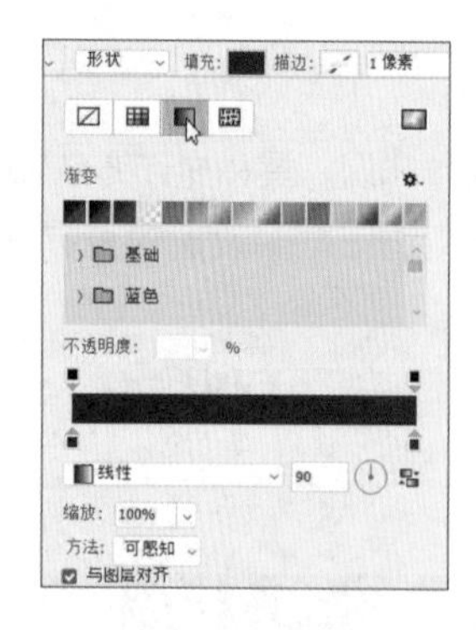

步骤 09 选择钢笔工具，按照相同的方法绘制形状，填充#fb944d纯色颜色，并适当调整不透明度，如下左图所示。

步骤 10 选择三角形工具，绘制宽为1厘米、高为1.5厘米的三角形，将填充颜色设置为#4f2048，如下右图所示。

步骤 11 按照相同的方法逐个绘制三角形，并适当调整其大小和位置，如下左图所示。

步骤 12 选择钢笔工具，按照相同的方法绘制小石头，完成后查看效果，如下右图所示。

4.4 形状的编辑

形状创建完成后，用户可以对其进行编辑操作，如填充、描边、变形等。通过本节知识的学习，使用户在创作时可以绘制出需要的形状效果。

4.4.1 形状的基础操作

通过工具属性栏可以对创建的形状进行基础的操作，即可以对形状进行填充（形式包括无填充、纯色填充、渐变填充和图案填充），如下左图所示。也可以对描边的粗细进行设置，如下右图所示。

4.4.2 形状的变换

形状的变换操作可以参照图层的变形，即自由变换。在菜单栏执行“编辑>自由变换”命令，如下左图所示。在对应的形状上会出现定界边框，如下右图所示。

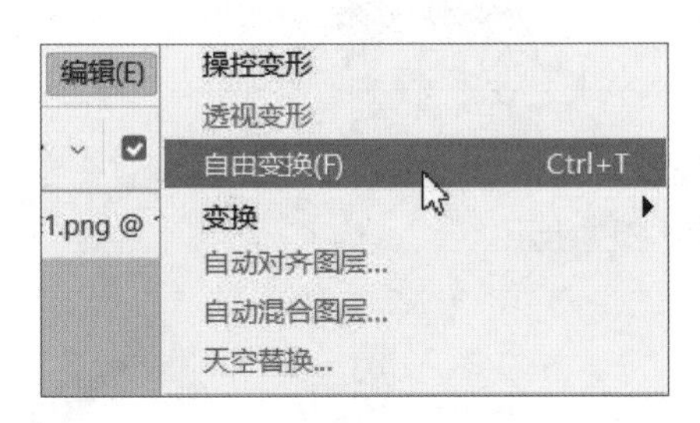

4.4.3 形状的变形

形状的变形即对形状进行自由变换。首先在工具箱中选择直接选择工具，如下左图所示。在需要调整的线段上选中锚点，如下中图所示。然后，将锚点移到想要的位置，如下右图所示。

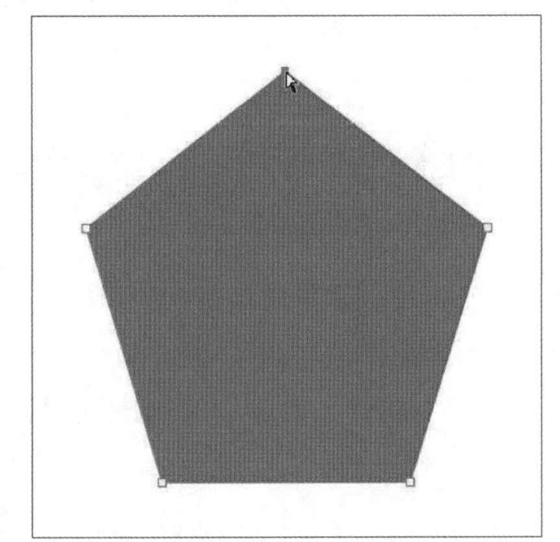

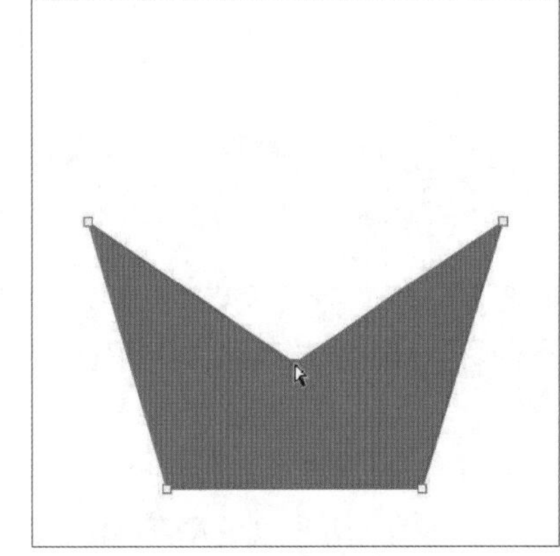

知识延伸：艺术字体设计

在设计中，我们经常需要对文字进行变形操作，使画面更加饱满。新建文档，选择文字工具，输入文字“运动会”，将中文字体设置为造字工房朗宋，如下左图所示。将文字图层转换为形状，如下右图所示。

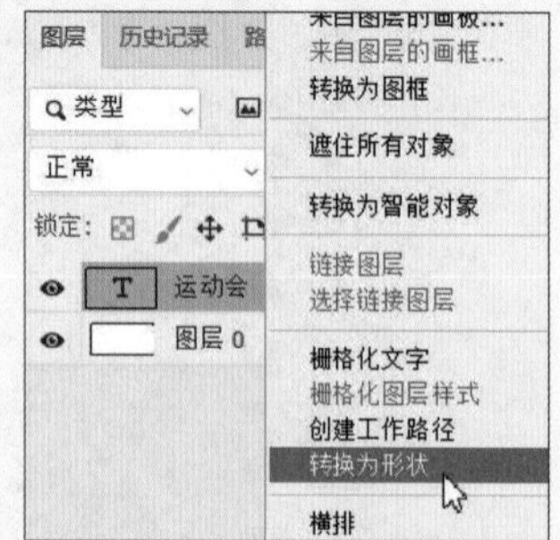

在工具箱中选择转换点工具，如下左图所示。调整转换平滑和拐角锚点，如下中图所示。选择直接选择工具，调整锚点位置，改变字体样式，如下右图所示。

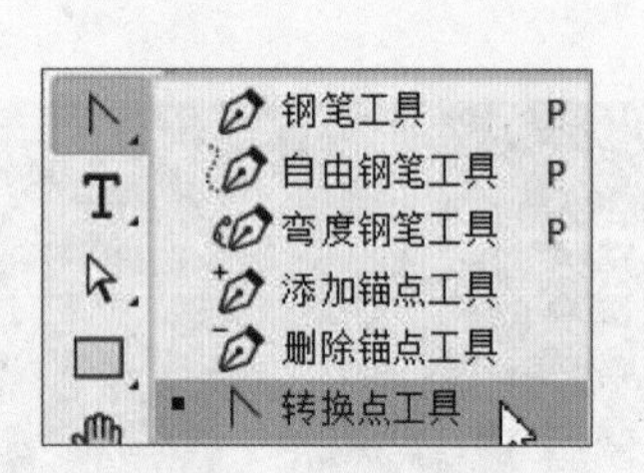

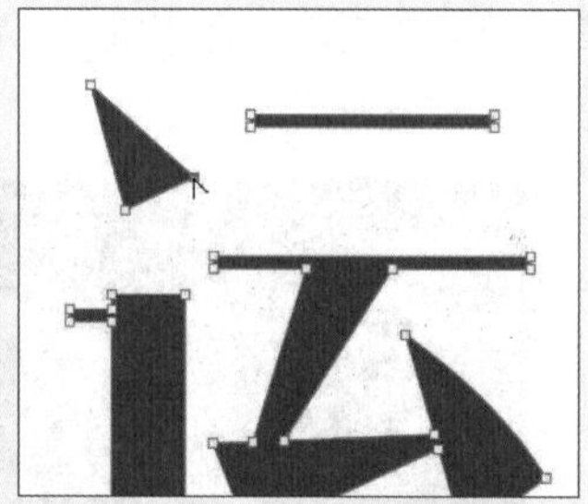

将字体笔画的弧面拉直，增强锋利感，完成后的效果如下左图所示。然后整体斜切，自由变换，这种将文字错开而打破机械的排版方式为锋利感增添了一份力量，如下右图所示。

上机实训：制作饮品店菜单

扫码看视频

学习完本章的知识后，相信用户对文字工具和形状工具的基本操作有了一定的认识。下面以制作饮品店菜单设计为例来巩固本章所学的知识，具体操作如下。

步骤 01 在菜单栏中执行“文件>新建”命令，在弹出的“新建”对话框中设置相应的参数，如下页左图所示。

步骤 02 新建图层并填充橙色，如下页右图所示。然后按Alt+Delete组合键进行颜色填充。

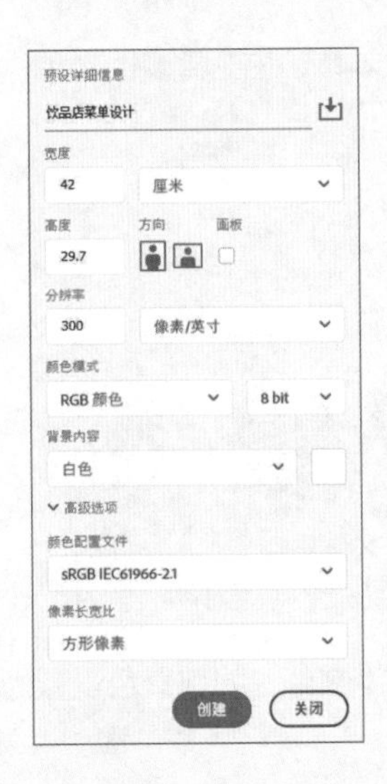

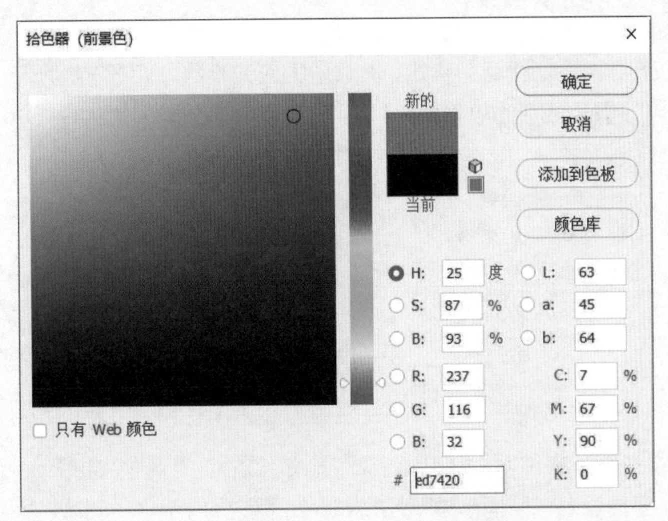

步骤03 选择矩形工具，绘制宽为41厘米、高为25厘米的矩形，将填充颜色设置为白色，将左下角和右下角的半径设置为1.4厘米，并将矩形设置为水平居中对齐画布，如下左图所示。

步骤04 执行“文件>置入嵌入对象”命令，置入“奶茶.png”文件，如下右图所示。

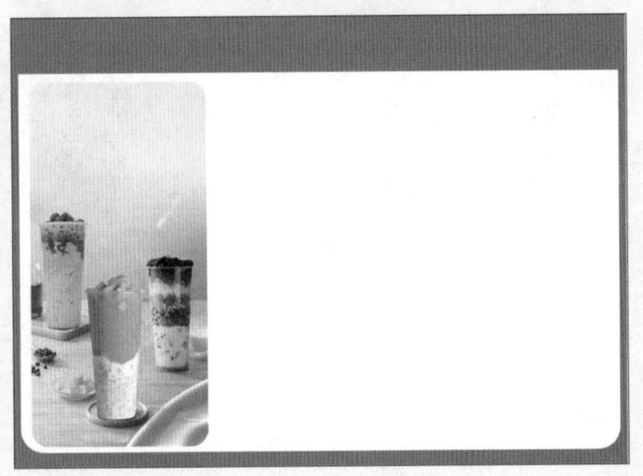

步骤05 将前景色设置为橙色，使用文字工具，将中文字体设置为阿里巴巴普惠体，调整文字的大小和位置，如下左图所示。

步骤06 将前景色设置为白色，使用文字工具输入“真材实料，以料服人”文本，然后整体斜切，自由变换，并为文字图层添加“描边”图层样式，设置描边的大小为21像素、颜色为橙色，效果如下右图所示。

步骤 07 将前景色设置为橙色，使用文字工具输入“招牌必喝榜”文本。在工具属性栏单击“创建文字变形”按钮，选中“上弧”样式，并设置相应的参数，如下左图所示。

步骤 08 设置完成后的效果如下右图所示。

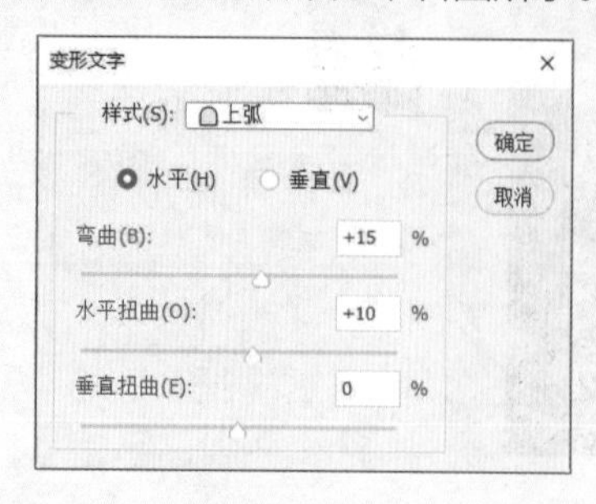

步骤 09 执行“文件>置入嵌入对象”命令，置入“一桶水果茶.png”文件，将前景色设置为黑色。使用直排文字工具输入“一桶水果茶”文本，如下左图所示。

步骤 10 使用钢笔工具绘制一个不规则形状，将填充颜色设置为橙色，如下中图所示。将形状图层移动至置入的图层下方后，使用文字工具输入文字，如下右图所示。

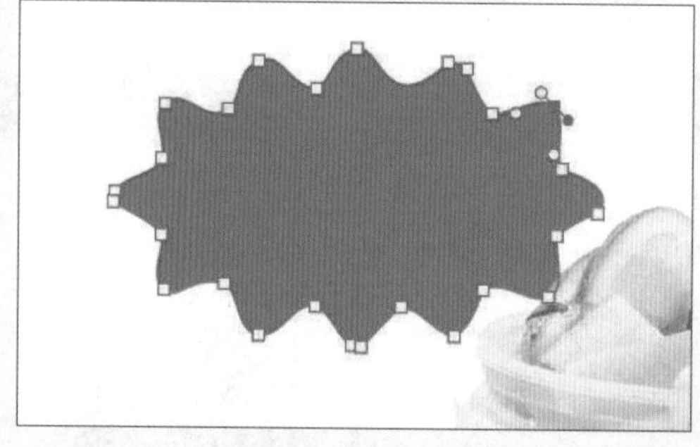

步骤 11 根据相同的方法置入其他素材，调整位置和文字大小，如下左图所示。

步骤 12 使用矩形工具绘制一个矩形，将填充颜色设置为橙色，使用文字工具依次输入文字，如下右图所示。

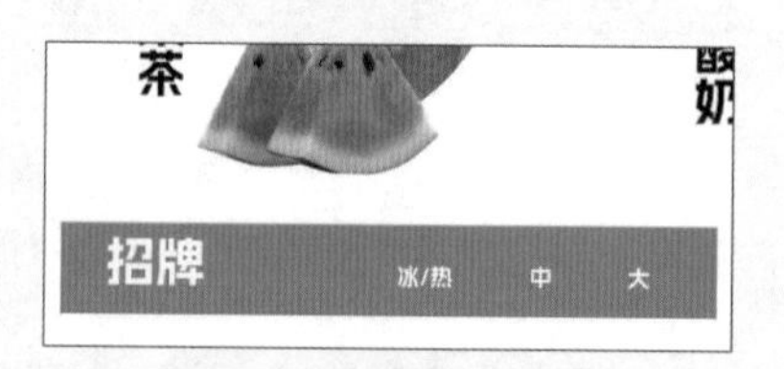

步骤 13 使用钢笔工具绘制直线线段，并在工具属性栏中设置相应的描边参数，如下左图所示。

步骤 14 设置完成后查看效果，如下右图所示。

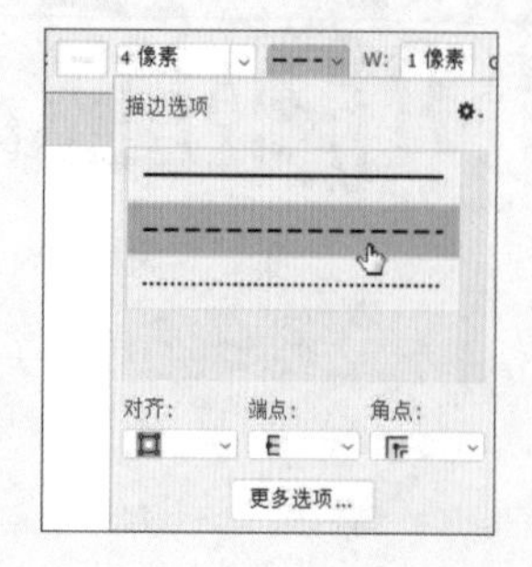

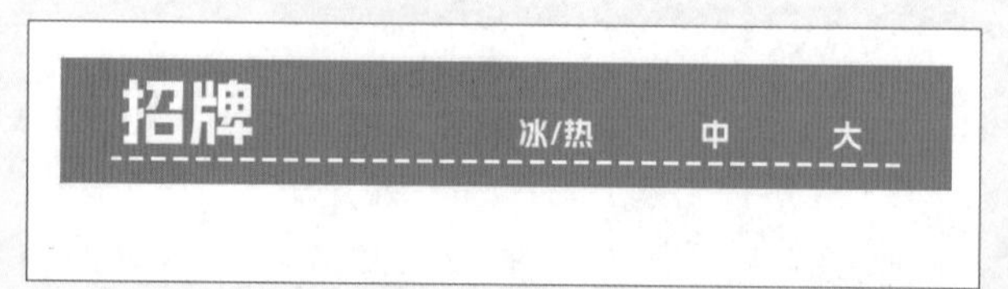

步骤 15 将前景色设置为黑色，使用横排文字工具输入文本，如下左图所示。

步骤 16 将前景色设置为橙色，使用文字工具输入文字“HOT”，如下右图所示。

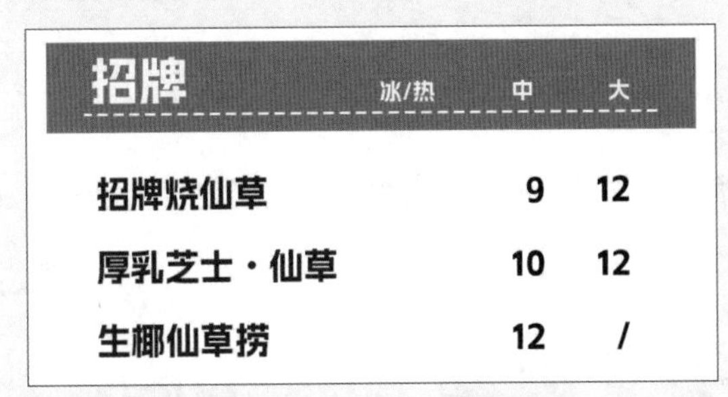

步骤 17 对图层进行编组整理，复制组并替换文字，如下左图所示。

步骤 18 文字复制修改完成后效果，如下右图所示。

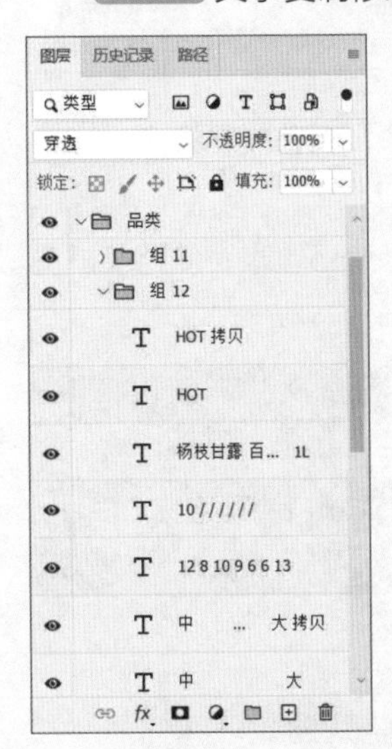

步骤 19 使用矩形工具绘制矩形，并在工具属性栏中设置相应的参数，如下左图所示。

步骤 20 将圆角半径设置为0.46厘米，完成后的效果如下右图所示。

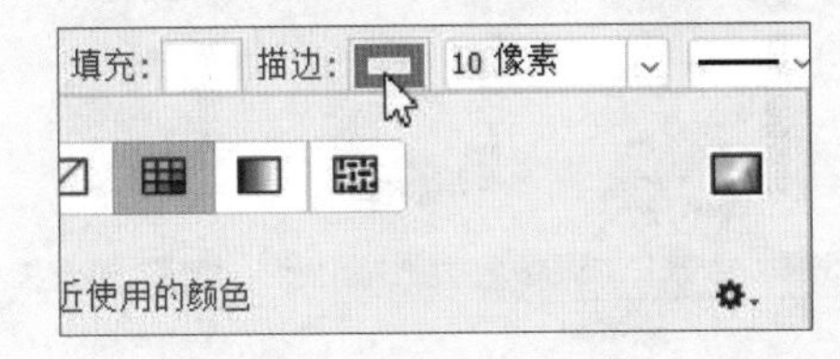

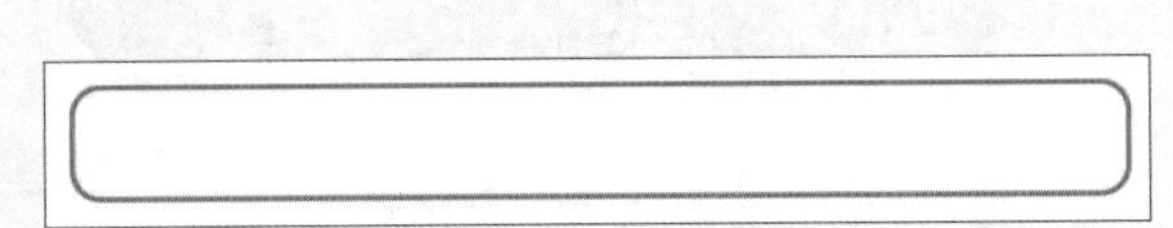

步骤 21 使用矩形工具绘制圆角矩形，将填充颜色设置为橙色，如下左图所示。

步骤 22 复制矩形图层，调整至合适的位置，如下右图所示。

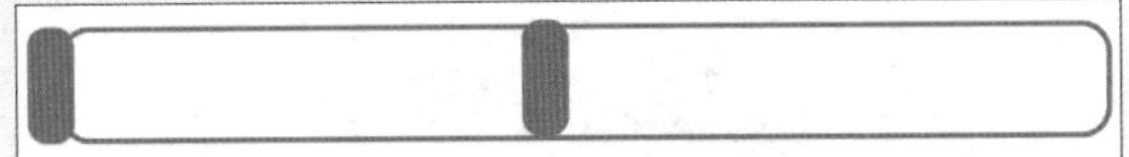

步骤 23 将前景色设置为白色，使用直排文字工具依次输入文字内容，如下页左图所示。

步骤 24 执行“文件>置入嵌入对象”命令，依次置入素材文件，将前景色设置为黑色。使用横排文字工具依次输入文字，选中所有文字图层，将其设置为垂直居中对齐。选中所有素材图层，将其设置为垂直居中对齐，如下页右图所示。

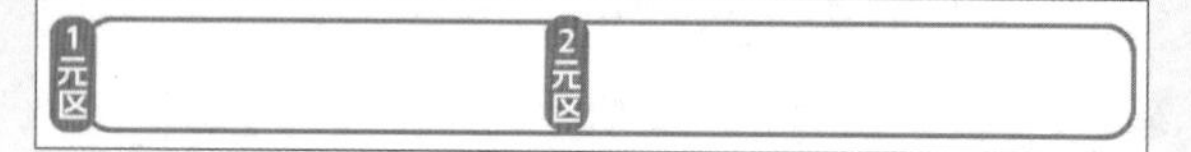

步骤25 将前景色设置为橙色，选择文字工具，将字体设置为阿里妈妈数黑体，调整文字的大小和位置，如下左图所示。

步骤26 执行“文件>置入嵌入对象”命令，依次置入素材文件，将前景色设置为橙色。使用横排文字工具依次输入文字，如下右图所示。

步骤27 将前景色设置为白色，选择文字工具，将字体设置为阿里妈妈数黑体，调整文字的大小和位置，如下左图所示。

步骤28 使用矩形工具绘制矩形，将填充颜色设置为橙色，将圆角半径设置为0.35厘米，使用横排文字工具输入文字，如下右图所示。

好喝不胖奶茶 GOOD TO DRINK, NOT FAT MILK TEA

低脂 低卡 更健康
0添加 | 0负担 | 轻松喝

步骤29 设置完成后查看最终效果，如下图所示。

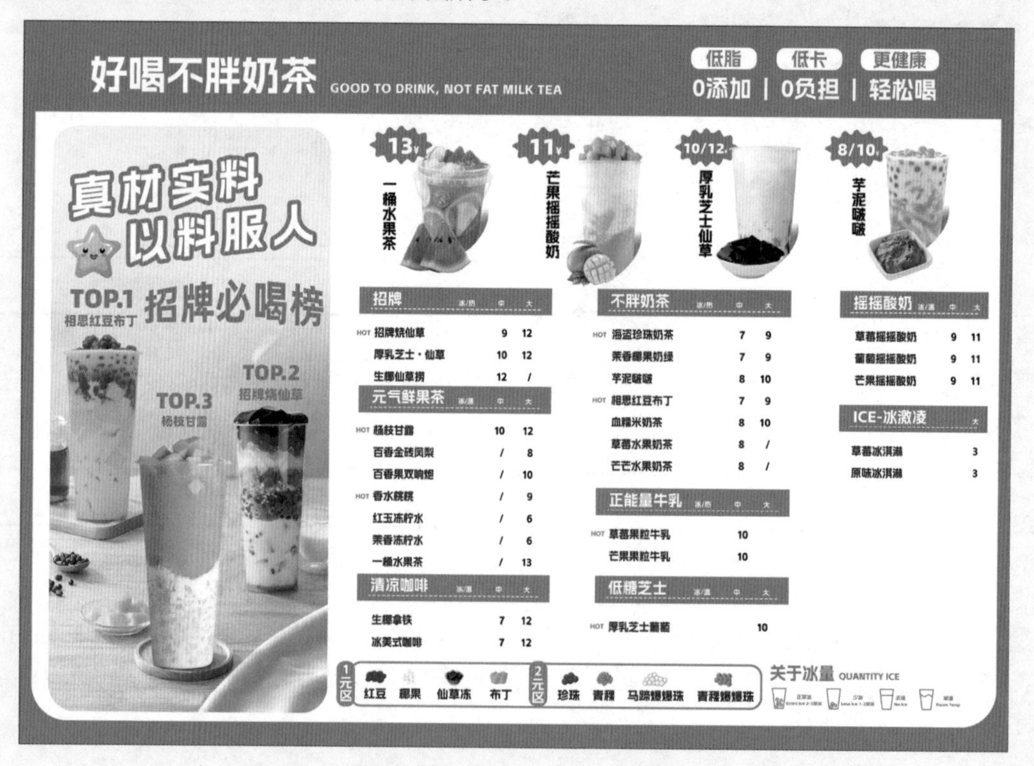

课后练习

一、选择题

（1）使用文字工具在图像中单击确定插入点后输入文字，属于创建（　　）。

A. 文本框　　B. 点文字

C. 段落文字　　D. 路径文字

（2）在“字符”面板中可以对（　　）进行设置。

A. 字体　　B. 颜色

C. 对齐方式　　D. 行距

（3）以下属于形状工具的是（　　）。

A. 三角形　　B. 矩形

C. 椭圆　　D. 多边形

（4）形状的变形是在工具箱选择（　　），然后拖拽锚点进行变形。

A. 直接选择工具　　B. 移动工具

C. 路径选择工具　　D. 钢笔工具

二、填空题

（1）执行__________命令，可以打开“段落”面板。

（2）想要对文字图层进行图像编辑，需要对图层进行__________。

（3）在工具属性栏中可以对创建的形状进行填充，形式包括__________、__________、__________、__________。

三、上机题

根据实例文件中提供的素材制作一份早餐招贴，参考效果如下图所示。

操作提示

① 用户可以使用颜色调整命令，使画面更加鲜艳明亮，在下一节中有详细讲解。

② 灵活使用横排文字工具和直排文字工具创建文字。

③ 灵活使用钢笔工具和图层样式绘制画面细节。

第5章 图像的模式和色彩调整

本章概述

Photoshop提供了很多色彩处理的工具，可以提升照片的色彩效果，让图像更加生动。本章主要介绍图像的模式以及各种色彩调整功能的应用，用户掌握这些技能可以更轻松地处理图像。

核心知识点

❶ 了解图像的颜色模式
❷ 熟悉自动校正颜色功能的应用
❸ 了解颜色调整命令的差异
❹ 掌握颜色调整功能的应用

5.1 图像的模式

图像的模式就是图像的颜色模式，颜色模式决定了如何基于颜色模式中的通道数量来组合颜色。Photoshop中提供了8种不同的颜色模式，分为位图模式、灰度模式、双色调模式、索引颜色模式、RGB颜色模式、CMYK颜色模式、Lab颜色模式和多通道模式，以下是详细讲解。

5.1.1 位图模式

位图模式只有纯黑和纯白两种颜色，一般用于制作单色图像。只有灰度和双色调模式才能够转换为位图模式。在菜单栏中执行“图像>模式>位图”命令，如下左图所示。在弹出的“位图”对话框中设置相应的参数，如下右图所示。

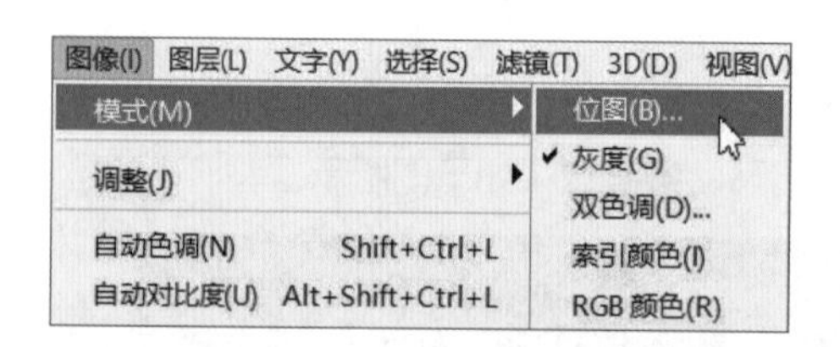

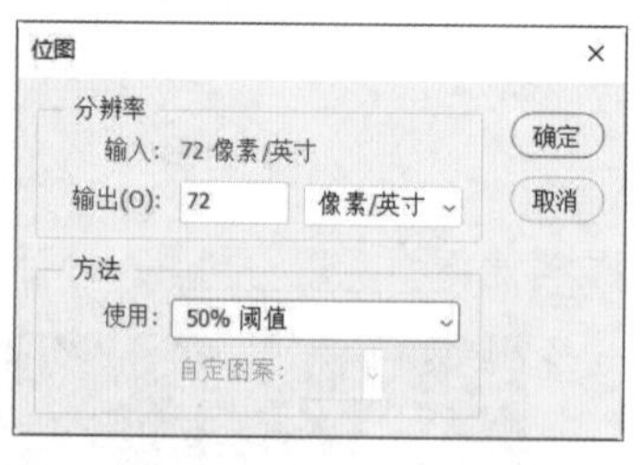

完成上述操作后，观看前后对比效果，如下两图所示。

5.1.2 灰度模式

灰度模式使用不同的灰度级显示图像，将图像转换为灰度模式后，所有的色彩信息都会被删除。在菜单栏中执行“图像>模式>灰度”命令，如下页左图所示。在弹出的提示对话框中单击“扔掉”按钮，如下页右图所示。

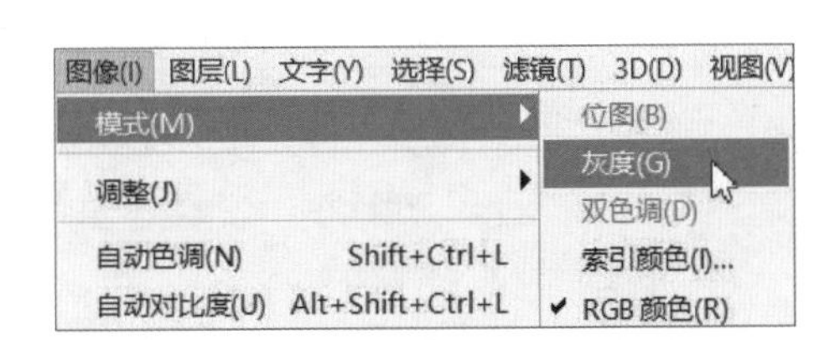

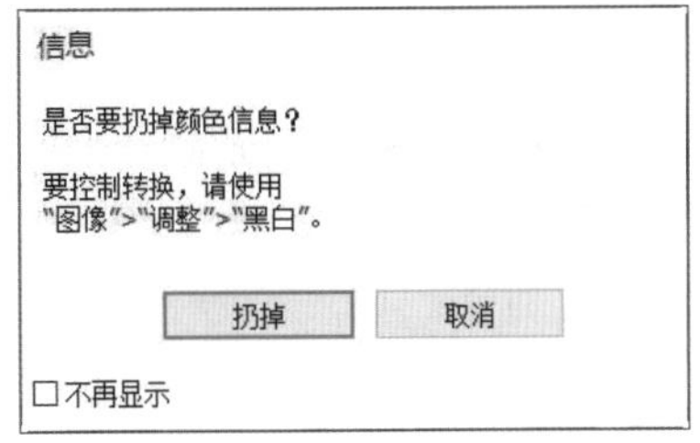

完成上述操作后，观看前后对比效果，如下两图所示。

5.1.3 双色调模式

双色调模式是通过1至4种自定油墨创建的灰度图像。使用双色调模式前，需要先将图像调整为灰度模式，然后在菜单栏中执行“图像>模式>双色调”命令，如下左图所示。在弹出的“双色调选项”对话框中设置相应的参数，如下右图所示。

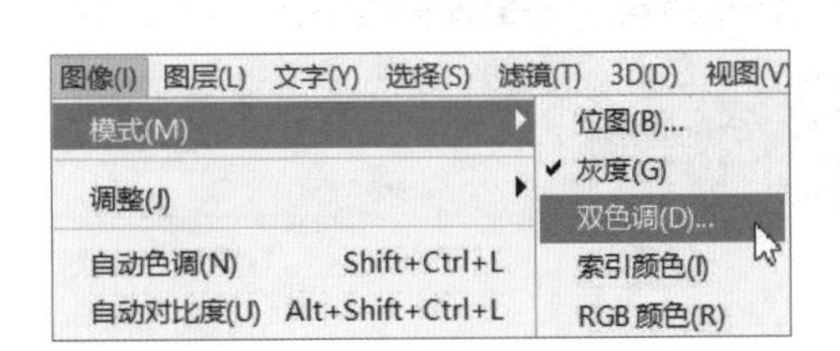

完成上述操作后，观看前后对比效果，如下两图所示。

5.1.4 索引颜色模式

索引颜色模式可生成最多 256 种颜色的 8 位图像文件，GIF格式图像的一般默认模式为索引模式。索引颜色能够在保持多媒体演示文稿、网页等所需的视觉品质的同时，减少文件大小。在菜单栏中执行“图像>模式>索引颜色”命令，如下左图所示。然后在弹出的“索引颜色”对话框中设置相应的参数，如下右图所示。

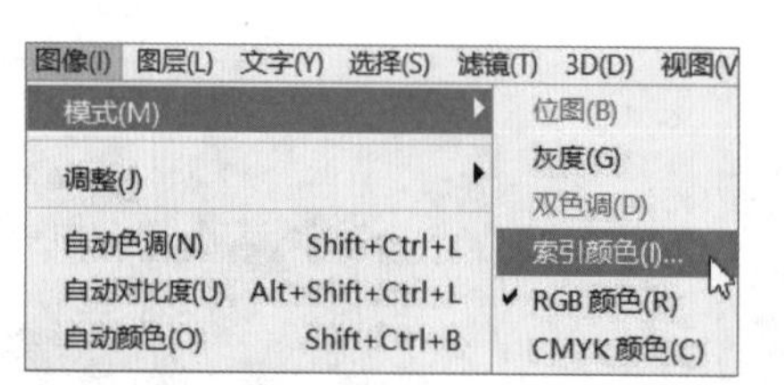

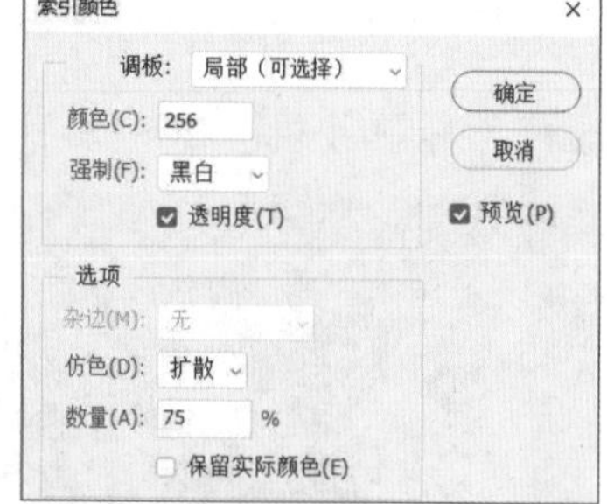

5.1.5 RGB颜色模式

RGB颜色模式的使用非常广泛，其屏幕显示效果也非常好。该颜色模式是基于红（Red）、绿（Green）、蓝（Blue）3种基本颜色组合而成，所以它是24 (8×3)位/像素的三通道图像模式，最多可以重现 1670 万种颜色/像素，但它所表示的实际颜色范围仍因应用程序或显示设备而异。

在Photoshop中，除非有特殊要求要使用特定的颜色模式，RGB颜色模式都是首选。在这种颜色模式下，用户可以使用Photoshop所有的工具和命令，在其他模式中则会受到限制。但是RGB颜色模式用于印刷会损失一部分颜色细节。在菜单栏中执行“图像>模式>RGB颜色”命令，如下左图所示。一般来说，大多数的图像都是RGB模式，如下右图所示。

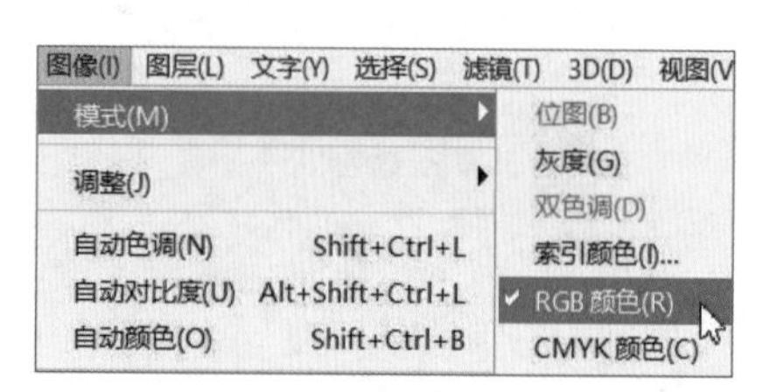

5.1.6 CMYK颜色模式

CMYK是常用于商业印刷的一种四色印刷模式，在CMYK模式下，用户可以为每个像素的每种印刷油墨指定一个百分比值。在菜单栏中执行“图像>模式>CMYK颜色”命令，如下左图所示。由于CMYK为印刷色，而非发光色，因此会比RGB颜色更暗淡一些，如下右图所示。

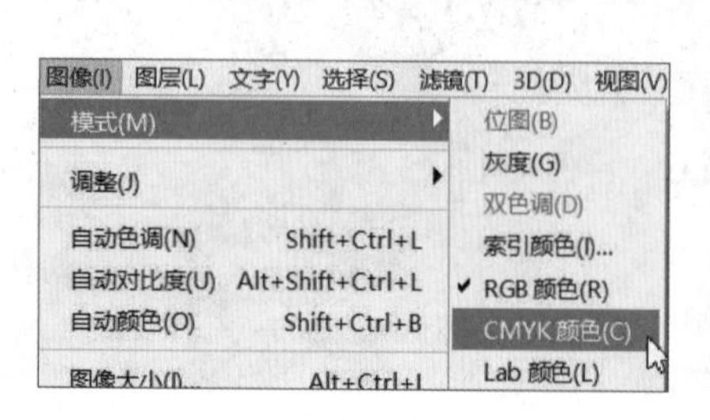

5.1.7 Lab颜色模式

Lab颜色模式描述的是颜色的显示方式，而不是设备（如显示器、打印机或数码相机）生成颜色所需的特定色料的数量。在菜单栏中执行“图像>模式>Lab颜色”命令，如下左图所示。作为中间模式，修改模式与原图无异，如下右图所示。

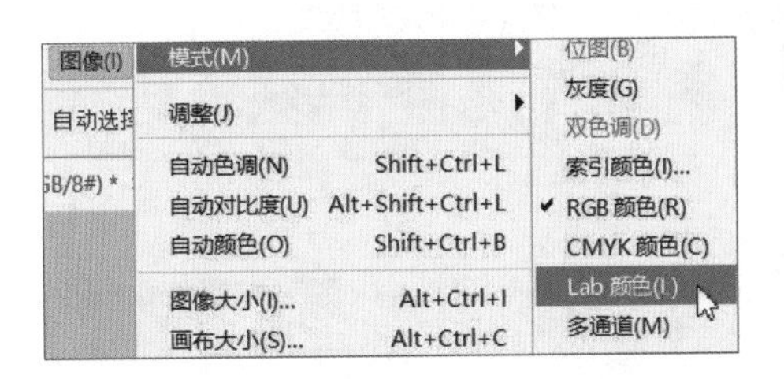

5.1.8 多通道模式

多通道模式是一种减色模式，适用于特殊打印。如果删除RGB、CMYK、Lab模式的某个颜色通道，图像会自动转换为多通道模式。在菜单栏中执行“图像>模式>多通道”命令，如下左图所示。然后可以在“通道”面板中看到图像变成了由青色、洋红和黄色3个通道组成的图像，如下右图所示。

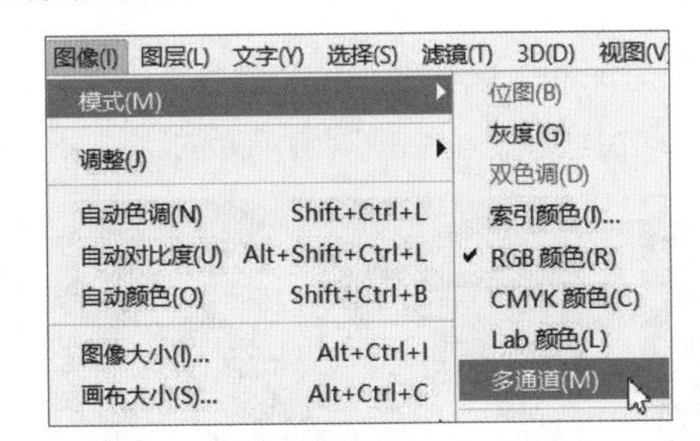

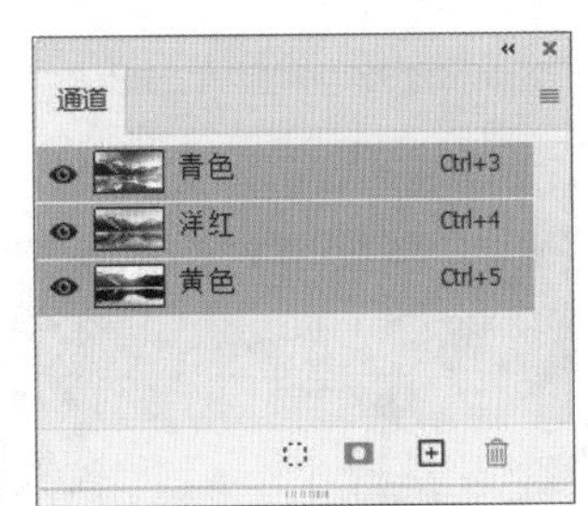

实战练习 修改图像的颜色模式

通过上述内容的学习，我们了解了关于颜色模式的相关知识。下面以将一张照片调整为印刷模式为例巩固所学的知识，具体操作方法如下。

步骤 01 启动Photoshop 2024，执行“文件>打开”命令，打开“生日照片.jpg”图像文件，如下左图所示。

步骤 02 在菜单栏中执行“图像>模式>CMYK颜色”命令，如下右图所示。

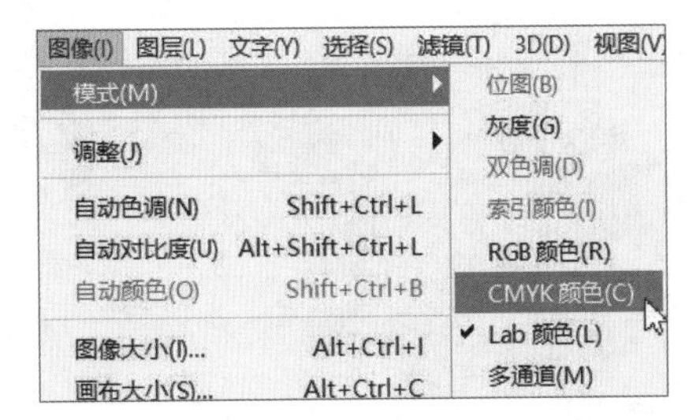

步骤 03 调整后的图像效果，如下左图所示。CMYK颜色模式中的颜色会比RGB颜色暗淡，可通过调整图像的“色相/饱和度”来提亮图像的颜色，如下右图所示（后续会进行详细讲解）。

5.2 自动校正颜色

在Photoshop的“图像”下拉菜单中，为用户提供了几种快速调整图像的命令，分别是“自动色调”“自动对比度”和“自动颜色”命令。这些命令可以自动对图像的颜色和色调进行简单的调整，适合对各种调色工具不太熟悉的初学者使用。

5.2.1 “自动色调”命令

“自动色调”命令是将每一个通道中的最浅和最深的像素变成白色和黑色，适合移除色偏。打开一张图片，如下左图所示。在菜单栏中执行“图像>自动色调”命令后，观看前后对比效果，如下右图所示。

5.2.2 “自动对比度”命令

“自动对比度”命令可以自动调整图像中的对比度，使高光看上去更亮，阴影看上去更暗。打开一张图片，如下左图所示。在菜单栏中执行“图像>自动对比度”命令后，观看前后对比效果，如下右图所示。

5.2.3 “自动颜色”命令

“自动颜色”命令通过搜索图像来标识阴影、中间调和高光，从而调整图像的对比度和颜色。打开一张图片，如下左图所示。在菜单栏中执行“图像>自动颜色”命令后，观看前后对比效果，如下右图所示。

5.3 颜色调整命令

使用Photoshop“图像”下拉菜单中的颜色调整命令可增强、修复和校正图像中的颜色和色调，使图像看上去更加清晰和生动。这一节将对重点常用的颜色调整命令进行详细讲解。

5.3.1 “亮度/对比度”命令

“亮度/对比度”命令可以对图像的色调范围进行简单的调整。在菜单栏中执行“图像>调整>亮度/对比度”命令，如下左图所示。在弹出的“亮度/对比度”对话框中设置相应的参数，如下右图所示。

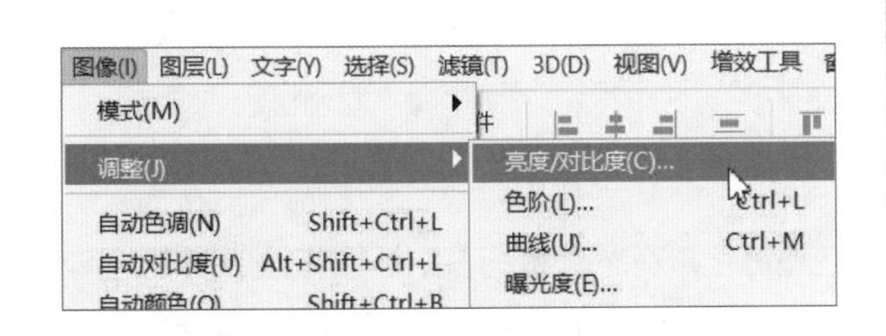

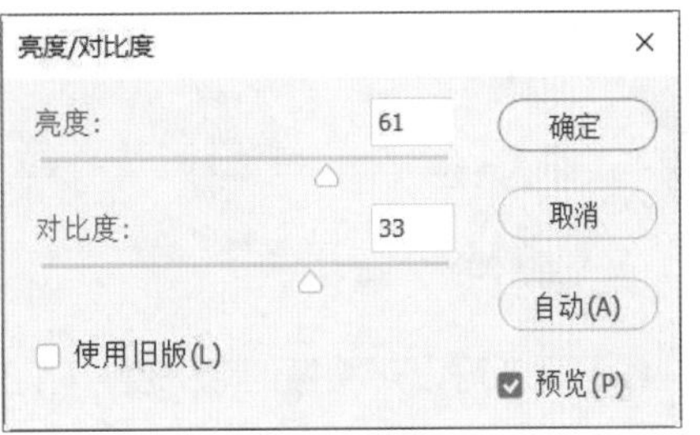

完成上述操作后，观看前后对比效果，如下两图所示。

5.3.2 “色阶”命令

“色阶”命令可以通过调整图像的阴影、中间调和高光的强度级别来校正图像的色调范围和色彩平衡。在菜单栏中执行“图像>调整>色阶”命令，如下左图所示。在弹出的“色阶”对话框中设置相应的参数，如下右图所示。

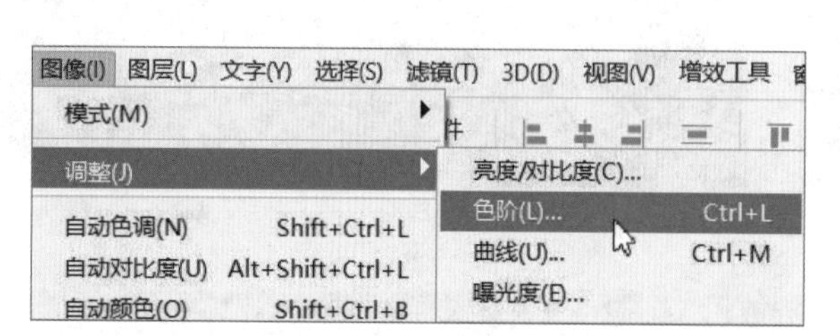

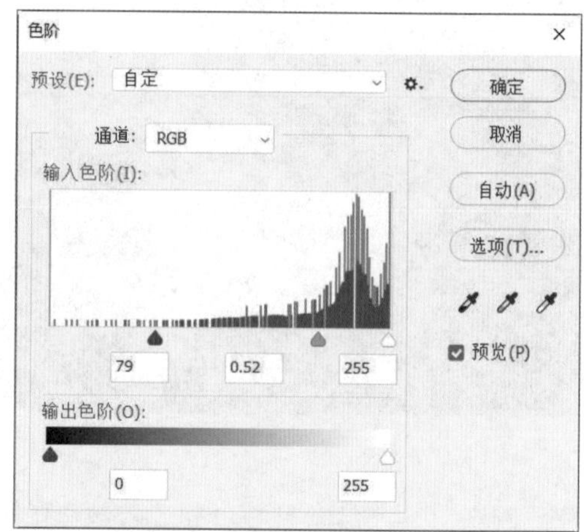

完成上述操作后，观看前后对比效果，如下两图所示。

5.3.3 “曲线”命令

“曲线”命令可以对图像的对比度、明度和色调进行精确的调整。可以在从暗调到高光的色调范围内对多个不同的点进行调整。在菜单栏中执行“图像>调整>曲线”命令，如下左图所示。在弹出的“曲线”对话框中设置相应的参数，如下右图所示。

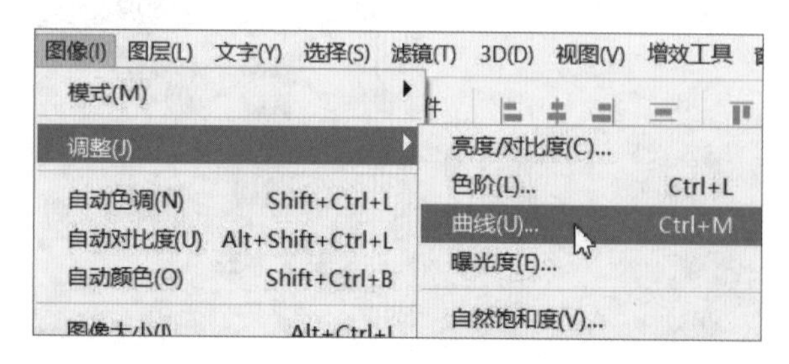

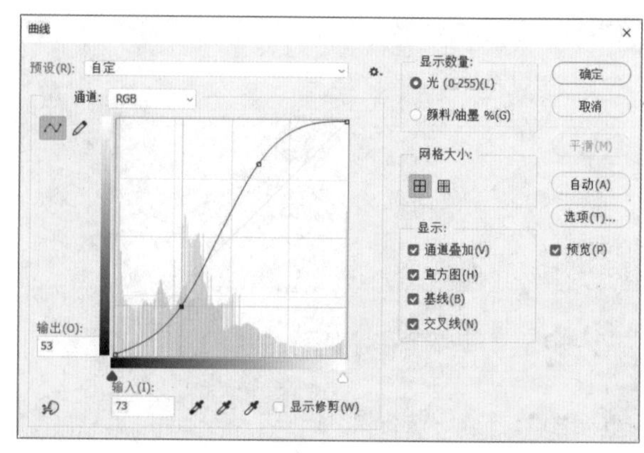

完成上述操作后，观看前后对比效果，如下两图所示。

5.3.4 “曝光度”命令

“曝光度”命令可以模拟数码相机内部的曝光程序，对图片进行二次曝光处理，一般用于处理相机拍摄的曝光不足或曝光过度的照片。在菜单栏中执行“图像>调整>曝光度”命令，如下左图所示。在弹出的“曝光度”对话框中设置相应的参数，如下右图所示。

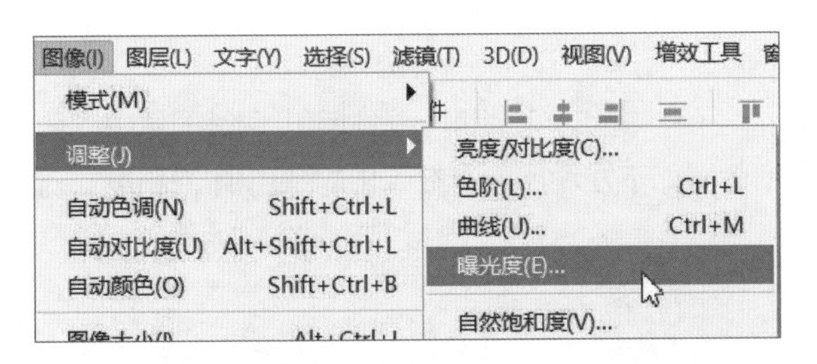

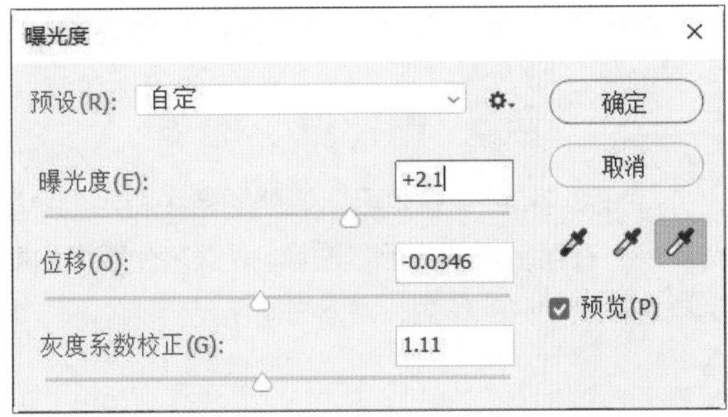

完成上述操作后，观看前后对比效果，如下两图所示。

5.3.5 “自然饱和度”命令

使用“自然饱和度”命令可以使图像颜色接近最大饱和度时最大限度地减少颜色的流失。同时还可以避免颜色过度饱和。在菜单栏中执行“图像>调整>自然饱和度”命令，如下页左图所示。在弹出的“自然饱和度”对话框中设置相应的参数，如下页右图所示。

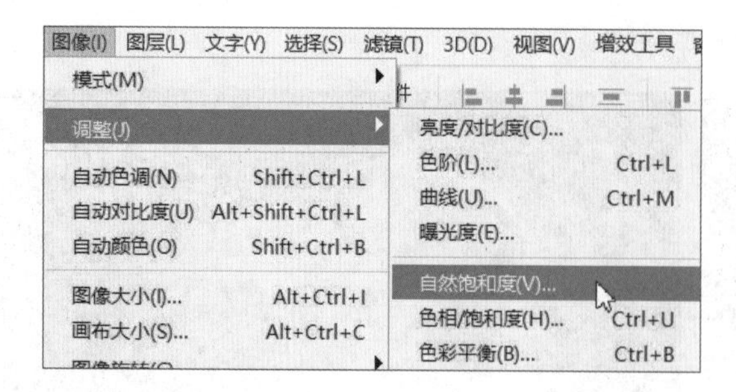

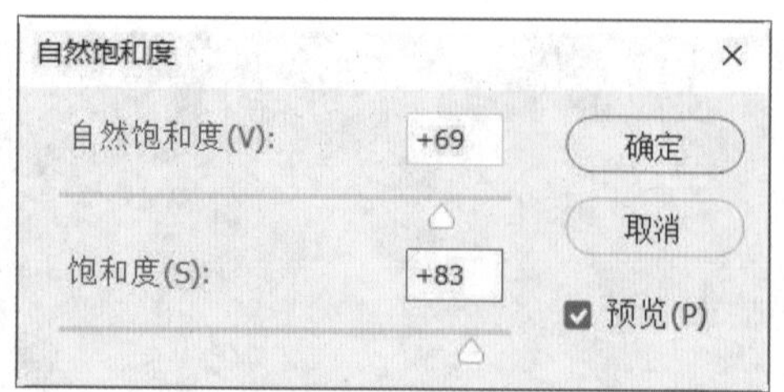

完成上述操作后，观看前后对比效果，如下两图所示。

5.3.6 “色相/饱和度”命令

“色相/饱和度”命令可以调整图像中特定颜色范围的色相、饱和度和明度，同时可以调整图像中的所有颜色。在菜单栏中执行“图像>调整>色相/饱和度”命令，如下左图所示。在弹出的“色相/饱和度”对话框中设置相应的参数，如下右图所示。

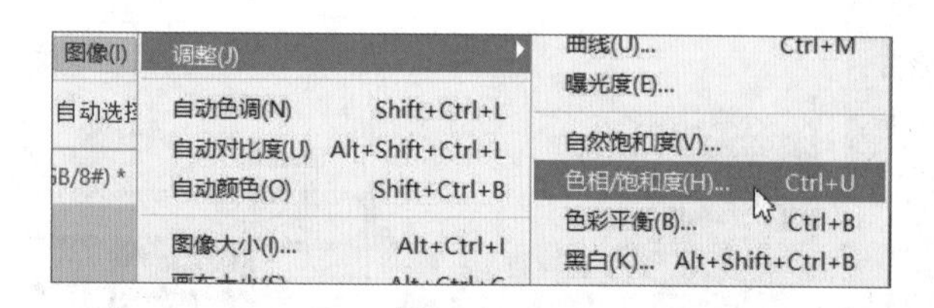

完成上述操作后，观看前后对比效果，如下两图所示。

5.3.7 “色彩平衡”命令

“色彩平衡”命令可以增加或减少图像中的颜色，从而调整图像整体的色彩平衡，多用于校正图像中的颜色缺陷。在菜单栏中执行“图像>调整>色彩平衡”命令，如下左图所示。在弹出的“色彩平衡”对话框中设置相应的参数，如下右图所示。

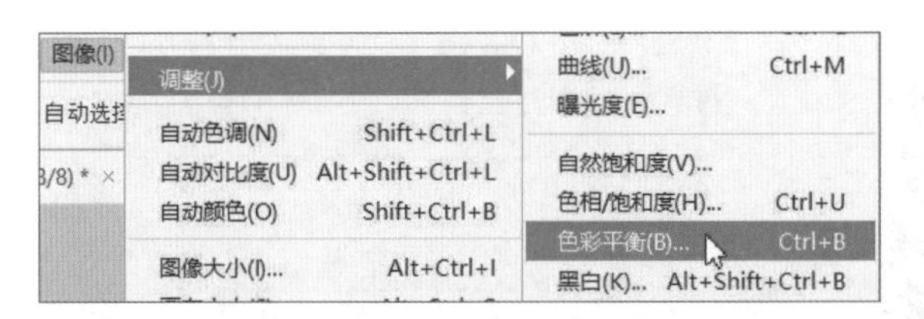

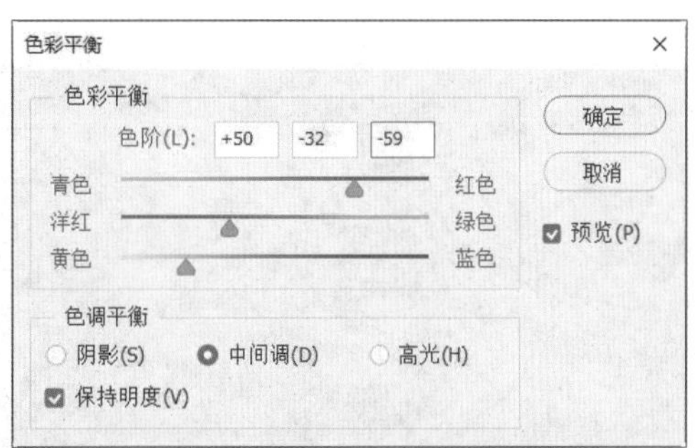

完成上述操作后，观看前后对比效果，如下两图所示。

实战练习 通过颜色调整命令润色照片

通过对上述内容的学习，我们了解了颜色调整命令的相关知识。下面使用几种常用的颜色调整命令来修饰照片，具体操作方法如下。

步骤01 启动Photoshop 2024，执行“文件>打开”命令，打开“风景.jpeg”图像文件，如下左图所示。

步骤02 在菜单栏中执行“图像>调整>亮度/对比度”命令，在弹出的“亮度/对比度”对话框中设置相应的参数，如下右图所示。

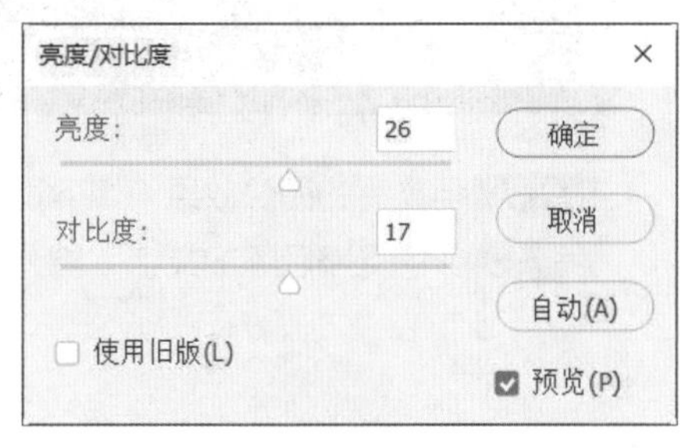

步骤 03 调整后的图像效果，如下左图所示。

步骤 04 在菜单栏中执行“图像>调整>曲线”命令，在弹出的“曲线”对话框中设置相应的参数，如下右图所示。

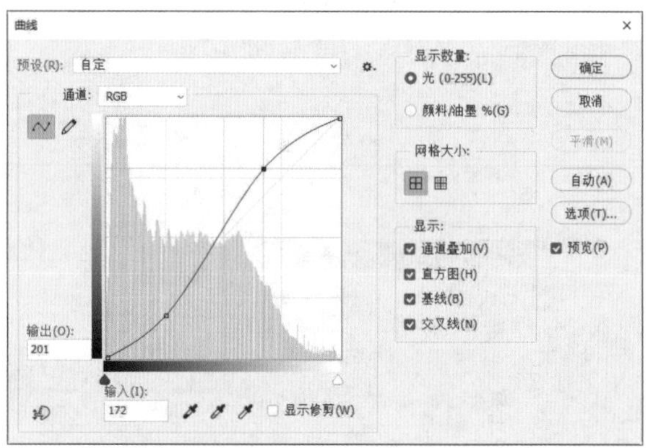

步骤 05 调整后的图像效果，如下左图所示。

步骤 06 在菜单栏中执行“图像>调整>色彩平衡”命令，在弹出的“色彩平衡”对话框中设置相应的参数，如下右图所示。

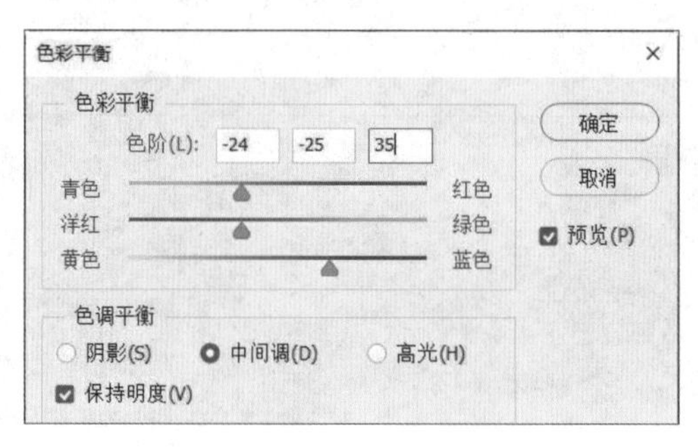

步骤 07 调整后的图像效果，如下左图所示。

步骤 08 在菜单栏中执行“图像>调整>色相/饱和度”命令，在弹出的“色相/饱和度”对话框中设置相应的参数，如下右图所示。

步骤 09 调整后的图像效果，如下页左图所示。

步骤 10 颜色调整后添加文字完善整体画面效果，如下页右图所示。

5.3.8 “黑白”命令

使用“黑白”命令可以轻松地将彩色图像转换为黑白图像，并可以精细地调整图像整体的色调值。在菜单栏中执行“图像>调整>黑白”命令，如下左图所示。在弹出的“黑白”对话框中设置相应的参数，如下右图所示。

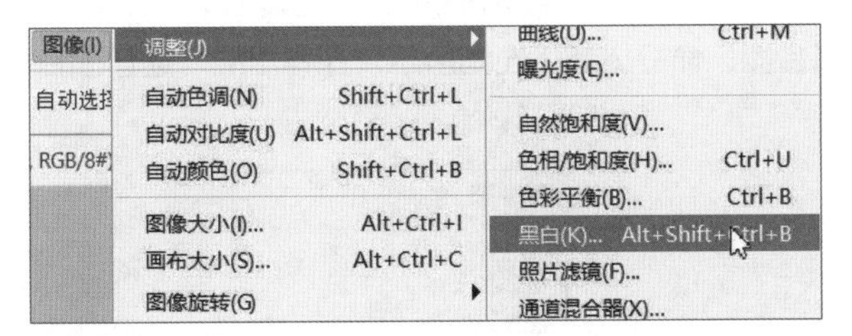

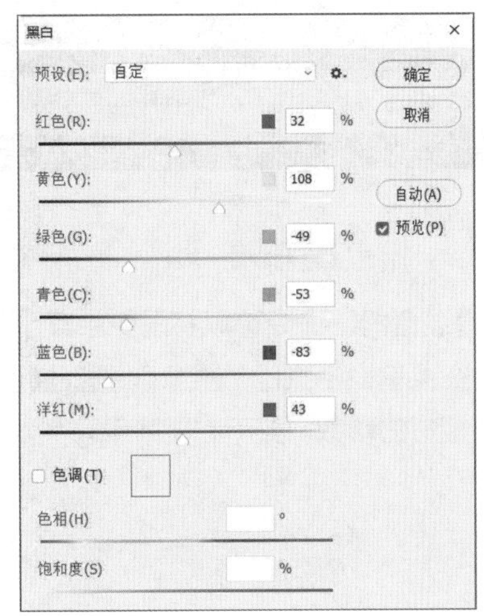

完成上述操作后，观看前后对比效果，如下两图所示。

5.3.9 “照片滤镜”命令

“照片滤镜”命令可以用来调节图像颜色的冷、暖、轻微的色彩偏差，同时还可以通过选择滤镜颜色来制定颜色。在菜单栏中执行“图像>调整>照片滤镜”命令，如下页左图所示。在弹出的“照片滤镜”对话框中设置相应的参数，如下页右图所示。

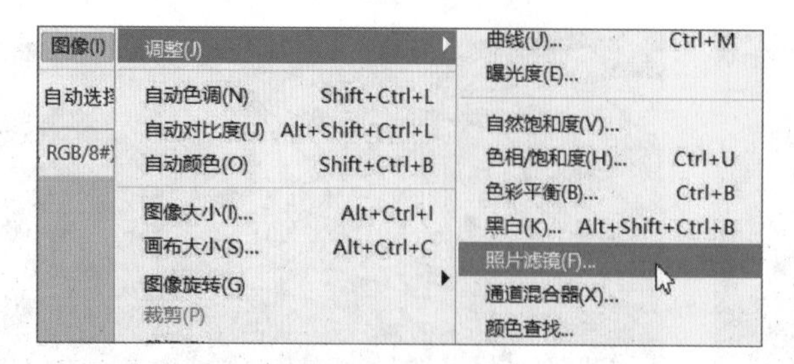

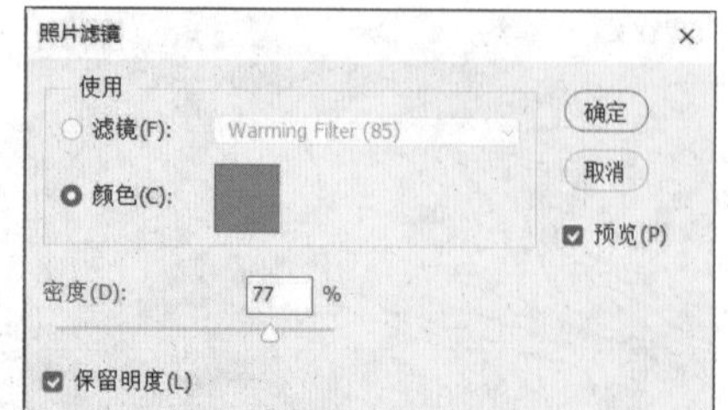

完成上述操作后，观看前后对比效果，如下两图所示。

5.3.10 “通道混合器”命令

“通道混合器”命令可以将图像中某个通道的颜色与其他通道中的颜色进行混合，从而达到更改颜色的效果。在菜单栏中执行“图像>调整>通道混合器”命令，如下左图所示。在弹出的“通道混合器”对话框中设置相应的参数，如下右图所示。

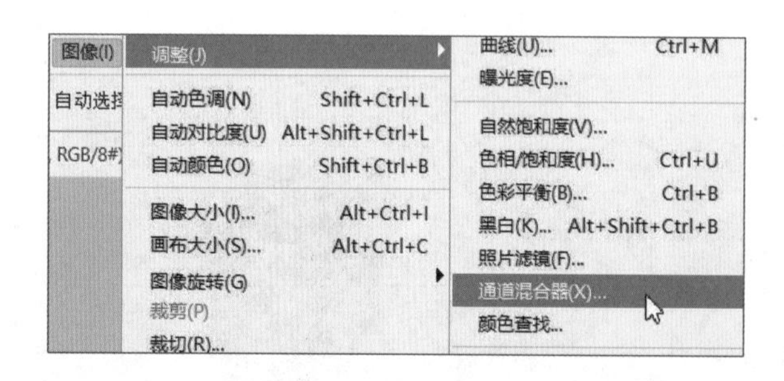

完成上述操作后，观看前后对比效果，如下两图所示。

5.3.11 “色调分离”命令

“色调分离”命令是通过减少色阶的数量来减少图像中的颜色。在菜单栏中执行“图像>调整>色调分离”命令，如下左图所示。在弹出的“色调分离”对话框中设置相应的参数，如下右图所示。

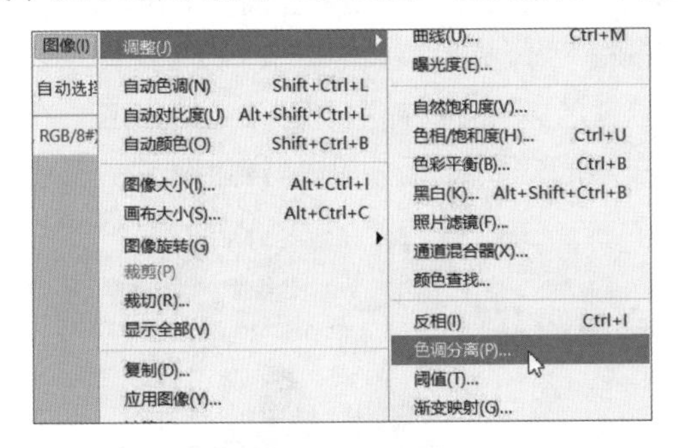

完成上述操作后，观看前后对比效果，如下两图所示。

5.3.12 “阈值”命令

“阈值”命令常用于将灰度或彩色图像转换为高对比度的黑白图像。在菜单栏中执行“图像>调整>阈值”命令，如下左图所示。在弹出的“阈值”对话框中设置相应的参数，如下右图所示。

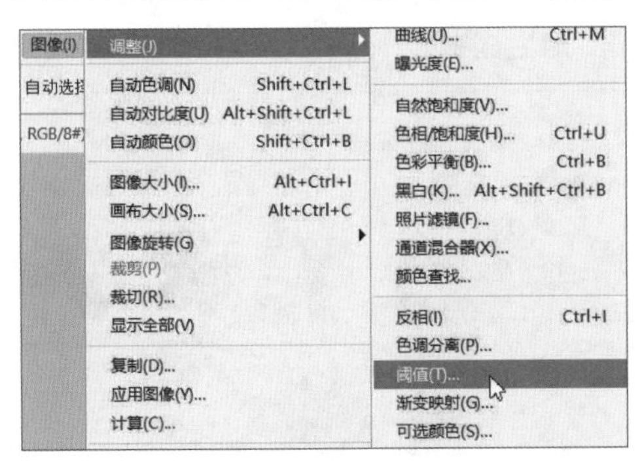

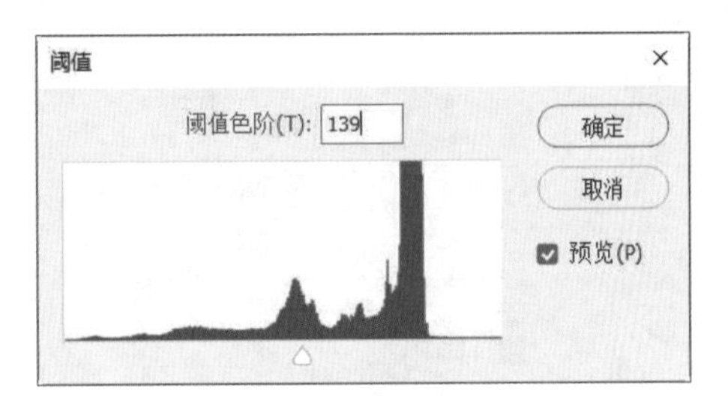

完成上述操作后，观看前后对比效果，如下两图所示。

知识延伸：查看“直方图”面板

“直方图”面板是用图形表示图像的每个亮度级别的像素数量，展示像素在图像中的分布情况。“直方图”面板显示阴影中的细节（在面板左侧部分显示）、中间调（在面板中部显示）以及高光（在面板右侧部分显示）。“直方图”面板可以辅助确定某个图像是否有足够的细节来进行良好的颜色校正。在菜单栏中执行“窗口>直方图”命令，如下左图所示。在打开的“直方图”面板中可以看到相对应的颜色分布，如下右图所示。

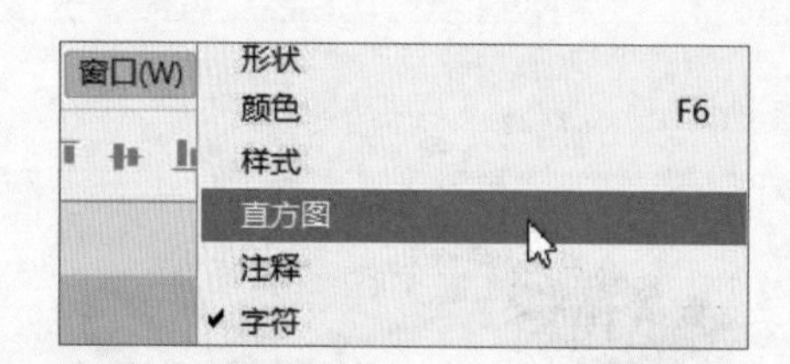

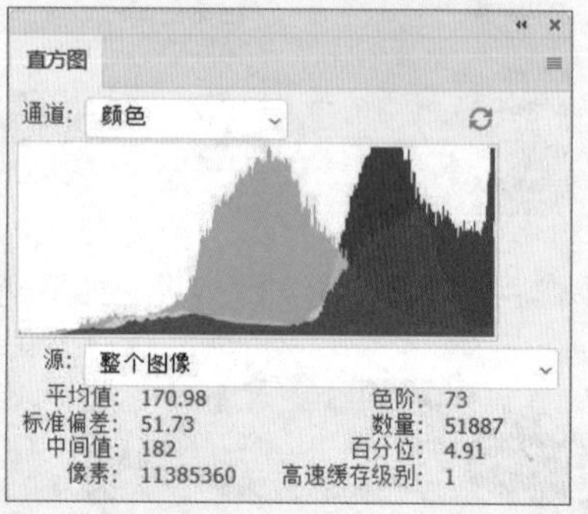

上机实训：制作水果海报

扫码看视频

学习完本章的知识后，相信用户对Photoshop图像的颜色调整有了一定的认识。下面以制作水果海报为例巩固所学的知识，具体操作如下。

步骤 01 打开Photoshop 2024，执行“文件>新建”命令，在弹出的“新建”对话框中设置相应的参数，如下左图所示。

步骤 02 执行“文件>打开”命令，在弹出的“打开”对话框中选择需要的文件，如下右图所示。

步骤 03 跨文档移动背景图像至新建的文档中，适当调整大小和位置。执行“图像>调整>色相/饱和度”命令，在弹出的“色相/饱和度”对话框中设置相应的参数，如下页左图所示。

步骤 04 执行“文件>打开”命令，打开名为“葡萄”的图像，将其移动到新建图像中并适当调整大小和位置，如下页右图所示。

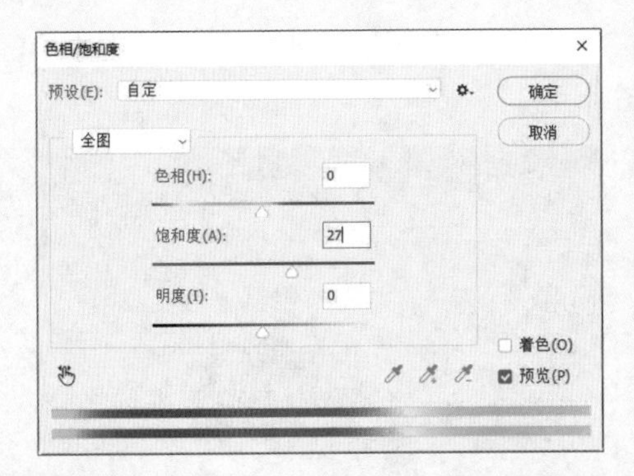

步骤05 选中“葡萄”图层，执行“图像>调整>曲线”命令，在弹出的“曲线”对话框中设置相应的参数，如下左图所示。然后执行“图像>调整>色彩平衡”命令，在弹出的“色彩平衡”对话框中设置相应的参数，如下右图所示。

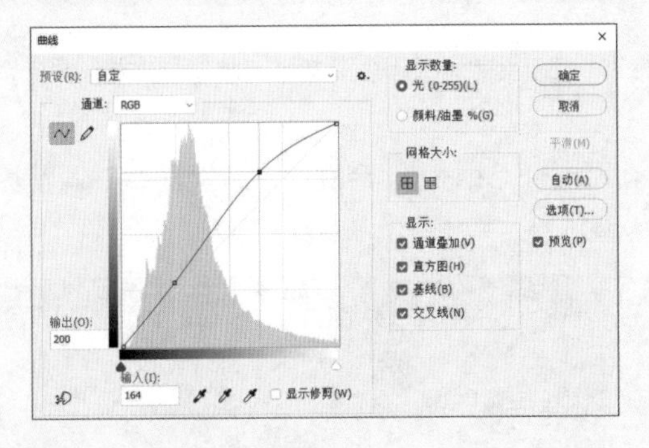

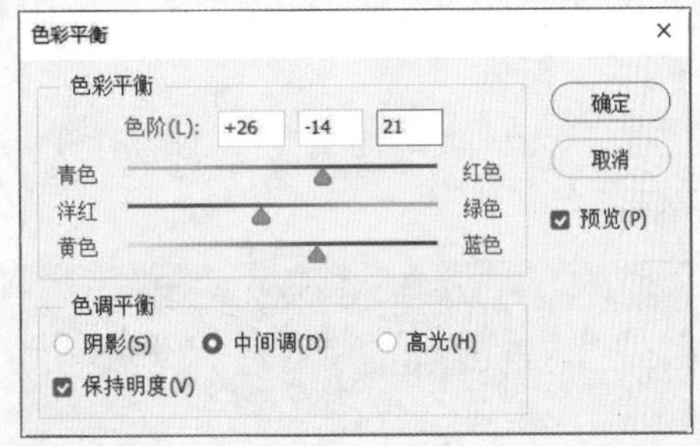

步骤06 设置完成后的效果如下左图所示。执行“文件>打开”命令，打开名为“水”的图像，将其移动到“葡萄”图层的下方，效果如下右图所示。

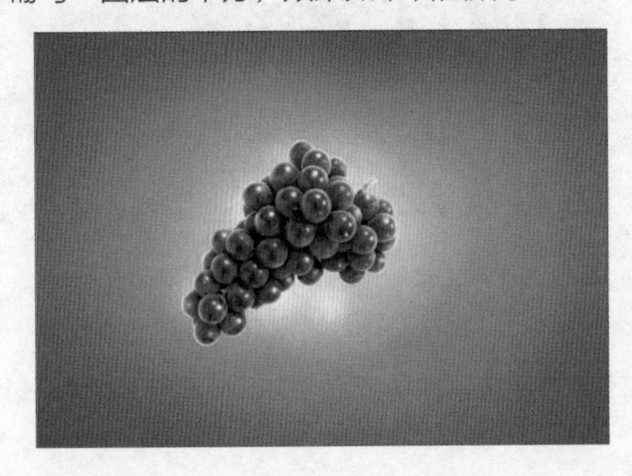

步骤07 选中“水”图层，执行“图像>调整>亮度/对比度”命令，在弹出的“亮度/对比度”对话框中设置相应的参数，如下左图所示。然后执行“图像>调整>色彩平衡”命令，在弹出的“色彩平衡”对话框中设置相应的参数，如下右图所示。

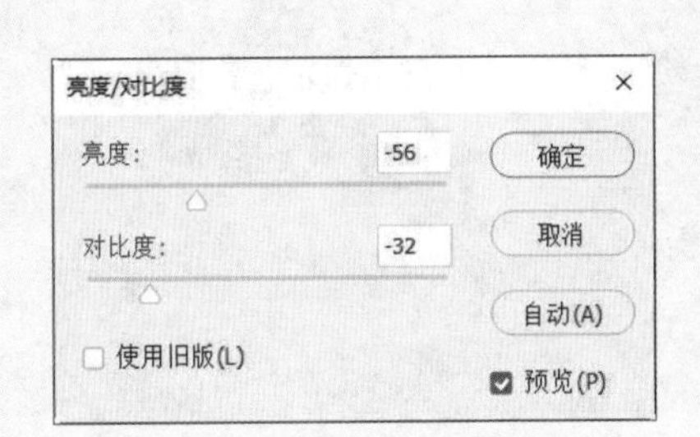

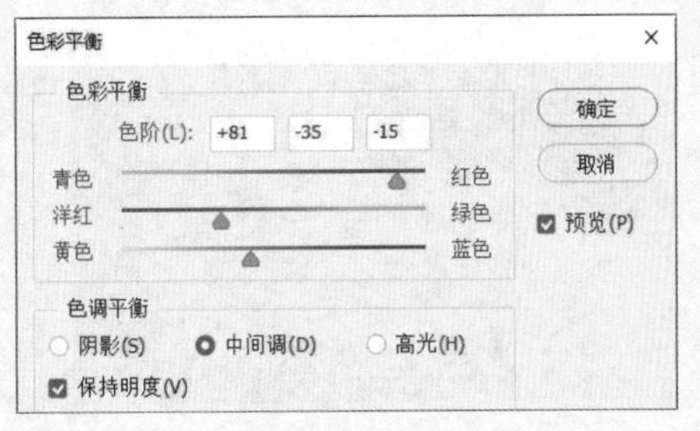

步骤 08 然后执行“图像>调整>色相/饱和度”命令，在弹出的“色相/饱和度”对话框中设置相应的参数，如下左图所示。设置完成后查看效果，如下右图所示。

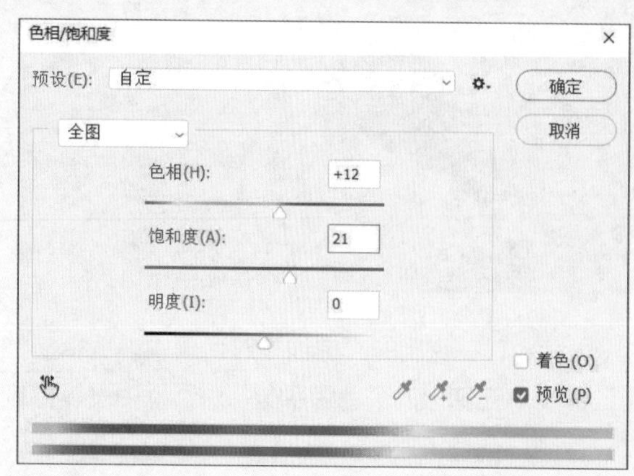

步骤 09 执行“文件>打开”命令，打开名为“绿叶”的图像，将其移动到“水”图层的下方，效果如下左图所示。

步骤 10 按下Ctrl+J组合键复制“绿叶”图层，然后按下Ctrl+T组合键自由变换图像并调整其位置，如下右图所示。

步骤 11 执行“文件>打开”命令，打开名为“葡萄粒”和“葡萄粒2”的图像，并使用自由变换工具调整大小和位置，如下左图所示。

步骤 12 执行“文件>打开”命令，打开名为“果汁”的图像，新建图层并使用画笔工具添加投影，然后增加文字点缀，效果如下右图所示。

课后练习

一、选择题

（1）常用于商业印刷的一种四色印刷模式是（　　）模式。

A. RGB　　B. CMYK

C. 双色调　　D. 位图

（2）要将图像调整为双色调模式，需要先将图像调整为（　　）模式。

A. 位图　　B. Lab颜色

C. 灰度　　D. 多通道

（3）下列颜色调整命令中，（　　）命令可以对图像的对比度、明度和色调进行精确调整。

A. 曲线　　B. 自然饱和度

C. 色彩平衡　　D. 去色

（4）要想将画面调亮，可以使用（　　）颜色调整命令。

A. 亮度/对比度　　B. 色阶

C. 曲线　　D. 自然饱和度

二、填空题

（1）__________颜色模式是使用最广泛、屏幕显示最佳的颜色模式。

（2）想要自动对图像的颜色和色调进行简单的调整，可以使用__________、__________或__________命令。

（3）“可选颜色”对话框中是对__________、__________、__________、__________4种颜色进行调整。

三、上机题

根据实例文件中提供的素材制作一个地产价值点展板，参考效果如下图所示。

操作提示

① 使用图层蒙版和剪切蒙版，对画面细节进行调整（在下一章中有详细讲解）。

② 灵活使用颜色调整命令，修正图像色调。

③ 灵活使用文字工具进行排版设计。

第6章 蒙版和通道的应用

本章概述

蒙版是合成图像时常用的一项重要功能，使用蒙版处理图像是一种非破坏性的编辑方式。使用通道可以将图像中不同的颜色创建为选区，并对选中的区域进行单独编辑。本章将对蒙版和通道的应用进行详细介绍。

核心知识点

❶ 了解蒙版的作用
❷ 掌握不同蒙版的使用
❸ 了解通道的作用
❹ 熟悉通道的编辑

6.1 认识蒙版

在Photoshop中，蒙版是一种遮盖部分或者全部图像的工具，常用于合成图像或控制画面的显示内容，能制作出神奇的效果。蒙版是一种非破坏性的编辑工具，使用蒙版并不会删除图像，而是将其隐藏起来。本节将对蒙版的作用和属性进行讲解。

6.1.1 蒙版的作用

Photoshop中蒙版的作用是将不同的灰度色值转化为不同的透明度，并作用到其所在的图层，使图层不同部位的透明度产生相应的变化。其中，蒙版中的纯白色区域可以遮盖下面图层中的内容，显示当前图层中的图像；蒙版中的纯黑色区域可以遮盖当前图层中的图像，显示下面图层中的内容；蒙版中的灰色区域会根据其灰度值呈现出不同层次的透明效果。

打开素材图片，如下左图所示。用白色在蒙版中涂抹的区域是可见的，用黑色涂抹的区域将被隐藏，用灰色涂抹的区域将呈现半透明的效果，如下右图所示。

6.1.2 蒙版的属性

“属性”面板不仅可以设置调整图层的参数，还可以对蒙版进行设置。创建蒙版以后，单击所创建的图层，在“属性”面板中会出现密度、羽化、选择并遮住、颜色范围、反相等参数设置，如下页左图所示。用户可以通过调整这些参数，对蒙版进行修改，在“图层蒙版缩览图”中可以看到调整后的透明效果，如下页右图所示。

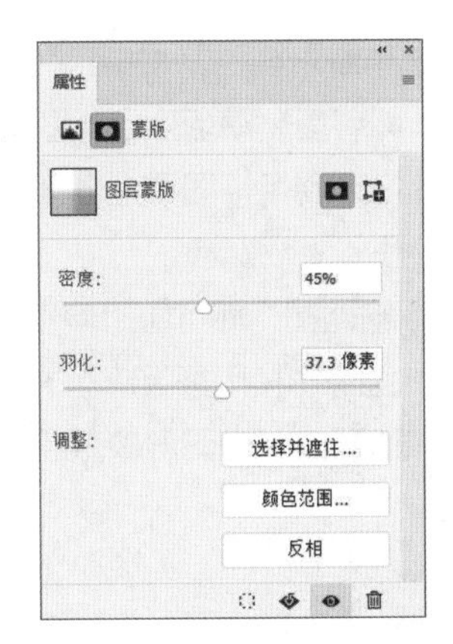

6.2 蒙版的应用

Photoshop提供了3种蒙版，分别为图层蒙版、剪贴蒙版和矢量蒙版。图层蒙版是通过调整蒙版中的灰度信息控制图像中的显示区域，一般用于制作合成图像或者控制填充图案；剪贴蒙版是通过控制一个对象的形状来控制其他图像的显示区域；矢量蒙版则是通过路径和矢量形状来控制图像的显示区域。下面将详细介绍这3种蒙版的应用。

6.2.1 图层蒙版

图层蒙版是图像处理中最常用的蒙版，主要用来显示或隐藏图层的部分内容，在编辑的同时保护原图像不因编辑而受到破坏。用户可以单击“图层”面板底部的“添加图层蒙版”按钮，如下左图所示。或者在菜单栏中执行“图层>图层蒙版”命令，在子菜单中选择所需的选项，为当前的普通图层添加图层蒙版，如下右图所示。

如果图像中存在选区，执行“图层>图层蒙版>显示选区”命令，可基于选区创建图层蒙版，如下左图所示。 如果执行“图层>图层蒙版>隐藏选区”命令，则选区内的图像将被蒙版遮盖，如下右图所示。用户也可以在“图层”面板中单击“添加图层蒙版”按钮，从选区生成蒙版。

创建图层蒙版后，用户还可以对图层蒙版进行相应的编辑操作，具体如下。

- **复制蒙版：** 按住Alt键的同时拖动图层蒙版缩览图，即可复制蒙版到目标图层。
- **移动蒙版：** 选中图层蒙版后，按住鼠标左键不放并拖动到目标图层上，即可移动蒙版，原图层上不再有蒙版。
- **停用图层蒙版：** 按住Shift键的同时单击图层的蒙版缩略图，即可暂时停用图层蒙版，图层蒙版缩略图中会出现一个红色的叉号，如下左图所示。这时，图像中使用蒙版遮盖的区域会显示出来。
- **重新启用蒙版：** 停用图层蒙版后，再次按住Shift键的同时单击图层蒙版缩览图，可重新启用图层蒙版，如下右图所示。

6.2.2 剪贴蒙版

剪贴蒙版可以用某个图层的内容来限制它的上层图像的显示范围。剪贴蒙版可以用于多个图层，但它们必须是连续的。在剪贴蒙版中，最下面的图层为基层图层，上面的图层为内容图层。基层图层名称下带有下划线，内容图层的缩略图是缩进的，并且显示一个剪贴蒙版的图标。

在菜单栏中执行“图层>创建剪贴蒙版”命令或在要应用剪贴蒙版的图层上右击，在弹出的快捷菜单中选择“创建剪贴蒙版”命令，如下左图所示，即可创建剪贴蒙版。用户也可以按住Alt键，将光标放在“图层”面板中分隔两组图层的线上，然后单击鼠标左键来执行创建剪贴蒙版操作，如下中图所示。完成后的“图层”面板如下右图所示。

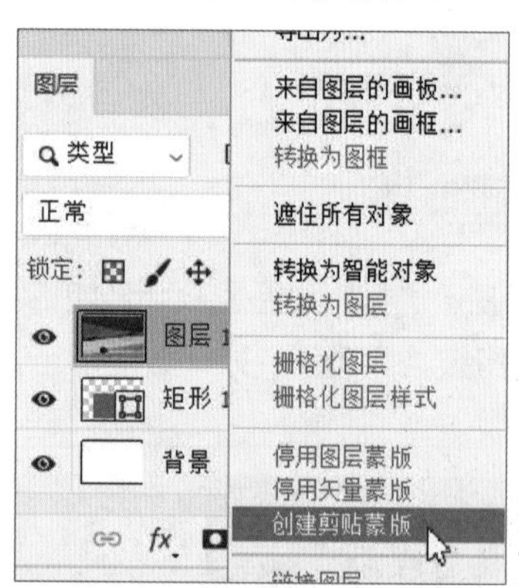

提示：释放剪贴蒙版

创建剪贴蒙版后，还可对剪贴蒙版进行释放，释放剪贴蒙版后图像效果将回到原始状态。选择图层前带有图标的内容层并右击，选择“释放剪贴蒙版”命令或按下Ctrl+Alt+G组合键，也可以按住Alt键，将光标放在“图层”面板中分隔两组图层的线上，即可释放剪贴蒙版。

6.2.3 矢量蒙版

矢量蒙版是使用形状或者路径等矢量工具创建的蒙版，对路径覆盖的图像区域进行隐藏，使其不显示，而仅显示无路径覆盖的图像区域。在图层上绘制路径后，单击属性栏中的“蒙版”按钮，即可将绘制的路径转换为矢量蒙版，如下左图所示。也可以在图层上绘制路径后，选中当前图层，执行“图层>矢量蒙版>当前路径”命令，基于当前路径为图层创建一个矢量蒙版，效果如下右图所示。

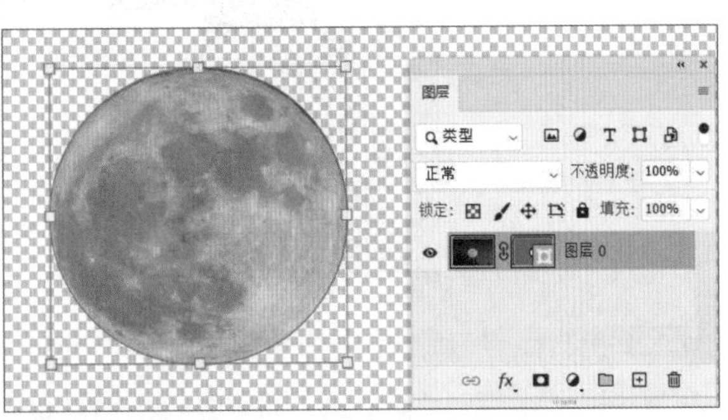

提示：为矢量蒙版添加图层样式

矢量蒙版可像普通图层一样添加图层样式，不过图层样式只对矢量蒙版中的内容起作用，隐藏的部分不会有影响。

实战练习 制作多重曝光人物创意海报

学习完蒙版的相关知识后，相信用户对Photoshop的蒙版操作有了一定的认识。下面以制作多重曝光人物创意海报为例巩固所学的知识，具体操作如下。

步骤 01 打开Photoshop 2024，执行“文件>新建”命令，在弹出的“新建”对话框中设置文档的相关参数，如下左图所示。

步骤 02 执行“文件>打开”命令，打开“人物.png”素材图像，并将其拖拽到新建的文档中，适当调整大小和位置，如下右图所示。

步骤 03 执行“文件>打开”命令，打开“背景.jpg”图像后，拖拽到人物图层下方，适当调整其大小和位置，如下页左图所示。

步骤 04 执行“文件>置入嵌入对象”命令，置入“城市.jpg”文件。在工具箱中选择多边形套索工具和套索工具，在画面中绘制选区，如下页右图所示。

步骤05 关闭"城市"图层前的图层可见性。选择人物图层，单击"图层"面板中的"添加图层蒙版"按钮，创建图层蒙版，效果如下左图所示。

步骤06 开启"城市"图层前的图层可见性，按住Alt键，在人物图层和城市图层之间单击，创建剪贴蒙版，如下右图所示。

步骤07 选中城市图层，单击"图层"面板中的"添加图层蒙版"按钮，创建图层蒙版。在工具箱中选择画笔工具，将前景色设置为黑色，调整画笔大小和硬度，涂抹出人物面部的细节，如下左图所示。

步骤08 绘制完成的"图层"面板，如下右图所示。

步骤 09 在“图层”面板中单击“创建新的填充或调整图层”按钮，选择“照片滤镜”选项，添加“照片滤镜”调整图层。在“属性”面板中设置相应的参数，如下左图所示。

步骤 10 设置完成的效果，如下右图所示。

步骤 11 在工具箱中选择矩形工具，绘制矩形并添加“渐变叠加”图层样式，如下左图所示。

步骤 12 使用相同的方法绘制矩形并添加“渐变叠加”图层样式，设置完成的效果如下右图所示。

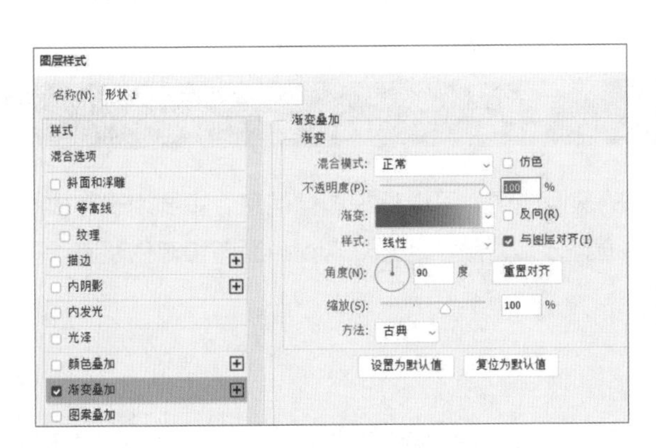

步骤 13 新建图层，在工具箱中选择多边形套索工具，绘制不规则形状，填充不同的颜色，如下左图所示。

步骤 14 在工具箱中选择横排文字工具，创建点文字，将填充颜色设置为“#333334”，如下右图所示。

步骤15 执行“文件>打开”命令，打开“鸟.jpg”素材，并将其拖拽到新建的文档中，适当调整大小和位置后，将图层混合模式设置为“正片叠底”，如下左图所示。

步骤16 执行“文件>打开”命令，打开“装饰.png”素材并拖拽到新建的文档中，适当调整其大小和位置，添加“渐变叠加”图层样式，设置完成后的效果如下右图所示。

6.3 认识通道

通道是用于储存图像颜色和选区等信息的灰度图像，可以保护图像信息，主要用于存放图像中的不同颜色信息。Photoshop提供了3种类型的通道，分别为颜色通道、Alpha通道和专色通道，下面将分别进行详细介绍。

6.3.1 颜色通道

颜色通道是用于描述图像色彩信息的彩色通道，图像的颜色模式决定了通道的数量，“通道”面板上储存的信息也与之相关。每个单独的颜色通道都是一幅灰度图像，仅代表这个颜色的明暗变化。在菜单栏中执行“窗口>通道”命令，即可显示“通道”面板。RGB模式下会显示RGB、红、绿和蓝4个颜色通道，如下左图所示。CMYK模式下会显示CMYK、青、洋红、黄和黑5个颜色通道，如下中图所示。Lab模式下会显示Lab、明度、a和b 4个通道，如下右图所示。

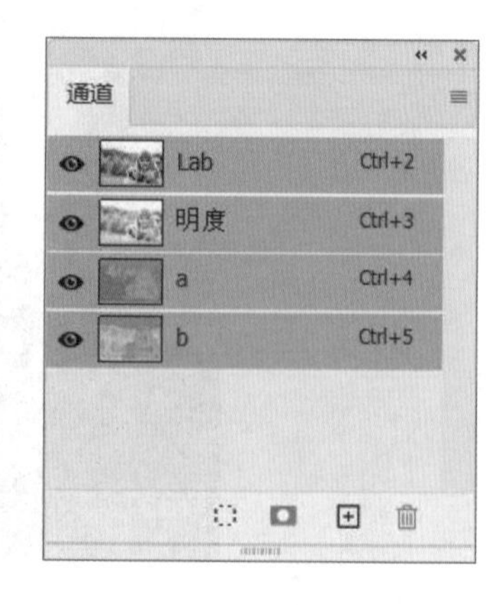

6.3.2 Alpha通道

Alpha通道用于将选区存储为“通道”面板中可编辑的灰度蒙版。用户可以通过“通道”面板来创建和存储蒙版，用于处理或保护图像的某些部分。要创建Alpha通道，首先在图像中使用相应的选区工具创建需要保存的选区，然后在“通道”面板中单击“创建新通道”按钮，新建Alpha1通道，如下左图所示。此时在图像窗口中保持选区，将选区填充为白色后取消选区，即在Alpha1通道中保存了选区，如下右图所示。保存选区后可随时重新载入该选区或将该选区载入到其他图像中。

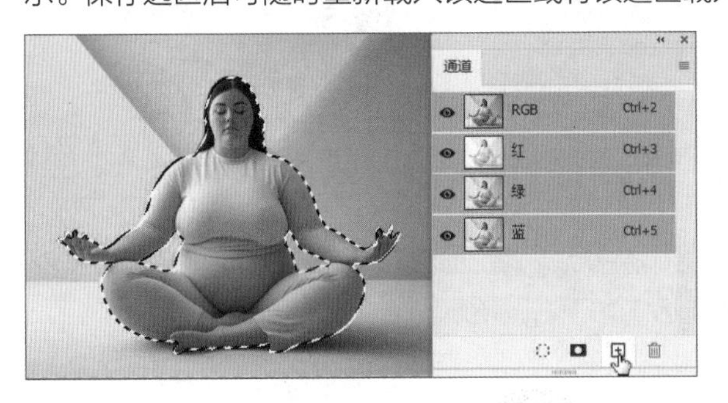

6.3.3 专色通道

专色通道是一类较为特殊的通道，可以使用除青色、洋红、黄色和黑色以外的颜色来绘制图像。专色通道主要用于专色油墨印刷的附加印版，可以保存专色信息，同时也具有Alpha通道的特点。在“通道”面板中单击面板右上角的☰按钮，选择“创建专色通道”命令，在打开的“新建专色通道”对话框中创建专色通道，如下左图所示。创建专色通道后的面板如下右图所示。

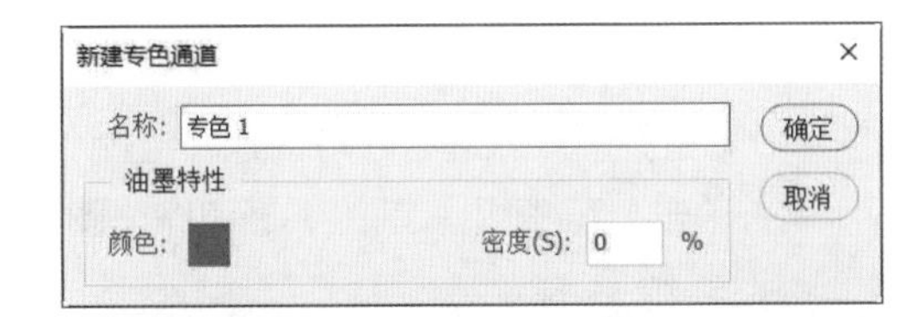

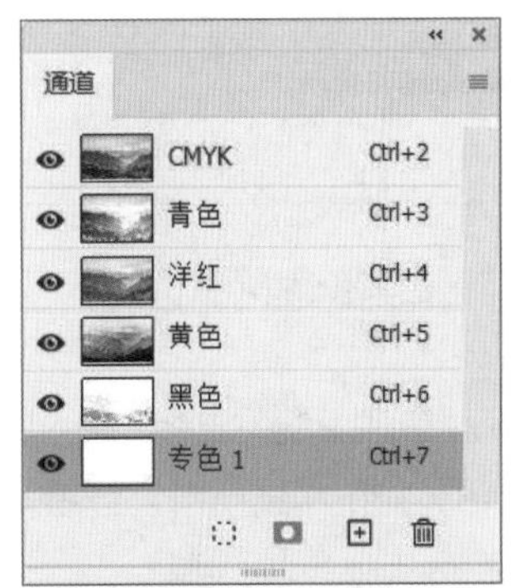

提示：临时通道

临时通道是在“通道”面板中暂时存在的通道。对图像创建图层蒙版或快速蒙版时，软件将自动在“通道”面板中生成临时蒙版。删除图层蒙版或退出快速蒙版时，“通道”面板中的临时通道会自动消失。

实战练习 利用Alpha通道抠取人像

在利用Photoshop对图片中某一部分进行编辑、图像合成等操作时，经常需要用到通道功能。下面以抠取人物头发细节为例，介绍使用Alpha通道抠图的方法，具体操作如下。

步骤01 打开“模特.jpg”素材图片，选择菜单栏中的“窗口>通道”命令，打开“通道”面板，如下页左图所示。

步骤02 分别单独显示红、绿、蓝通道，观察其显示效果，选择对比较明显的一个通道。这里选择“蓝”通道并拖动至“创建新通道”按钮上，复制蓝通道，如下页右图所示。

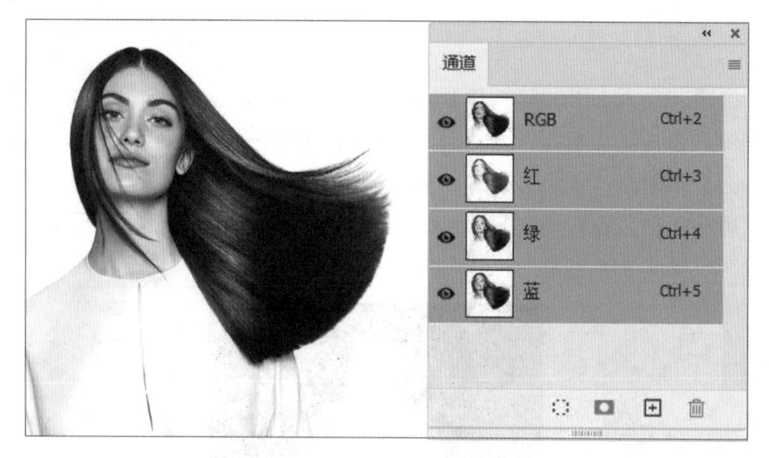

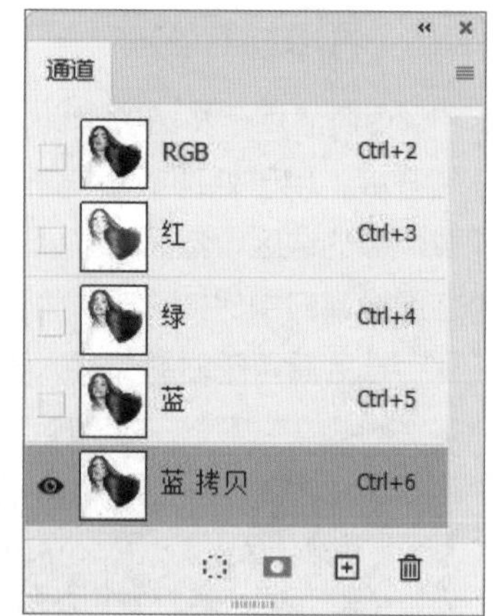

步骤 03 选择菜单栏里的“图像>调整>色阶”命令，调整参数以增强通道对比效果，如下左图所示。

步骤 04 选择多边形套索工具，绘制出需要填充的选区，如下右图所示。

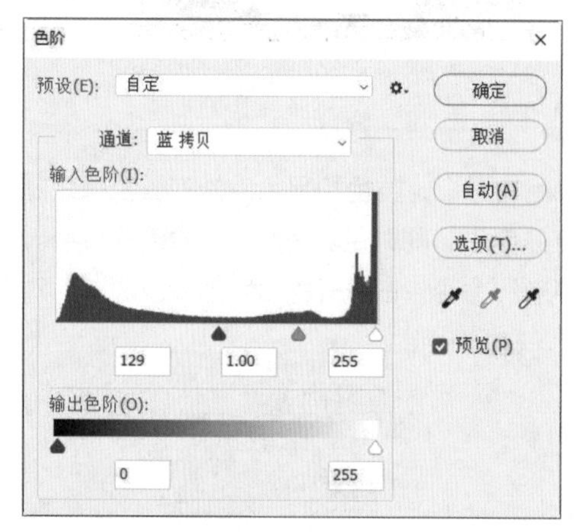

步骤 05 将前景色调整为黑色，按下Alt+Delete组合键填充黑色，然后按下Ctrl+D组合键取消选区，如下左图所示。

步骤 06 选择菜单栏里的“选择>载入选区”命令，打开“载入选区”对话框，选择“蓝 拷贝”通道，单击“确定”按钮，如下中图所示。或者按下Alt键并单击“蓝 拷贝”前的“通道缩览图”载入选区，如下右图所示。

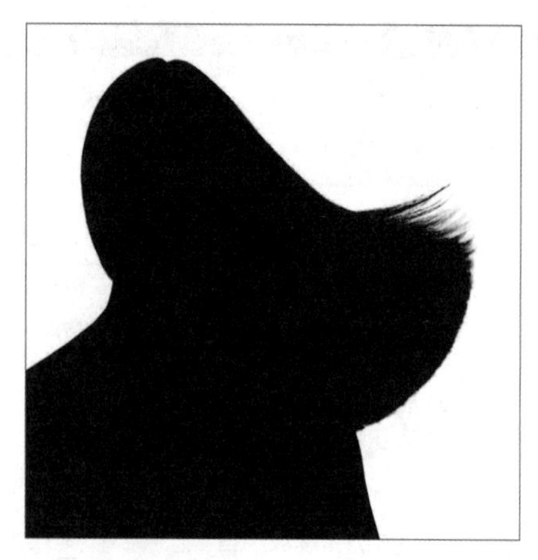

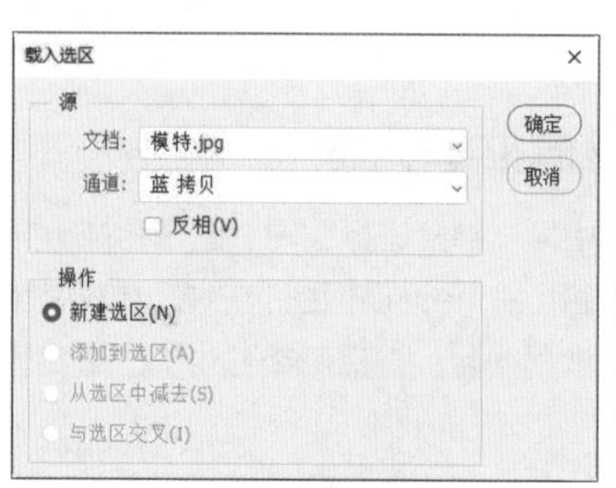

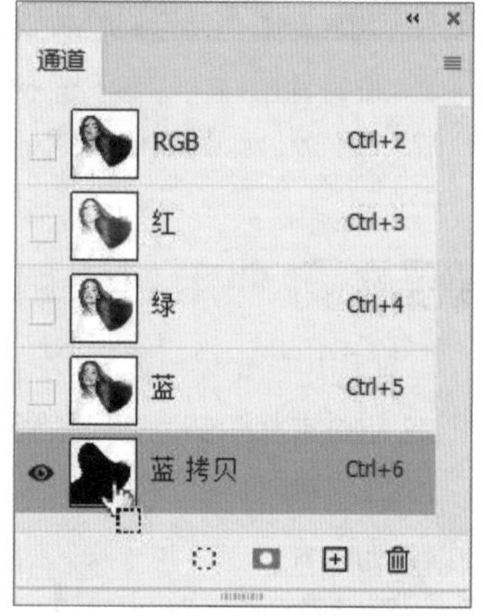

步骤 07 单击“通道”面板中的“RGB”通道，查看载入选区后的效果，如下页左图所示。

步骤 08 按下Delete键删除背景，人物抠取完成，效果如下右图所示。

6.4 编辑通道

“通道”面板主要用于创建新通道、复制通道、显示和隐藏通道等，利用“通道”面板可以对通道进行有效的编辑和管理。下面将对相关操作进行详细介绍。

6.4.1 通道的隐藏与显示

在默认情况下，“通道”面板中的眼睛图标呈显示状态，如下左图所示。单击某个单色通道的眼睛图标后，会隐藏图像中的蓝色像素，只显示图像中的红色与绿色像素，如下右图所示。

在“通道”面板中，用户还可以分别隐藏不同的通道，隐藏红色通道后，图像显示绿色和蓝色的像素，如下左图所示。隐藏绿色通道后，图像显示红色与蓝色的像素，如下右图所示。需要注意的是，复合通道不能被单独隐藏。

6.4.2 通道的复制与删除

在“通道”面板中选择需要复制的通道并右击，在弹出的快捷菜单中选择“复制通道”命令，在弹出的“复制通道”对话框中对复制通道的名称、效果进行设置，如下左图所示。在默认情况下，复制得到的通道以其原有通道名称加“拷贝”进行命名。在“通道”面板中需要删除的通道上右击，在弹出的快捷菜单中选择“删除通道”命令，即可删除当前通道，如下右图所示。

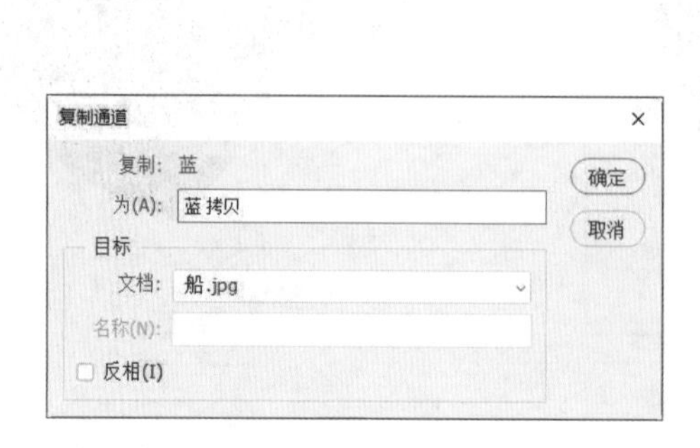

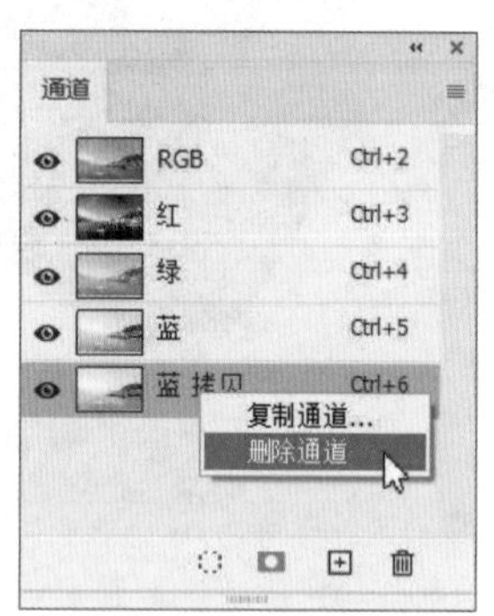

6.4.3 通道的重命名

重命名通道的方法与重命名图层相同，只需在需要调整的通道名称上双击，通道名称就会处于可编辑状态，如下左图所示。重新输入新的名称后，按Enter键确认输入即可，如下右图所示。默认颜色通道的名称是不能进行重命名的，用户可在复制的通道或创建的Alpha通道中进行命名操作。

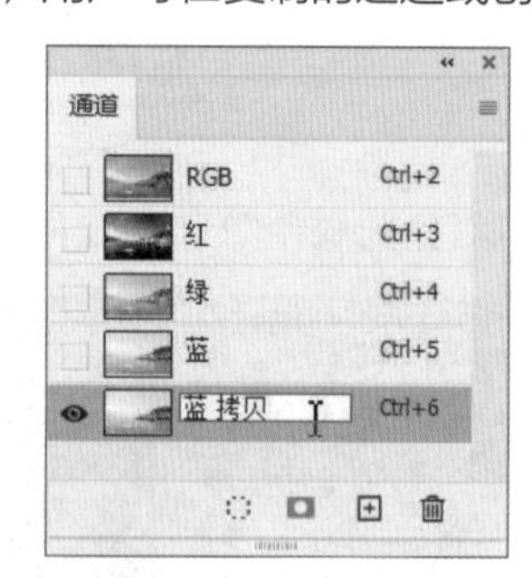

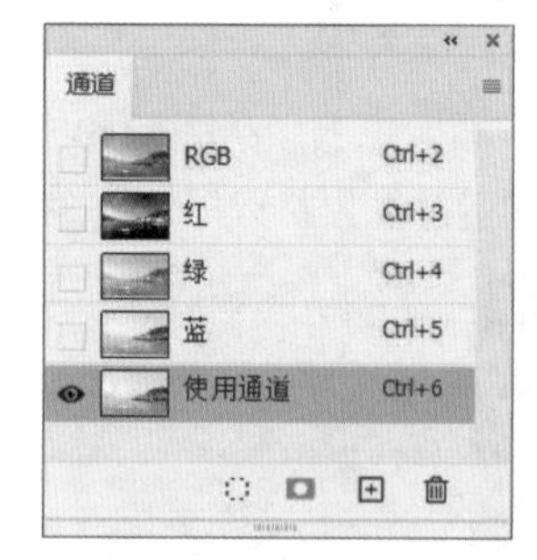

6.4.4 通道与选区的转换

在Photoshop中可以将通道作为选区载入，以便对图像中相同的颜色取样进行调整。操作方法是在“通道”面板中选择通道后，单击“将通道作为选区载入”按钮，即可将当前的通道快速转化为选区，效果如下左图所示。用户也可按住Ctrl键的同时直接单击该通道的缩览图，将当前的通道快速转化为选区，如下右图所示。

知识延伸：快速蒙版

快速蒙版模式是使用各种绘图工具建立临时蒙版的一种高效率方法，主要用于在图像中创建指定区域的选区。快速蒙版是直接在图像中表现蒙版并将其载入选区的。在“快速蒙版”模式下，任何选区都可以作为蒙版进行编辑。在工具箱中单击“以快速蒙版模式编辑”按钮，如下左图所示，即可在“通道”面板中自动创建一个“快速蒙版”通道，如下右图所示。这时选区便可以和蒙版一样操作了。

上机实训：制作橙汁饮品合成效果

学习完本章的知识后，相信用户对Photoshop的蒙版和通道的操作有了一定的认识。下面以制作橙汁饮品合成效果为例，巩固本章所学的知识，具体操作如下。

扫码看视频

步骤 01 打开Photoshop 2024，执行“文件>新建”命令，在弹出的“新建”对话框中设置相应的参数，如下左图所示。

步骤 02 执行“文件>置入嵌入对象”命令，置入“天空.jpg”文件，适当调整其大小，如下右图所示。

步骤 03 在“图层”面板中单击“创建新的填充或调整图层”按钮，添加“色彩平衡”调整图层。在“属性”面板中设置相应的参数，如下页左图所示。

步骤 04 在“图层”面板中单击“创建新的填充或调整图层”按钮，添加“色阶”调整图层。在“属性”面板中设置相应的参数，如下页右图所示。

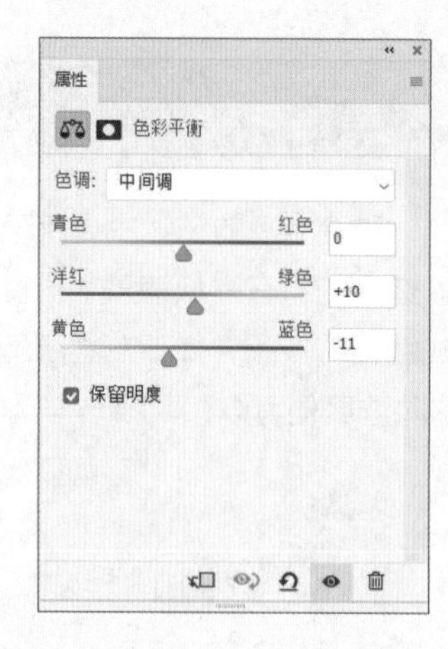

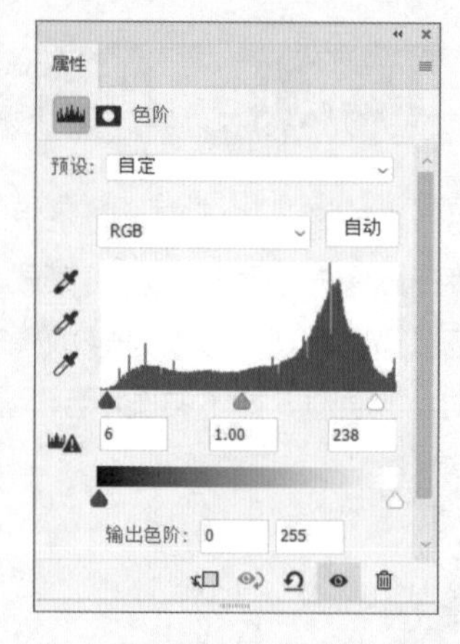

步骤 05 执行“文件>置入嵌入对象”命令，依次置入“草原.png”和“草地.png”素材，适当调整其大小，设置完成后查看效果，如下左图所示。

步骤 06 执行“文件>置入嵌入对象”命令，置入“树藤.png”文件，适当调整其大小，如下右图所示。

步骤 07 单击“图层”面板中的“添加图层蒙版”按钮，创建图层蒙版。在工具箱中选择画笔工具，将前景色设置为黑色，调整画笔大小和硬度，在树藤上方涂抹，除去其中的天空部分，如下左图所示。

步骤 08 在“图层”面板中单击“创建新的填充或调整图层”按钮，添加“曲线”调整图层，在“属性”面板中设置相应的参数，如下右图所示。

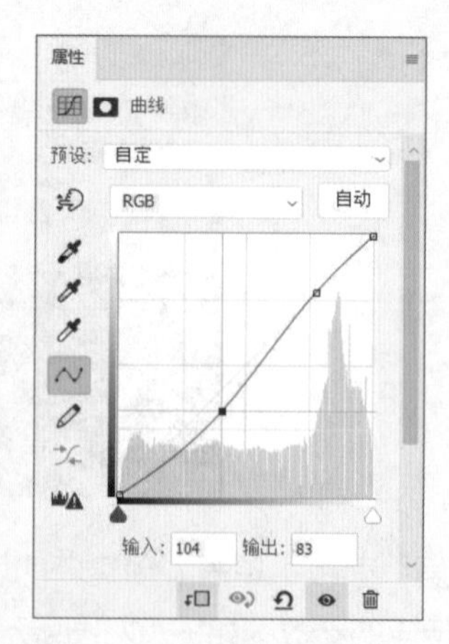

步骤 09 在“图层”面板中单击“创建新的填充或调整图层”按钮，添加“色彩平衡”调整图层，在“属性”面板中设置相应的参数，如下页左图所示。

步骤10 新建图层，在工具箱中选择画笔工具，设置画笔大小和硬度，涂抹树根部分，并将图层不透明度设置为“32%”。按住Alt键，依次单击调整图层和新建图层之间，创建剪贴蒙版，如下右图所示。

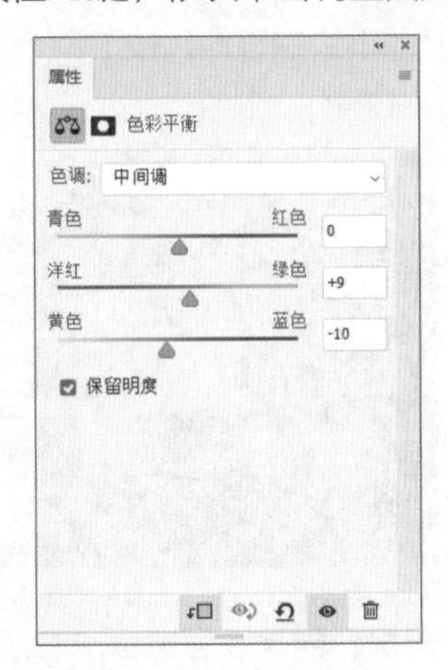

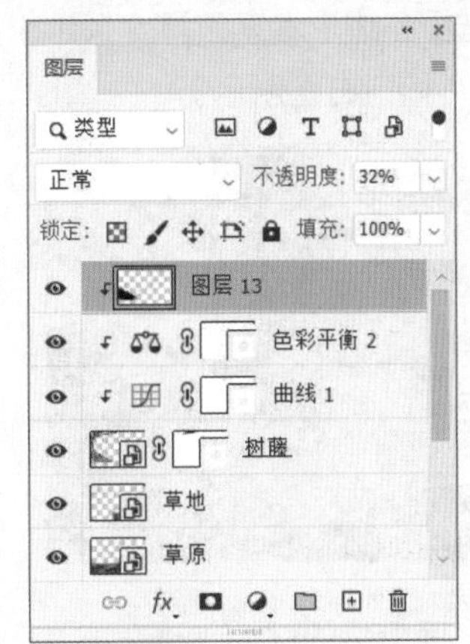

步骤11 设置完成的画面效果如下左图所示。

步骤12 新建图层，在工具箱中选择画笔工具，将颜色设置为“#f7c353”，调整画笔大小和硬度并在画面中涂抹，将图层混合模式设置为“叠加”，将不透明度设置为“78%”，设置完的效果如下右图所示。

步骤13 执行“文件>置入嵌入对象”命令，置入“果汁产品.png”文件，适当调整其大小和位置，如下左图所示。

步骤14 执行“文件>打开”命令，打开“果汁”和“橙子”素材并移动到“果汁产品”图层的下方，效果如下右图所示。

步骤15 执行“文件>打开”命令，打开“橙子2.png”素材。新建图层，在工具箱中选择画笔工具，将前景色设置为黑色，调整画笔大小和硬度，涂抹橙子的阴影细节，如下左图所示。

步骤16 在工具箱中选择多边形套索工具，框选出产品下边的草地，按下Ctrl+J组合键复制图层，并将其移动到产品图层的上面，如下右图所示。

步骤17 单击“图层”面板中的“添加图层蒙版”按钮，创建图层蒙版。在工具箱中选择画笔工具，将前景色设置为黑色，调整画笔大小和硬度，使边缘过渡更加自然，如下左图所示。

步骤18 在“果汁产品”图层上新建图层。在工具箱选择画笔工具，将前景色设置为黑色，调整画笔大小和硬度，涂抹阴影并将图层混合模式设置为“叠加”。再次新建图层，涂抹阴影并将图层混合模式设置为“正片叠底”，按住Alt键，创建剪贴蒙版，设置完成的效果如下右图所示。

步骤19 将产品图层进行编组并命名为“产品”组。新建图层，在工具箱中选择画笔工具，将颜色设置为“#f7c353”，调整画笔大小和硬度并在前面橙子及瓶盖处涂抹，将图层混合模式设置为“叠加”，按住Alt键，在新建图层和产品图层之间单击，建立剪贴蒙版，设置完的效果如下右图所示。

步骤20 新建图层，在工具箱中选择画笔工具，将颜色设置为“#f7c353”和黑色，调整画笔大小和硬度并在前面橙子上涂抹，将图层混合模式设置为“正片叠底”，按住Alt键，建立剪贴蒙版，效果如下右图所示。

步骤 21 设置完成的画面整体效果如下左图所示。

步骤 22 在“图层”面板中单击“创建新的填充或调整图层”按钮，添加“可选颜色”调整图层，在“属性”面板中设置相应的参数，如下右图所示。

步骤 23 在工具箱中选择横排文字工具，添加中文文字和英文文字，设置字体大小和颜色，并对文字进行排版，如下左图所示。

步骤 24 新建图层，在工具箱中选择画笔工具，将颜色设置为白色，调整画笔大小和硬度并在画面中涂抹，将图层不透明度设置为“69%”，然后将其移动到文字图层的下方，效果如下右图所示。

步骤 25 执行“文件>打开”命令，打开“草”素材后，移动至画面下方，适当调整其大小和位置，如下左图所示。

步骤 26 新建图层，在工具箱中选择画笔工具，将颜色设置为黑色，调整画笔大小和硬度并在画面中涂抹，使画面下方的草素材变暗，设置完的效果如下右图所示。

步骤27 执行“文件>置入嵌入对象”命令，置入“水滴.png”文件，适当调整其大小和位置，如下左图所示。

步骤28 单击“图层”面板中的“添加图层蒙版”按钮，创建图层蒙版。在工具箱中选择画笔工具，将前景色设置为黑色，调整画笔大小和硬度，擦除水滴的多余细节，如下右图所示。

步骤29 新建图层，在工具箱中选择画笔工具，将颜色设置为黑色，调整画笔大小和硬度并在画面四周进行涂抹，效果如下左图所示。

步骤30 在“图层”面板中单击“创建新的填充或调整图层”按钮，添加“曲线”调整图层，在“属性”面板中设置相应的参数，如下右图所示。

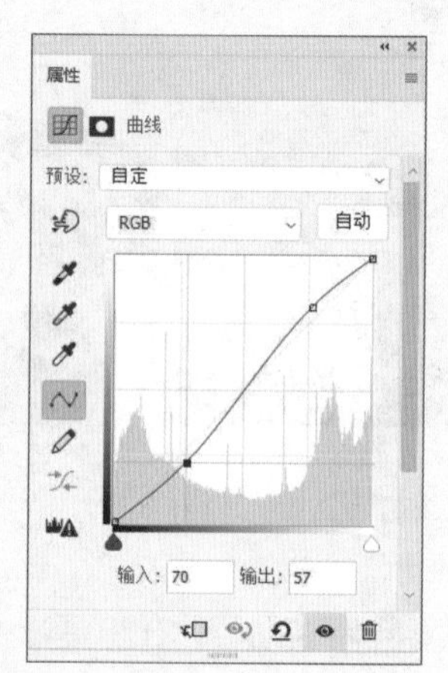

步骤31 执行“文件>置入嵌入对象”命令，置入“蜂蜜.png”文件，调整其大小和位置，设置完成的最终效果如右图所示。

课后练习

一、选择题

（1）为图层创建图层蒙版后，在蒙版中涂抹黑色表示（　　）。

A. 隐藏图像　　B. 删除图像

C. 显示图像　　D. 设置不透明度

（2）按住（　　）键，单击图层蒙版缩览图可以停用图层蒙版。

A. Alt　　B. Ctrl

C. Shift　　D. Delete

（3）下列不属于Photoshop提供的通道的是（　　）。

A. 颜色通道　　B. 专色通道

C. 路径通道　　D. Alpha通道

（4）在Photoshop中，如果想保留图像中的Alpha通道，应该将图像存储为（　　）格式。

A. PSD　　B. JPEG

C. PNG　　D. TIFF

二、填空题

（1）蒙版是一种非破坏性的编辑工具，Photoshop提供了3种蒙版，分别为______________、__________和__________。

（2）按住__________键，将光标放在"图层"面板中分隔两组图层的线上，然后单击鼠标来执行创建剪贴蒙版的操作。

（3）Photoshop提供了3种类型的通道，分别为__________、__________和__________。

三、上机题

根据实例文件中提供的素材，使用"通道"面板抠取模特人像，对比效果如下两图所示。

操作提示

① 观察"通道"面板显示的效果，选择对比较明显的一个通道进行复制。

② 调整"色阶"参数，以增强通道对比效果。

③ 灵活使用多边形套索工具，绘制出需要保留的选区。

第7章 图像的修复与修饰

本章概述

利用Photoshop中的图像修复和修饰功能，可以处理图片中的瑕疵，使图片更加完美。本章主要介绍Photoshop图像处理相关工具的使用方法，便于用户更灵活地处理图像。

核心知识点

❶ 熟悉复制和修复工具的应用
❷ 掌握复制和修复工具的应用
❸ 熟悉图像增强和修饰工具的应用
❹ 掌握内容识别填充功能的应用

7.1 复制和修复工具

在Photoshop中，用户可以使用众多修复工具对图像中破损或有污渍的地方进行修复。下面分别对这些工具的应用进行详细介绍。

7.1.1 仿制图章工具

仿制图章工具可以从图像中取样，并将取样的部分复制到同一图像的其他区域或具有相同颜色模式的其他图像中，还可以在复制的同时保留图像原有的细节。在工具箱中选择仿制图章工具，如下左图所示。然后在图像中右击，在弹出的面板中设置仿制图章的画笔大小及硬度大小，如下中图所示。将光标移动到需要仿制的图像上，按住Alt键并单击来进行取样，如下右图所示。

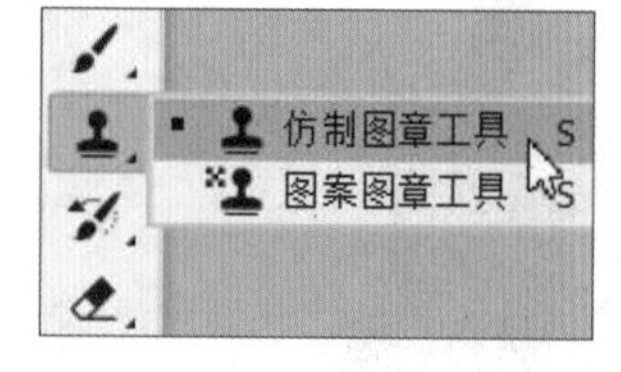

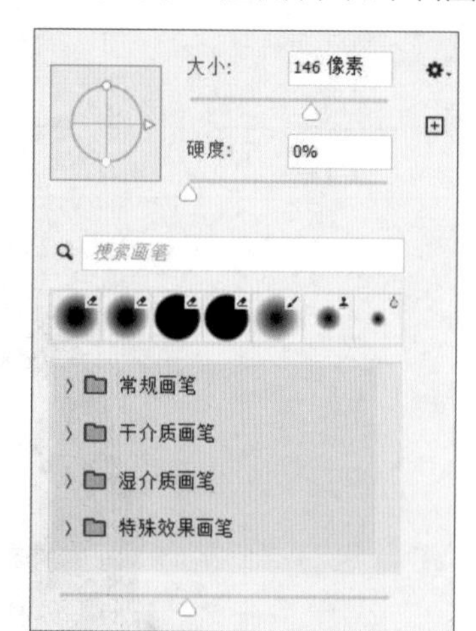

取样完成后，将光标移动到目标位置预览取样图像，如下左图所示。单击并拖拽鼠标，即可仿制出取样的图像，如下右图所示。

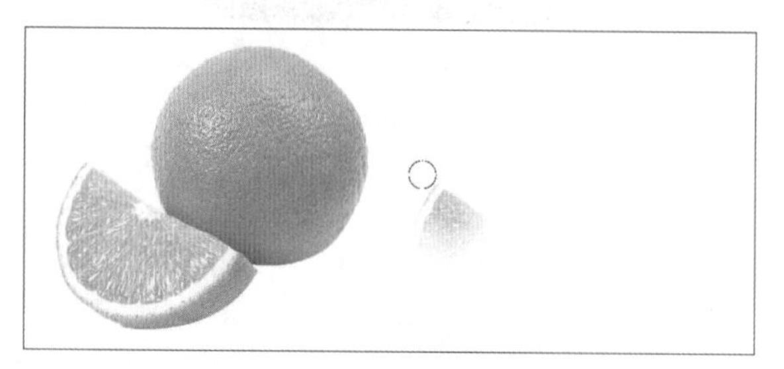

7.1.2 图案图章工具

图案图章工具可以绘制出图案纹理的样式效果，用户可以使用Photoshop预设图案，也可以导入、自定义图案。通过调整画笔大小和画笔硬度，能绘制不同的视觉效果。在工具箱中选择图案图章工具，如下左图所示。在“图案”拾色器的下拉菜单中选择相应的预设图案进行绘制，如下右图所示。

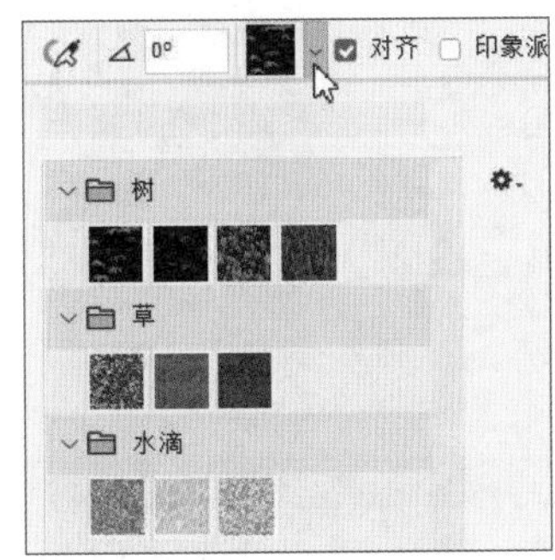

7.1.3 污点修复画笔工具

污点修复画笔工具可以去除图像中的污点，该工具能在图像中的某一点进行取样，将取样的图像覆盖到需要应用的位置。使用污点修复画笔工具不需要取样定义样本，只需要在修补的位置单击并拖动鼠标，然后释放鼠标左键即可修复图像中的污点，这也是污点修复画笔工具与修复画笔工具最根本的区别。在工具箱中选择污点修复画笔工具，如下左图所示。调整画笔大小后，在需要修复的地方涂抹，如下右图所示。

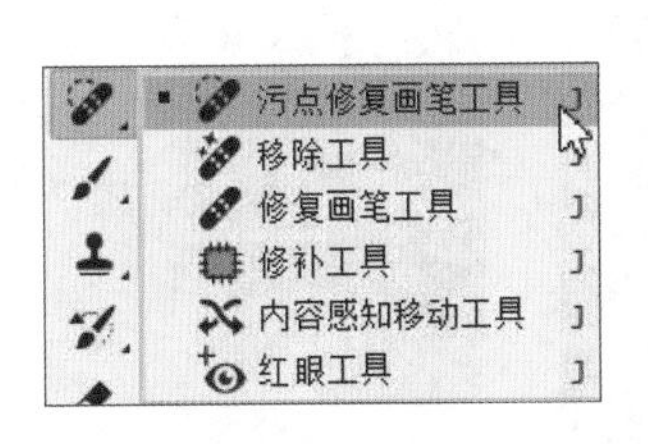

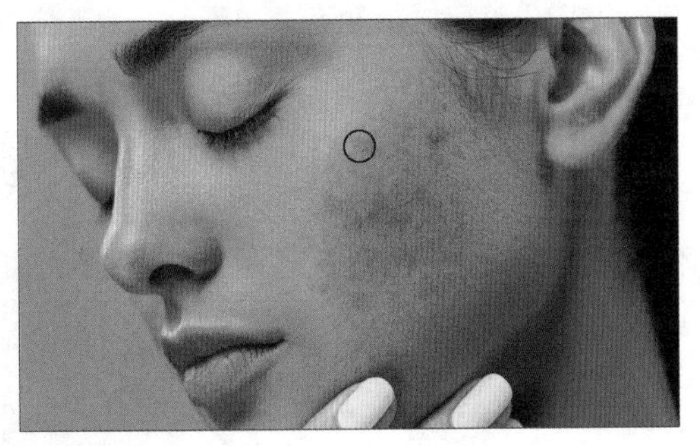

7.1.4 移除工具

移除工具是Photoshop的新增功能。针对图像中需要大面积移除的区域，移除工具表现得十分智能，只需涂抹图像中不需要的对象，Photoshop就会自动识别并填充背景，同时保留图像的完整性并进行巧妙的融合。在工具箱中选择移除工具，如下左图所示。在需要移除的区域周围绘制一个圆圈，用笔触覆盖整个区域，如下中图所示。释放鼠标后可以看到热气球从画面中消失了，如下右图所示。

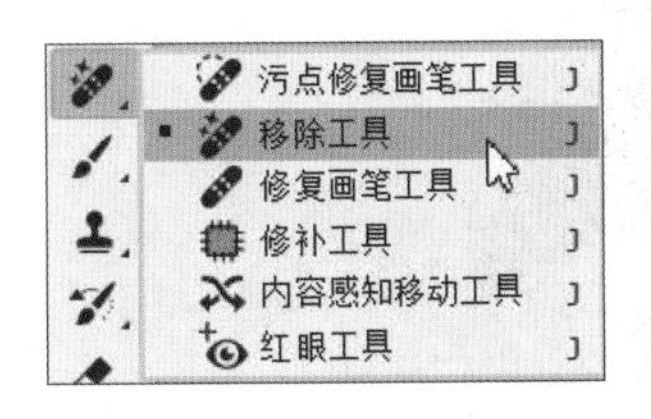

7.1.5 修复画笔工具

修复画笔工具主要针对用于修复小面积划痕、褶皱或污点的照片，该工具能够根据要修改点周围的像素及色彩将其复原而不留任何痕迹。在工具箱中选择修复画笔工具，如下左图所示。按住Alt键的同时选择划痕周围干净的区域，如下中图所示。然后在划痕处进行涂抹，如下右图所示。

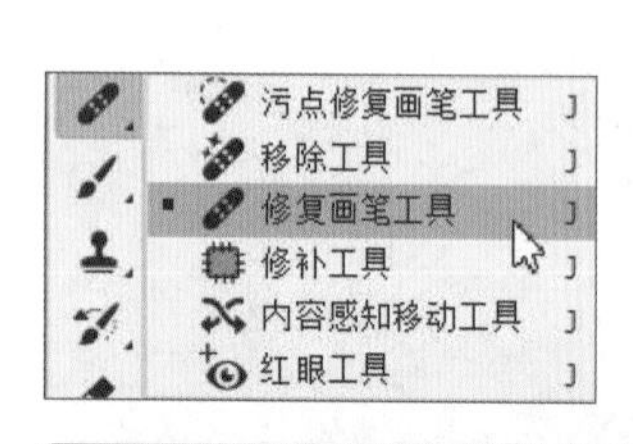

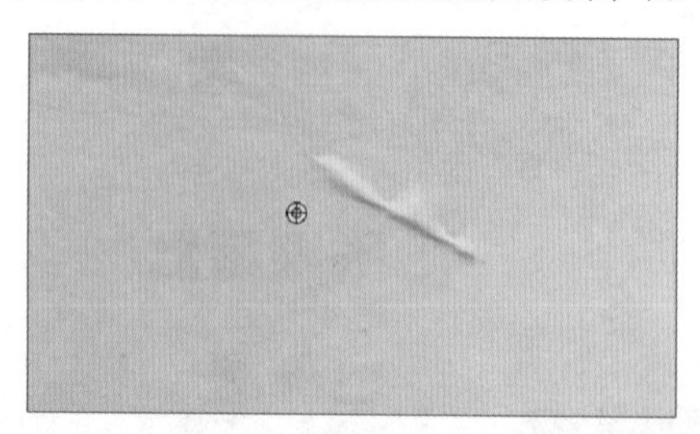
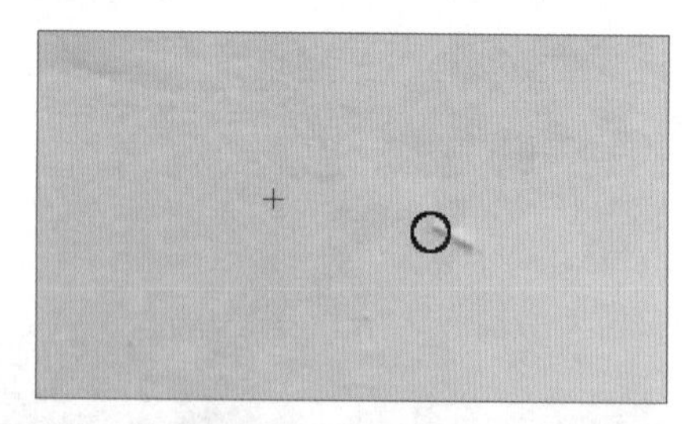

提示：修复图像

在修复图像时，通常需要放大图像，在处理图像的过程中，应多取样，多涂抹，让处理的对象与周围的环境相符合，这样可让处理的图像效果更自然。

7.1.6 修补工具

修补工具使用图像中其他区域或图案中的像素来修复选中的区域，它和其他工具的不同之处在于修补工具必须要建立选区，在选区范围内修补图像。在工具箱中选择修补工具，如下左图所示。沿着需要修补的区域创建外轮廓，选取小船区域，如下中图所示。然后将选取的区域拖至与之相似的区域中，释放鼠标后可以看到小船从画面中消失了，如下右图所示。

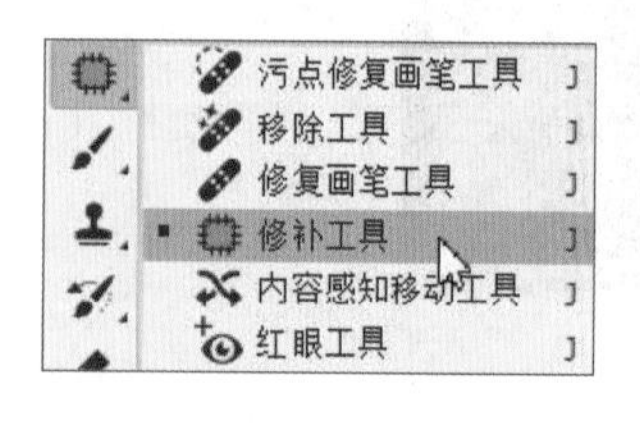

实战练习 综合使用修复工具祛除照片瑕疵

在处理图像或者照片的操作中，修图是必备的技能。修复工具可以修改人像中的斑点、痘印或者照片的划痕、污迹等。接下来我们综合使用修复工具祛除照片瑕疵，以下是详细讲解。

步骤 01 执行“文件>打开”命令，打开“女生.jpg”图像文件，如下左图所示。

步骤 02 选择移除工具，在图像左上角褶皱处绘制一个区域，如下右图所示。

步骤03 选择修补工具，框选右侧文字区域，将其拖拽至背景干净的区域，除去文字，如下左图所示。

步骤04 修复完成后的效果如下右图所示。

步骤05 选择污点修复画笔工具，在图像中右击，在弹出的面板中设置画笔大小及硬度，如下左图所示。

步骤06 按下快捷键Ctrl++放大人物面部，依次单击脸颊瑕疵，祛除斑点，如下右图所示。

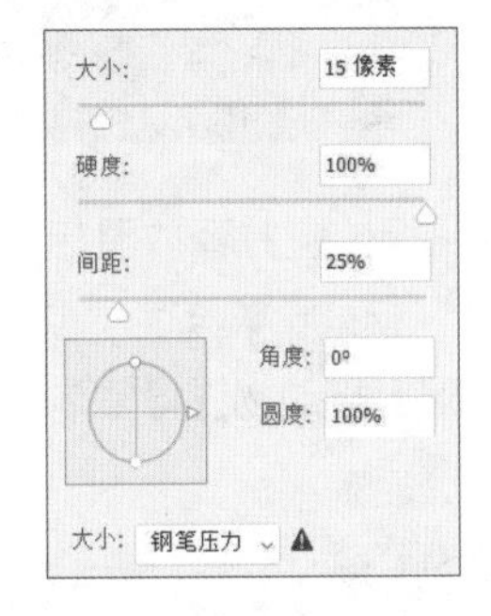

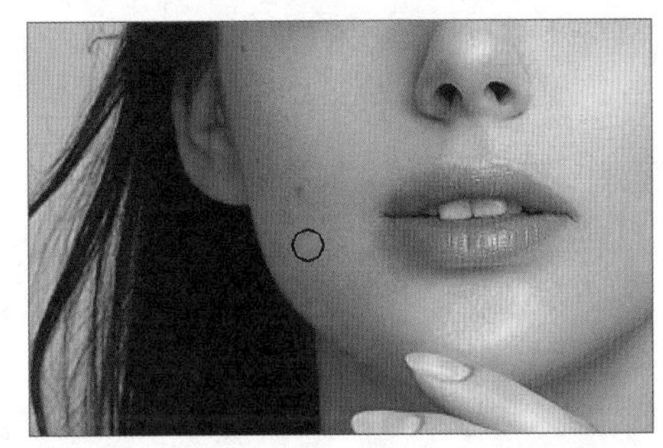

步骤07 选择仿制图章工具，在图像中右击，在弹出的面板中设置画笔大小及硬度，如下左图所示。

步骤08 按住Alt键，此时光标变成下右图的形状，同时单击进行取样，然后松开Alt键。

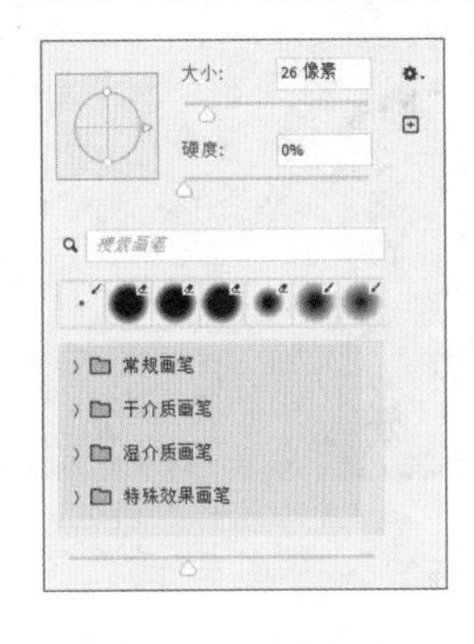

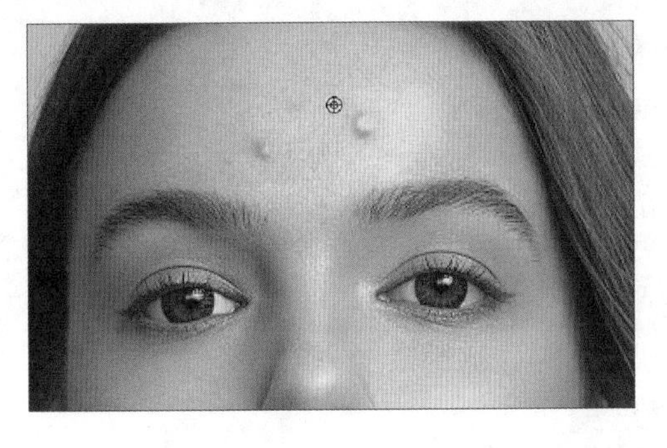

步骤09 移动光标至图像中的痘痘区域，可以看到圆圈中间显示的是“仿制源”的图像，如下左图所示。

步骤10 在图像中涂抹，直至祛除痘痘瑕疵，最终效果如下右图所示。

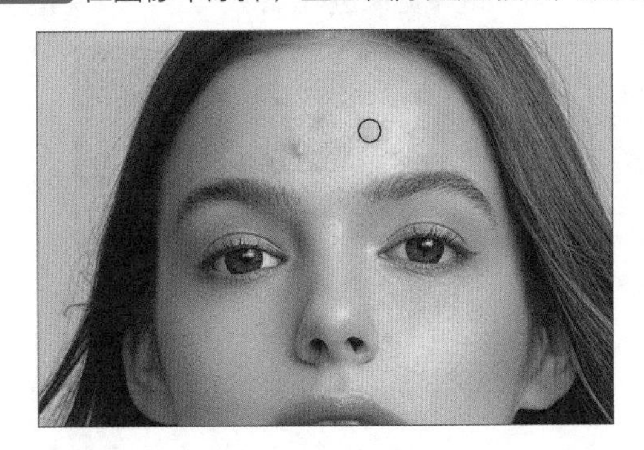

7.1.7 内容感知移动工具

内容感知移动工具可以快速且自然地将图像移动或复制到另外一个位置，该工具适合在干净的背景上使用，越相近的背景会融合得越自然。在工具箱中选择内容感知移动工具，如下左图所示。在图像中框选出需要移动的部分，在属性栏中可以将“模式”设置为“移动”或“扩展”，如下右图所示。

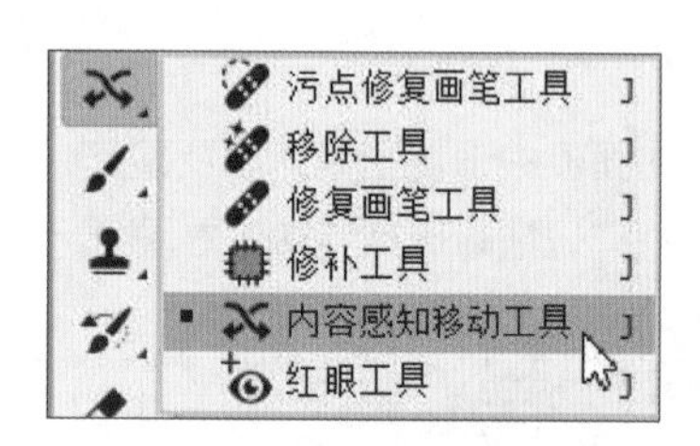

若将“模式”设置为“移动”，按住鼠标左键将图像拖拽到目标位置并释放鼠标，软件将自动智能填充动物原来的位置，完成图像的移动操作，如下左图所示。若将“模式”设置为“扩展”，按住鼠标左键将图像拖拽到目标位置后释放鼠标，即可在原图像保持不变的基础上将动物图像复制到另一个位置，如下右图所示。

7.1.8 红眼工具

红眼工具可以除去使用闪光灯拍摄的照片中的红眼效果，还可以除去动物照片中的白色或绿色反光。在工具箱中选择红眼工具，如下左图所示。然后在图像中的红眼处单击来进行修复，效果如下右图所示。

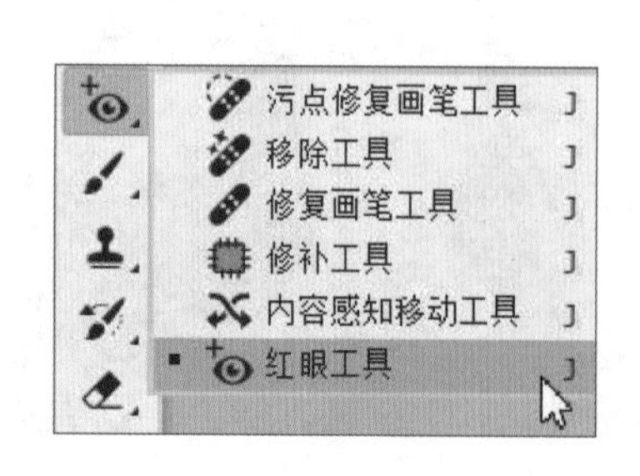

7.2 图像的增强和修饰工具

使用Photoshop可以对图像进行修饰或变换操作，更精细地把握画面的细节。下面介绍几个实用的图像修饰方法。

7.2.1 天空替换

使用Photoshop的天空替换功能可以轻松更换画面的天空部分，减少照片编辑工作中的步骤，为图像添加戏剧效果。执行“编辑>天空替换”命令，如下左图所示。在打开的“天空替换”对话框中选择天空的类型，包括蓝天、盛景和日落，如下中图所示。其他的参数设置，如下右图所示。

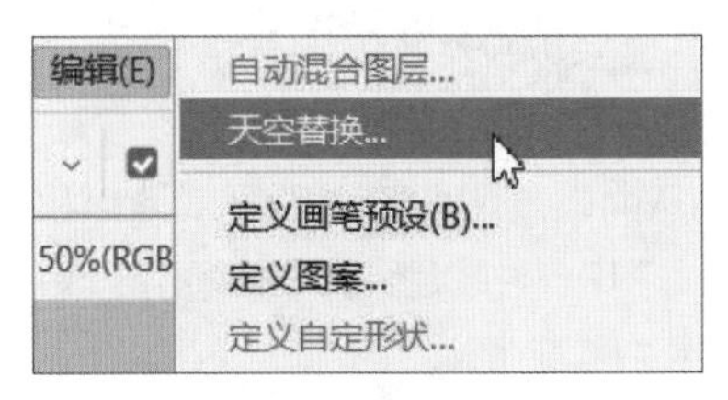

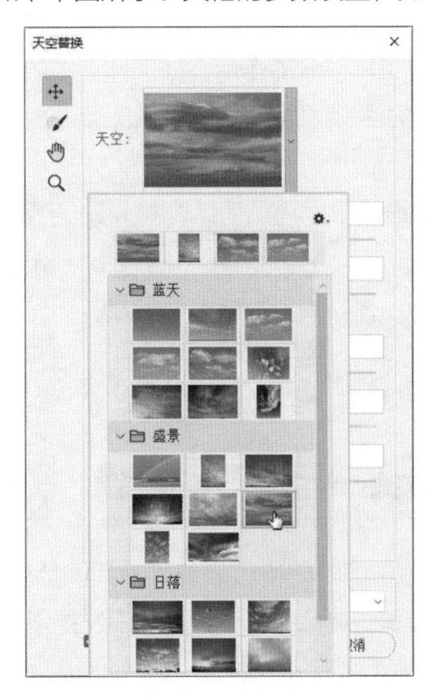

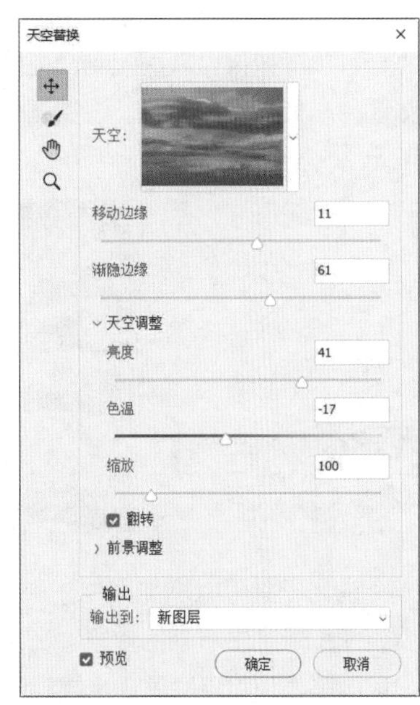

完成上述操作后，前后的对比效果如下两图所示。

7.2.2 拉直工具

拉直工具可以修正因摄像头晃动导致的图像对齐不当，用户也可以选择自动调整大小或裁剪画布以适应图像的拉直。在工具箱中选择裁剪工具，在裁剪工具的属性栏中单击“拉直”按钮，沿应为水平的边缘绘制一条直线，如下页左图所示，即可调整画面角度。调整后的效果如下页右图所示。

7.2.3 模糊和锐化工具

模糊工具可以降低图像中相邻像素之间的对比度，使图像中像素与像素之间的边界区域变得柔和，产生一种模糊效果，从而起到凸显图像主体部分的作用。在工具箱中选择模糊工具，如下左图所示。打开一张图片，如下中图所示。设置画笔大小和硬度后在小狗前侧的草地涂抹，模糊背景而突出主体，如下右图所示。

锐化工具可以增加图像中像素边缘的对比度和相邻像素间的反差，从而提高图像的清晰度或聚焦程度，使图像产生清晰的效果。在工具箱中选择锐化工具，如下左图所示。打开一张图片，如下中图所示。设置画笔大小和硬度后在水果部分涂抹，如下右图所示。

提示：模糊和锐化工具

这两个工具需要反复在图像上涂抹，才能产生较为明显的效果。用户可以通过调整属性栏中的“强度”和画笔“硬度”来调整效果。

7.2.4 减淡和加深工具

减淡工具可以提高图像中色彩的亮度，在不影响色相或饱和度的情况下使图像的特定区域变亮。在工具箱中选择减淡工具，如下页左图所示。打开一张图片，如下中图所示。设置画笔大小和硬度后在需要提亮的部分涂抹，如下页右图所示。

加深工具与减淡工具相反，使用加深工具可以改变图像特定区域的阴影效果，从而使图像呈加深或变暗效果。在工具箱中选择加深工具，如下左图所示。打开一张图片，如下中图所示。设置画笔大小和硬度后在需要调暗的部分涂抹，如下右图所示。

提示：减淡工具和加深工具

对图层应用减淡工具或加深工具将永久地改变图像信息。要非破坏性地编辑图像，请在复制图层上进行处理。

实战练习 使用减淡和加深工具修饰照片细节

接下来将温习上面学习的内容，包括减淡工具和加深工具的应用，以下是详细讲解。

步骤01 启动Photoshop 2024，执行“文件>打开”命令，打开“汉堡.jpg”图像文件，如下左图所示。

步骤02 在工具箱中选择减淡工具，在图像上右击，在弹出的面板中设置画笔大小及硬度，如下右图所示。

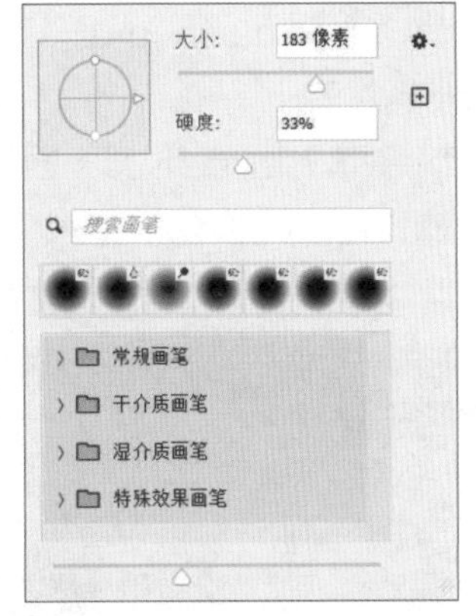

步骤03 在薯条区域涂抹，提亮薯条亮度，使其更具立体感，如下页左图所示。

步骤04 在工具箱中选择加深工具，在图像上右击，在弹出的面板中设置画笔大小及硬度，如下页右图所示。

步骤 05 在汉堡阴影区域涂抹，加深汉堡阴影，使其更具立体感，如下左图所示。

步骤 06 在工具箱中选择模糊工具，设置画笔大小及硬度后，对画面四周进行模糊处理，突出画面中心，如下右图所示。

知识延伸：使用内容识别填充修补或扩展图像

内容识别填充是Photoshop中一项十分智能的功能，常用于从图像的其他部分取样内容，无缝填充图像中的选定部分。

使用内容识别填充功能可以修补图像中的区域。打开一张图片，框选出需要填充的区域，如下左图所示。执行“编辑>内容识别填充”命令，默认内容识别填充窗口中的选项，如下中图所示。用户也可以手动调整取样的区域，并在预览窗口中查看调整后的图像。完成后单击“确定”按钮，效果如下右图所示。

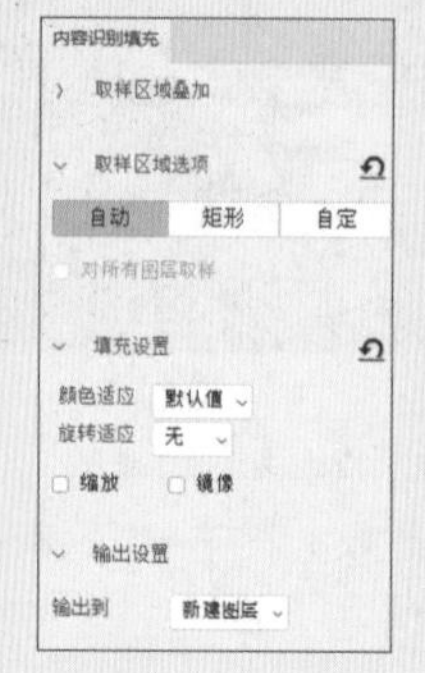

使用内容识别填充功能还能扩展图像。扩展的图像颜色不宜过于复杂，简单干净的背景扩展后的效果更自然和谐。打开一张图片，框选出需要扩展的区域，如下左图所示。执行“编辑>内容识别填充”命令，默认内容识别填充窗口中的选项，Photoshop即可自动识别无缝扩展图像，如下右图所示。

上机实训：制作美容卡海报

学习完本章的知识后，相信用户对Photoshop图像的修复和修饰功能有了一定的认识。下面以制作美容卡海报为例，来巩固本章节的知识，具体操作如下。

扫码看视频

步骤 01 打开Photoshop 2024，执行“文件>新建”命令，在弹出的“新建”对话框中设置相应的参数，如下左图所示。

步骤 02 执行“文件>打开”命令，在弹出的“打开”对话框中选择需要打开的文件，如下右图所示。

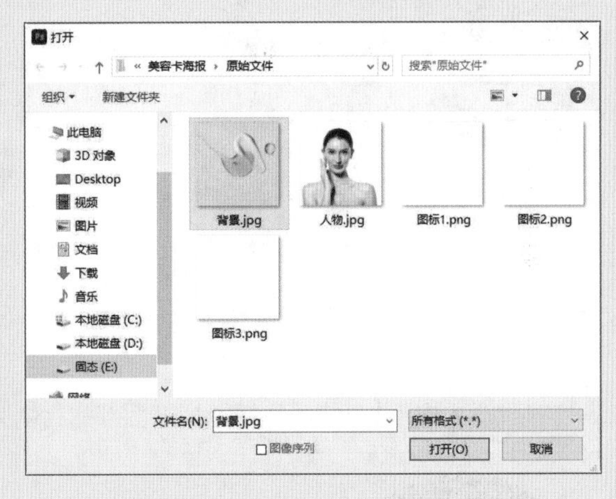

步骤 03 将打开的背景转换为正常图层后，拖拽到新建的文档中，调整其大小和位置，如下左图所示。

步骤 04 在工具箱中选择移除工具，在图像气泡处绘制一个区域来祛除气泡，如下右图所示。

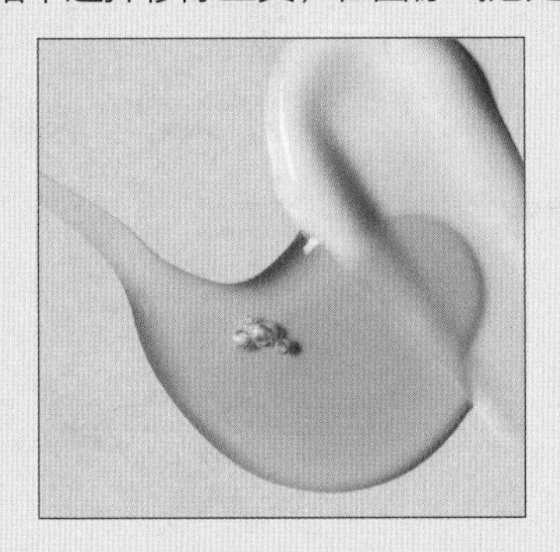
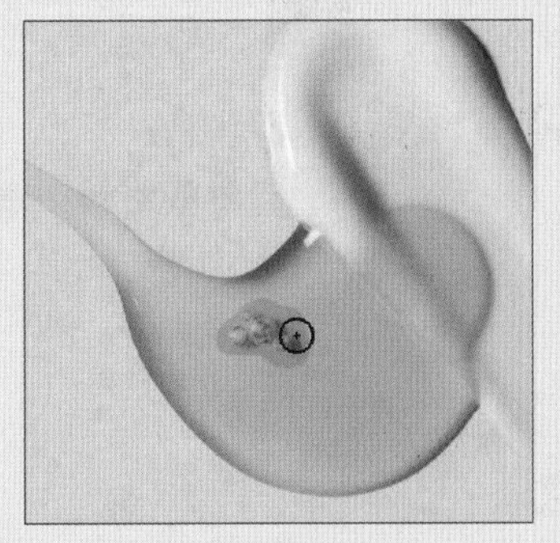

步骤05 降低图层的不透明度至“50%”，设置完成后的效果如下左图所示。

步骤06 执行“文件>打开”命令，打开“人物”图像并将其转换成正常图层，如下右图所示。

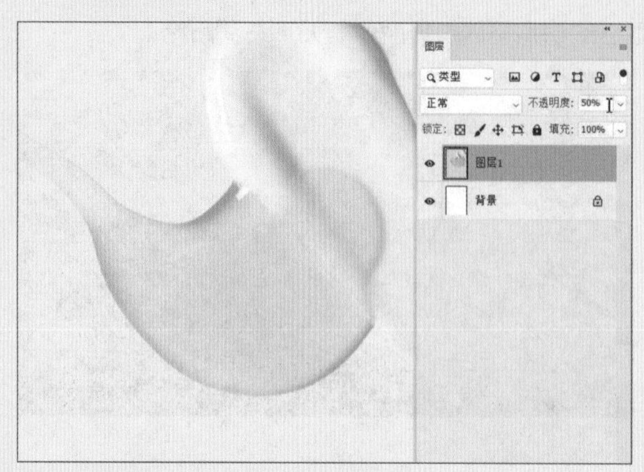

步骤07 在工具箱中选择减淡工具，在图像上右击，弹出的面板中设置画笔大小及硬度，如下左图所示。

步骤08 在人物的五官处涂抹，提亮妆容，使人物的面容更干净，涂抹后的效果如下右图所示。

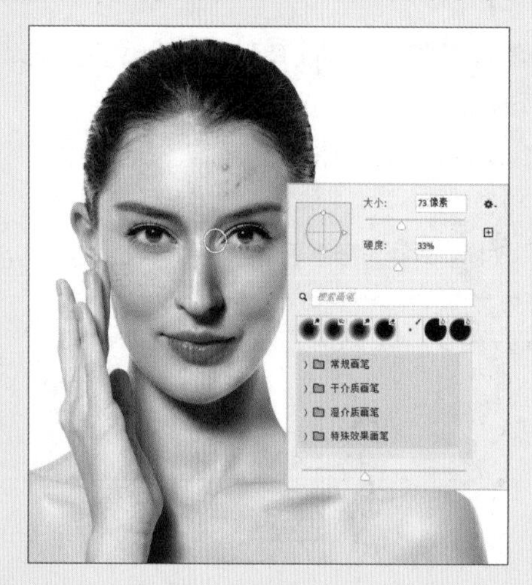

步骤09 在工具箱中选择加深工具，在图像上右击，在弹出的面板中设置画笔大小及硬度，如下左图所示。

步骤10 在人物的面颊及发际线处进行涂抹，增加面部的立体感，涂抹后的效果如下右图所示。

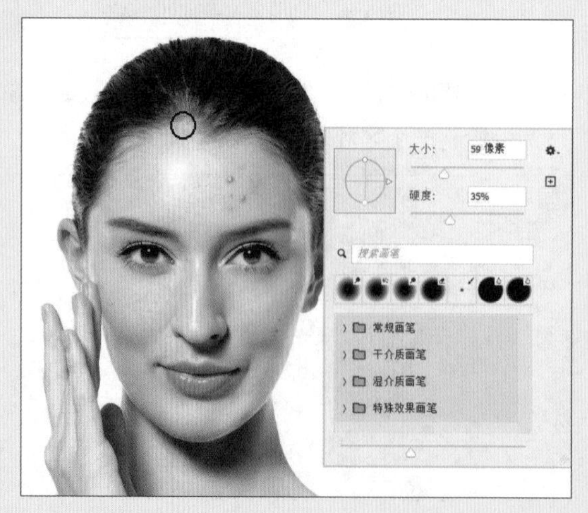

步骤11 在工具箱中选择仿制图章工具，在图像中右击，设置画笔大小及硬度。按住Alt键，此时光标变成下左图所示的形状，同时单击进行取样，然后松开Alt键。

步骤12 移动光标至图像中的痘痘区域，多次涂抹取样，修复人物面部痘痘，完成后的效果如下右图所示。

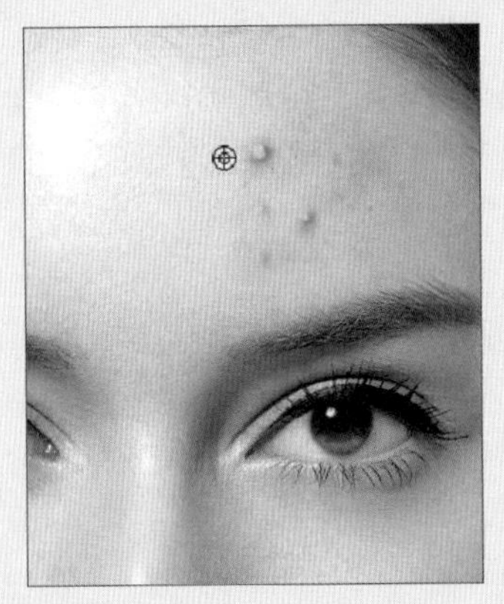

步骤13 在工具箱中选择污点修复工具，在图像中右击，设置画笔大小及硬度，在人物右脸斑点处多次单击，修复斑点，如下左图所示。

步骤14 在工具箱中选择修复画笔工具，按住Alt键，此时光标变成下右图的形状，同时单击进行取样，然后松开Alt键，在人物左脸斑点处进行涂抹，修复面部瑕疵。

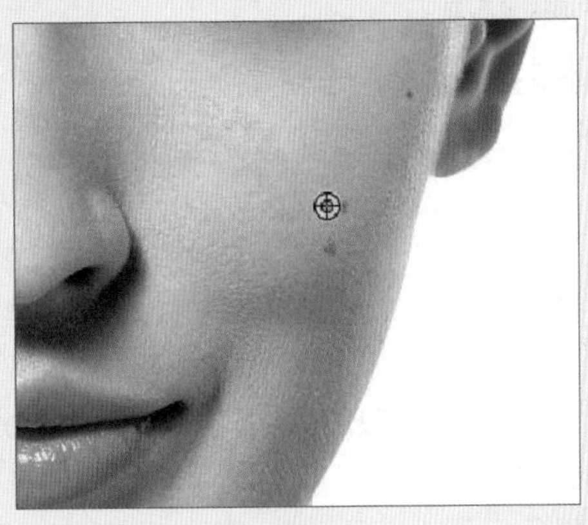

步骤15 修复完成后的效果如下左图所示。

步骤16 在工具箱中选择魔棒工具，单击图像中的白色区域建立选区，抠取人物图像，如下右图所示。

步骤17 按下Delete键删除白色选区背景，将其拖拽到新建的文档中，然后调整位置，如下左图所示。

步骤18 在工具箱中选择橡皮擦工具，降低画笔的硬度和不透明度，擦除人物，使其与背景过渡自然，如下右图所示。

步骤19 使用文字工具在图像左上角输入文字内容，如下左图所示。

步骤20 执行“文件>打开”命令，打开“英文.png”素材，将其调整至文字图层的下方，如下右图所示。

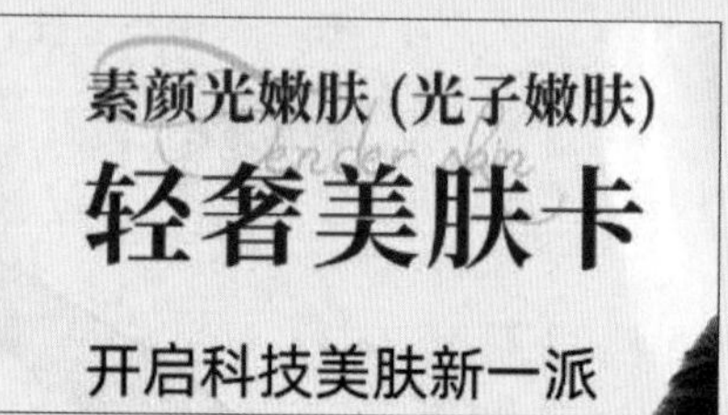

步骤21 在工具箱选择椭圆工具并按住Shift键绘制正圆，将填充颜色设置为“#e5bc80”，如下左图所示。

步骤22 执行“文件>打开”命令，打开“图标1.png”素材，调整其位置。然后使用文字工具输入文字内容，如下右图所示。

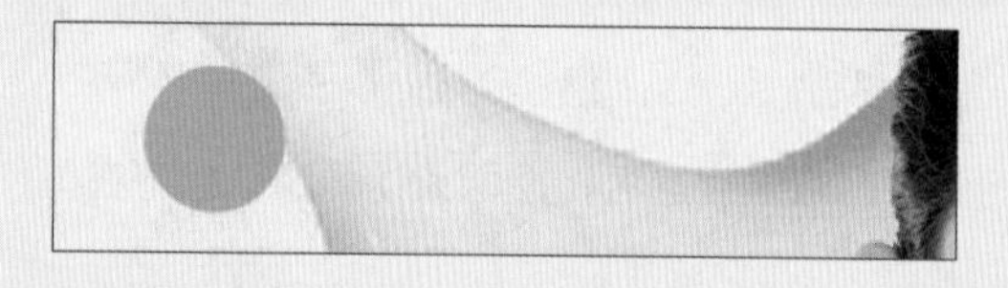

步骤23 使用相同的方法绘制椭圆，添加素材和文字，如下左图所示。

步骤24 使用矩形工具，绘制矩形并将四角半径设置为“21像素”，将填充颜色设置为白色，如下右图所示。

步骤25 复制“矩形1”图层，得到“矩形1拷贝”图层，将其设置为无填充颜色，将描边宽度设置为“5像素”。双击“矩形1拷贝”图层，添加“渐变叠加”图层样式，参数设置如下左图所示。

步骤26 设置完成后的效果如下右图所示。

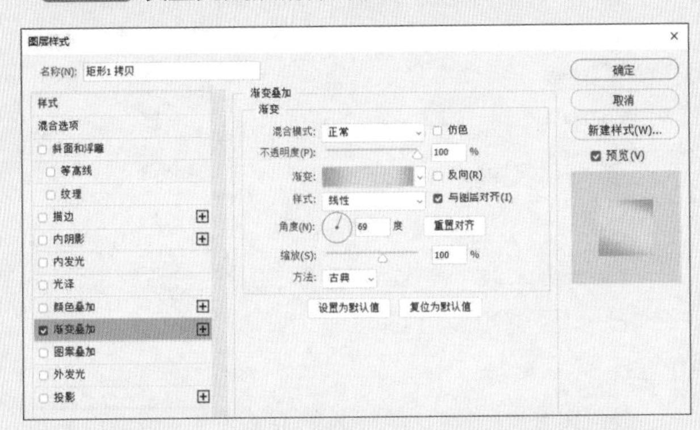

步骤27 使用文字工具输入文字，如下左图所示。

步骤28 选择钢笔工具绘制直线，并将形状描边宽度设置为“1像素”，将描边填充为黑色，在描边选项里设置虚线样式，效果如下中图所示。

步骤29 选择矩形工具，绘制矩形并进行排版，如下右图所示。

祛除色素 祛除痘痘
淡化色斑 提亮肤色
淡化红血丝 收缩毛孔

祛除色素 祛除痘痘
淡化色斑 提亮肤色
淡化红血丝 收缩毛孔

步骤30 使用文字工具输入文字，如下左图所示。

步骤31 设置完成后的效果如下右图所示。

课后练习

一、选择题

（1）需要按住Alt键并单击以定义修复图像的源点的工具是（　　）。

A. 仿制图章工具　　B. 污点修复画笔工具

C. 修复画笔工具　　D. 修补工具

（2）适合移除画面中大面积区域的修复工具是（　　）。

A. 修复画笔工具　　B. 移除工具

C. 修补工具　　D. 内容感知移动工具

（3）使用加深工具时，在属性栏的范围设置中包含（　　）。

A. 阴影　　B. 中间调

C. 高光　　D. 浅色

（4）位于（　　）属性栏中的拉直工具，可以修正因摄像头晃动导致图像的对齐不当。

A. 裁剪工具　　B. 修复工具

C. 模糊工具　　D. 减淡工具

二、填空题

（1）使用__________工具时需要先建立选区，然后使用图像中的其他区域来修复选中的区域。

（2）内容感知移动工具可以快速且自然地将图像__________或__________到另外一个位置。

（3）在“天空替换”对话框中可以选择的天空类型包括__________、__________和__________。

三、上机题

根据实例文件中提供的素材，使用修复工具祛除人物脸上的瑕疵，对比效果如下图所示。

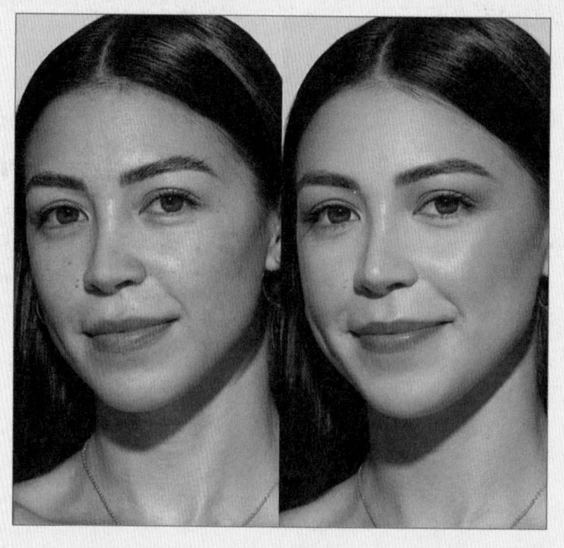

操作提示

① 用户可以使用不同的修复工具祛除斑点。

② 多取样多涂抹，将画笔尺寸调小，可让处理的图片更自然。

第8章 滤镜的应用

本章概述

在Photoshop中，使用滤镜不仅可以校正照片、制作特效，还可以创造出丰富多彩的绘画效果。本章将详细介绍各种滤镜的使用方法以及滤镜组的参数设置，用户熟练应用滤镜的功能后，可以制作出理想的图像效果。

核心知识点

❶ 认识基础滤镜的应用
❷ 了解滤镜库的应用
❸ 掌握特殊滤镜的应用
❹ 了解滤镜组的应用

8.1 认识滤镜

滤镜，也称为增效工具，通过使用滤镜，用户可以创建出各种各样的图像特效。Photoshop提供了多种滤镜，可以产生特殊的视觉效果。本节将对滤镜的基础知识以及如何综合使用这些滤镜进行详细介绍。

8.1.1 滤镜的工作原理

Photoshop的滤镜功能十分强大，其功能是通过改变图像中像素的颜色或者位置来实现特殊效果的。打开一张素材图，如下左图所示。单击菜单栏中的“滤镜”标签，打开滤镜菜单，执行“风格化>油画”的滤镜命令，即可弹出相应的对话框，对其相应的参数进行设置，设置完成的效果如下右图所示。

8.1.2 滤镜的使用

滤镜在使用时对图层有严格的要求，选中的图层必须是可见的。很多滤镜是不能批量处理图像的，只能处理当前选中的图层，同时使用滤镜对颜色模式也有一定的要求。使用滤镜进行处理就是修改图像中的像素参数，因此相同的图像但是不同的像素分辨率，用同样的滤镜处理，呈现的效果是不一样的。

8.2 滤镜库和特殊滤镜

在Photoshop中，滤镜有很多种类，滤镜库是一个整合了多个滤镜组的对话框，可以将多个滤镜同时应用于同一图像，也能对同一图像多次应用同一滤镜。特殊滤镜是比较独特的滤镜，通常功能较复杂，所以该滤镜是独立分组的。

8.2.1 滤镜库概述

滤镜库提供了多种特殊效果滤镜的预览，在“图层”面板中选择需要添加滤镜的图层，然后在菜单栏中执行“滤镜>滤镜库”命令，如下左图所示，即可打开“滤镜库”对话框。滤镜库中包括了风格化、画笔描边、扭曲等滤镜组，同时用户可以对滤镜的相关参数进行设置，如下右图所示。

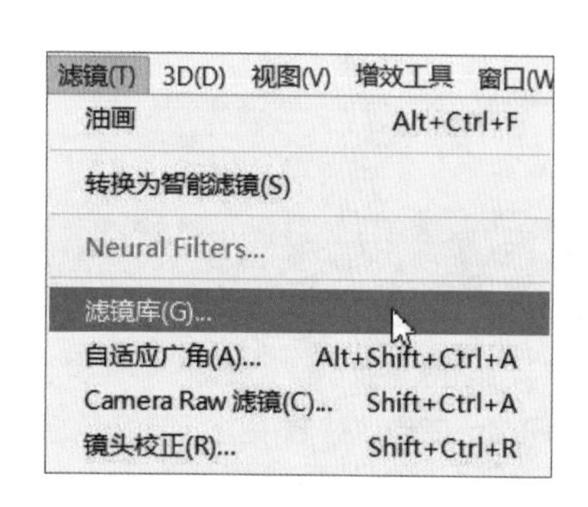

下面对滤镜库中常用滤镜的功能及参数设置进行介绍，具体如下。

（1）画笔描边

“画笔描边”滤镜组中的滤镜可以模拟出各种笔触的绘画效果，包含“成条的线条”“墨水轮廓”“喷溅”“喷色描边”“强化的边缘”“深色线条”“烟灰墨”和“阴影线”8个滤镜，其中有的滤镜可以通过油墨效果和画笔制作出绘画效果，有的滤镜可以为图像添加颗粒、纹理等效果。

以“成角的线条”滤镜为例，在菜单栏中执行“滤镜>画笔描边>成角的线条”命令，在弹出的“成角的线条”对话框中进行参数设置，如下图所示。

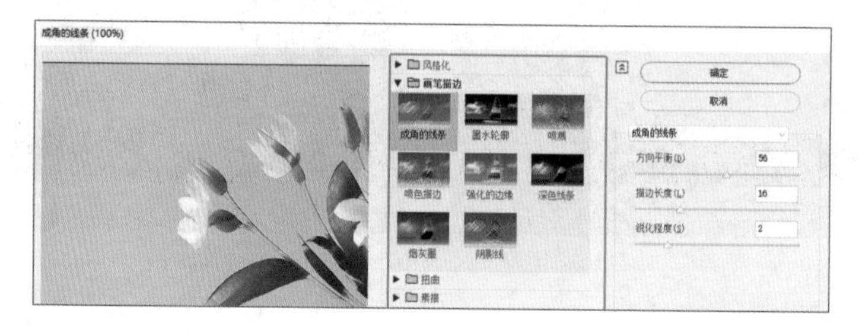

完成上述操作后，观看对比效果，如下两图所示。

(2)扭曲

“扭曲”滤镜组中的滤镜可以对图像进行扭曲，也可以创建变形效果。其中包括“玻璃”“海洋波纹”和“扩散亮光”3个滤镜。

以“玻璃”滤镜为例，在菜单栏中执行“滤镜>扭曲>玻璃”命令，在弹出的“玻璃”对话框中进行参数设置，如下图所示。

完成上述操作后，观看对比效果，如下两图所示。

(3)素描

“素描”滤镜组中的滤镜可以通过模拟手绘、素描和速写等艺术手法获得艺术效果。其中包括“半调图案”“便条纸”“粉笔和炭笔”“铬黄渐变”“绘图笔”“基地凸显”“石膏效果”“水彩画纸”和“撕边”等14个滤镜效果。

以“图章”滤镜为例，在菜单栏中执行“滤镜>素描>图章”命令，在弹出的“图章”对话框中进行参数设置，如下图所示。

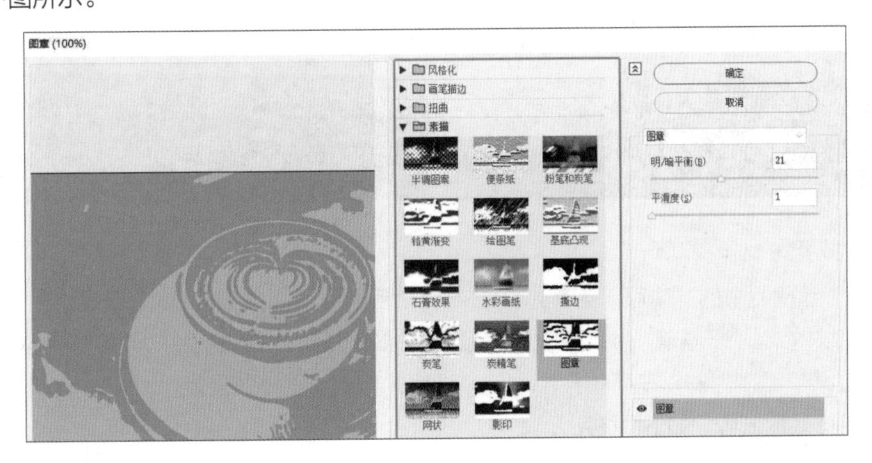

完成上述操作后，观看对比效果，如下两图所示。

（4）纹理

“纹理”滤镜组中的滤镜可以为图像添加纹理质感，一般用于模拟具有深度感或物质感的外观，也可以添加一种器质外观。其中包括“龟裂缝”“颗粒”“马赛克拼贴”“拼缀图”“染色玻璃”和“纹理化”等6个滤镜。

以“颗粒”滤镜为例，在菜单栏中执行“滤镜>纹理>颗粒”命令，在弹出的“颗粒”对话框中进行参数设置，如下图所示。

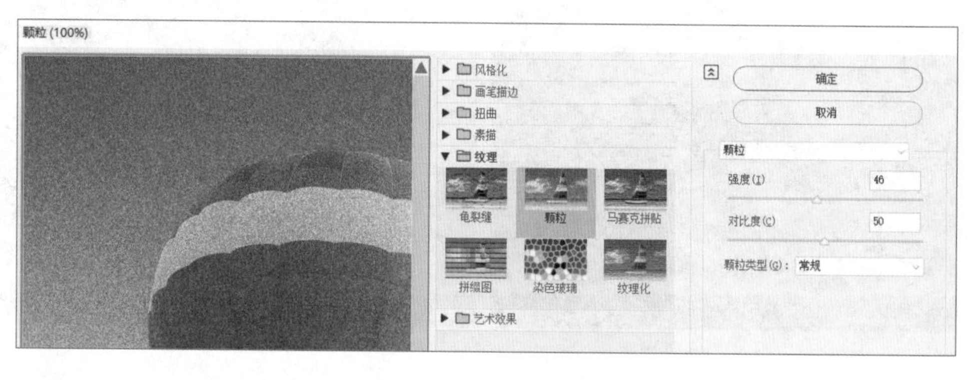

完成上述操作后，观看对比效果，如下两图所示。

（5）艺术效果

“艺术效果”滤镜组中的滤镜可以为美术或者商业项目制作绘画效果或艺术效果。其中包括“壁画”“彩色铅笔”“底纹效果”“干画笔”“海报边缘”“绘画涂抹”“海绵”和“水彩”等15个滤镜。

以“海报边缘”滤镜为例，在菜单栏中执行“滤镜>艺术效果>海报边缘”命令，在弹出的“海报边缘”对话框中进行参数设置，如下页图所示。

完成上述操作后，观看对比效果，如下两图所示。

提示：快速应用滤镜

对图像应用滤镜后，如果发现效果不明显，可按下Ctrl+F组合键再次应用该滤镜。

8.2.2 自适应广角滤镜

自适应广角滤镜可以校正由于使用广角镜头而造成的镜头扭曲，一般用于处理使用鱼眼镜头和广角镜头拍摄的照片中的弯曲的线条。在菜单栏中执行“滤镜>自适应广角”命令，如下左图所示，即可打开“自适应广角”对话框，然后对参数进行设置即可，如下右图所示。

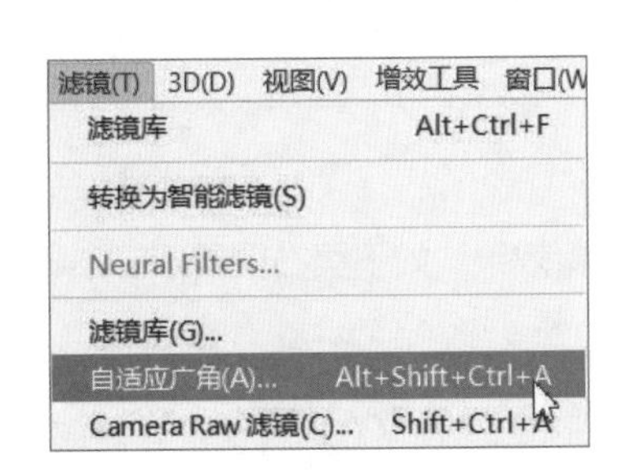

8.2.3 Camera Raw滤镜

Raw图像文件是未经过压缩处理的原始图像，Camera Raw滤镜是一个图像处理插件，主要用于处理Raw图像文件。在菜单栏中执行“滤镜>Camera Raw 滤镜”命令，如下左图所示，即可打开Camera Raw滤镜对话框，如下右图所示。

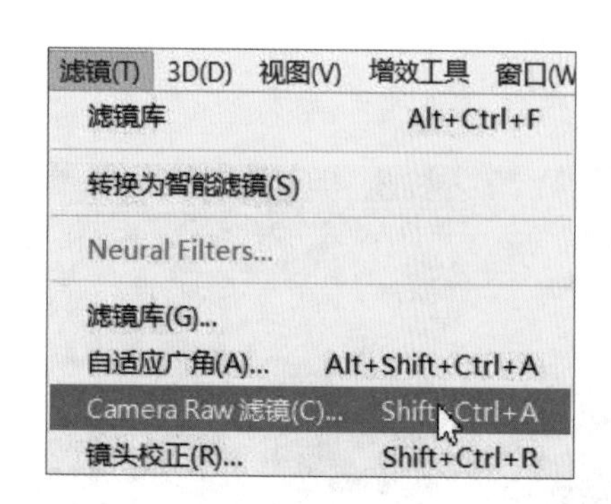

实战练习 使用Camera Raw滤镜调整图像

学习了Camera Raw滤镜工具的相关知识后，下面以调整图像色调的案例来巩固所学的知识，以下是详细讲解。

步骤 01 启动Photoshop 2024，执行“文件>打开”命令，在弹出的“打开”对话框中打开“小孩.jpg”图像文件，如下左图所示。

步骤 02 执行“滤镜>Camera Raw滤镜”命令，打开Camera Raw滤镜对话框，如下右图所示。

步骤 03 单击“亮”选项按钮，设置相应的参数，如下页左图所示。

步骤 04 单击“颜色”选项按钮，设置相应的参数，在图像预览窗口查看效果，如下页右图所示。

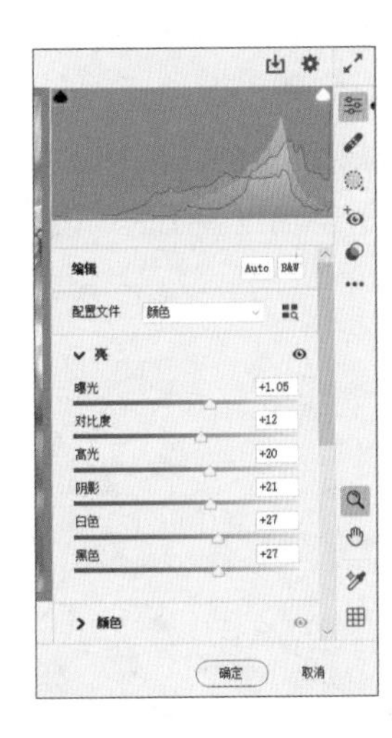

步骤 05 单击“效果”选项按钮，设置相应的参数，如下左图所示。

步骤 06 单击“曲线”选项按钮，设置相应的参数，在图像预览窗口查看效果，如下右图所示。

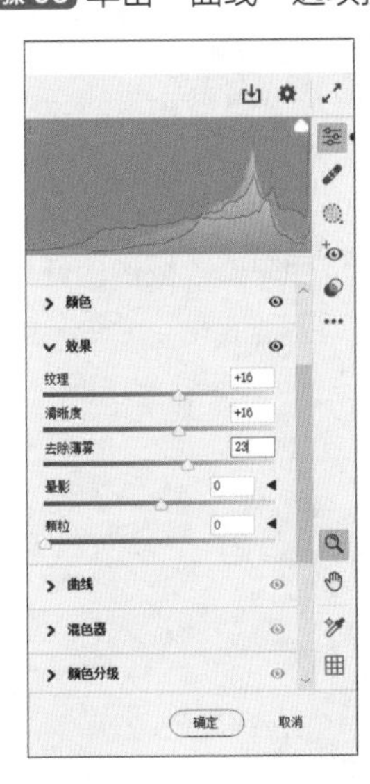

步骤 07 单击“光学”选项按钮，设置相应的参数，如下左图所示。

步骤 08 设置完成后查看最终效果，如下右图所示。

8.2.4 镜头校正滤镜

在Photoshop中，“镜头校正”是一个独立的滤镜，该滤镜可用于修复常见的镜头瑕疵，如桶形和枕形失真、晕影等。在菜单栏中执行“滤镜>镜头校正”命令，如下左图所示。然后在弹出的“镜头校正”对话框中进行参数设置，如下右图所示。

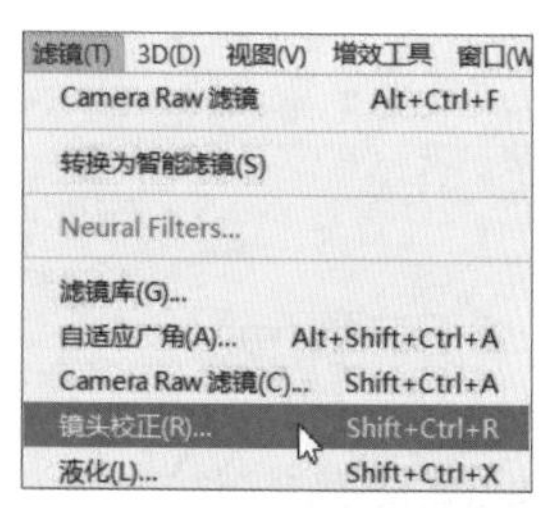

8.2.5 液化滤镜

液化滤镜能够非常灵活地创建推拉、扭曲、旋转、收缩等变形效果，可以用来修改图像的任意区域。液化滤镜对调整人像的胖瘦、脸型以及腿形等非常有效。在菜单栏中执行“滤镜>液化”命令，如下左图所示。然后在弹出的“液化”对话框中进行参数设置，如下右图所示。

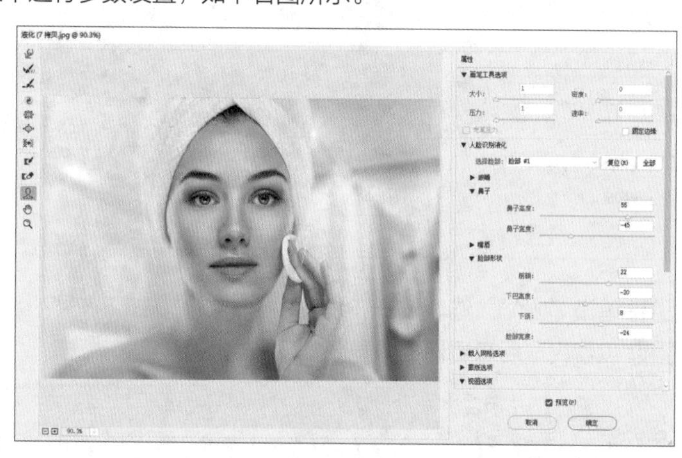

对人物脸部执行“液化”滤镜操作后的对比效果，如下两图所示。

8.2.6 消失点滤镜

消失点是一个特殊的滤镜，它可以在包含透视平面的图像中进行透视校正编辑。使用“消失点”滤镜可以在图像中自动应用透视原理。在菜单栏中执行“滤镜>消失点”命令，如下左图所示。然后在弹出的“消失点”对话框中进行参数设置，如下右图所示。

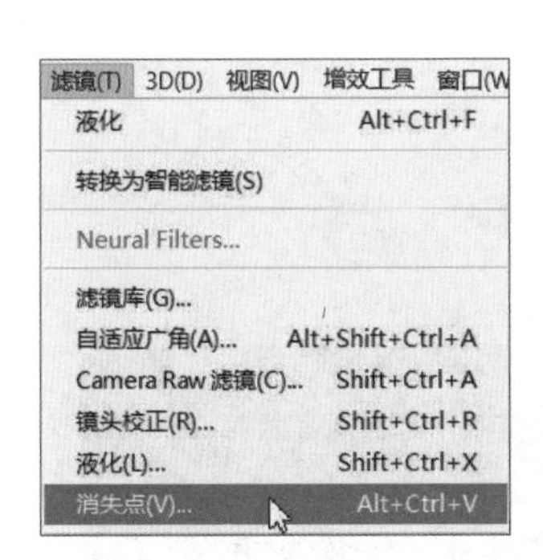

8.3 滤镜组

滤镜组是将功能类似的滤镜归类编组，Photoshop中有许多滤镜组，其中包括“风格化”“模糊”“模糊画廊”“像素化”和“渲染”等滤镜组，如下左图所示。每个滤镜组下包含了多个滤镜，如下右图所示。其中的每个滤镜产生的效果各不相同，下面将详细介绍几种常用滤镜组的功能。

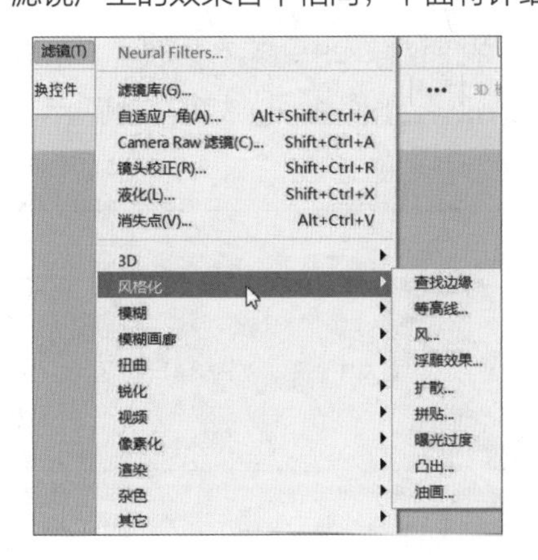

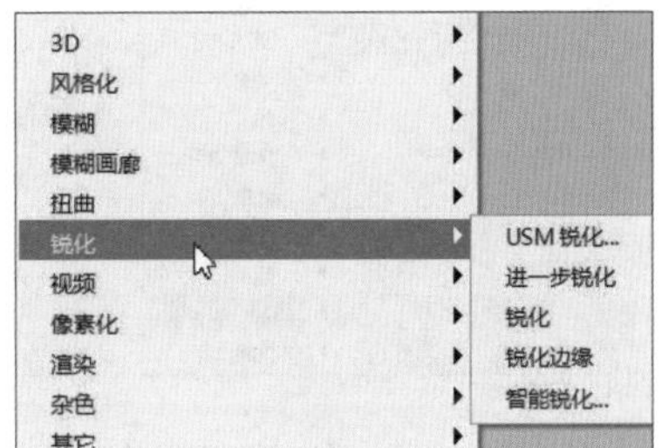

8.3.1 “风格化”滤镜组

“风格化”滤镜组中的滤镜主要通过置换像素和查找，并提高图像中的对比度，产生一种绘画或印象派的艺术效果。其中包括“查找边缘”“等高线”“风”“浮雕效果”“扩散”“拼贴”“曝光过度”“凸出”和“油画”9种滤镜。下面主要介绍3种常用的风格化滤镜。

（1）风滤镜

风滤镜可以对图像的边缘进行位移，创建出水平线，从而模拟风的动感效果，是制作纹理或为文字添加阴影效果时常用的滤镜，在其对话框中可设置风吹样式以及风吹动的方向。执行“滤镜>风格化>风”命令，如下左图所示。打开“风”对话框，对其参数进行调整，如下右图所示。

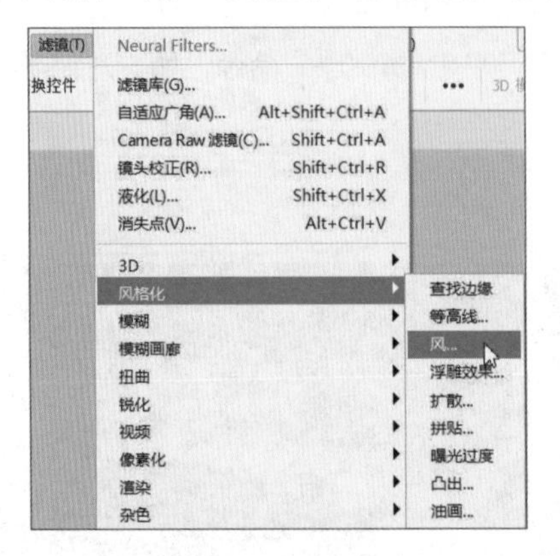

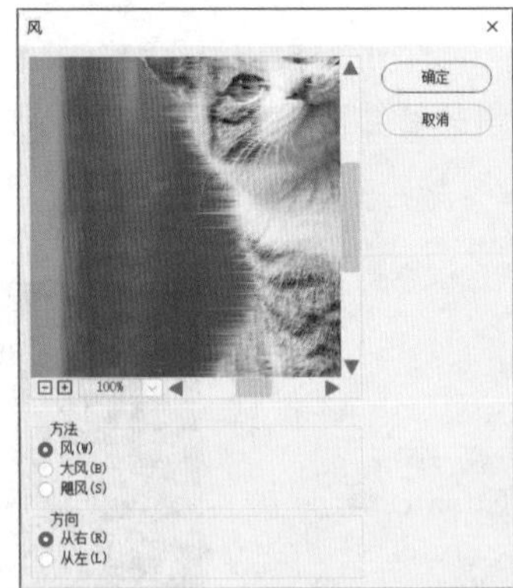

完成上述操作后的对比效果，如下两图所示。

（2）凸出滤镜

凸出滤镜能根据设置的不同，为选区或整个图层上的图像制作出一系列块状或金字塔的三维纹理，常用于制作刺绣或编织工艺所用的图案。执行“滤镜>风格化>凸出”命令，如下左图所示。打开“凸出”对话框，对其参数进行调整，如下右图所示。

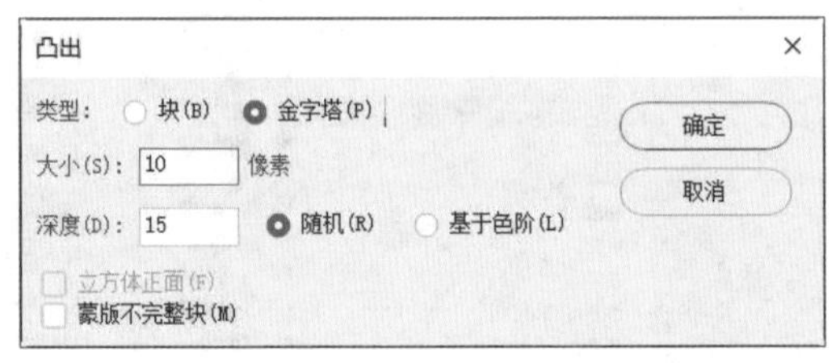

完成上述操作后的对比效果，如下两图所示。

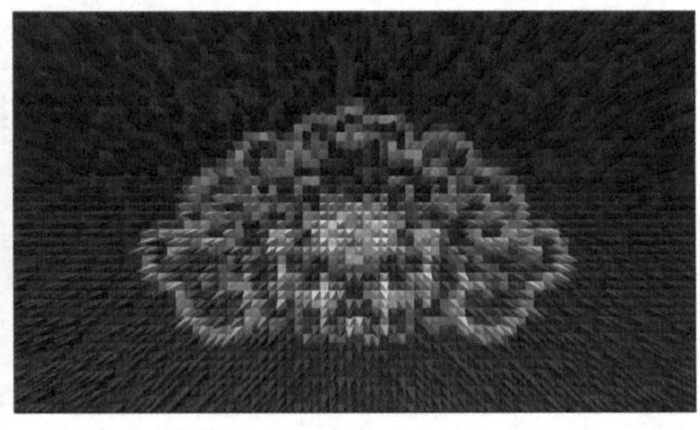

（3）油画滤镜

Photoshop内置的艺术风格滤镜有很多，在Photoshop CC 2017中增加了油画风格滤镜。执行“滤镜>风格化>油画”命令，如下左图所示。打开“油画”对话框，对其参数进行调整，如下右图所示。

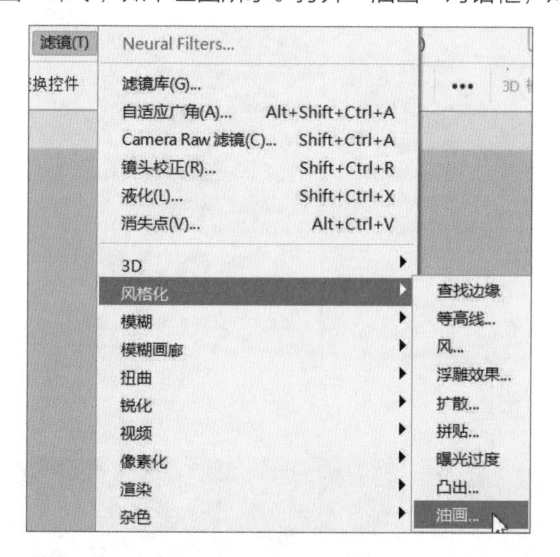

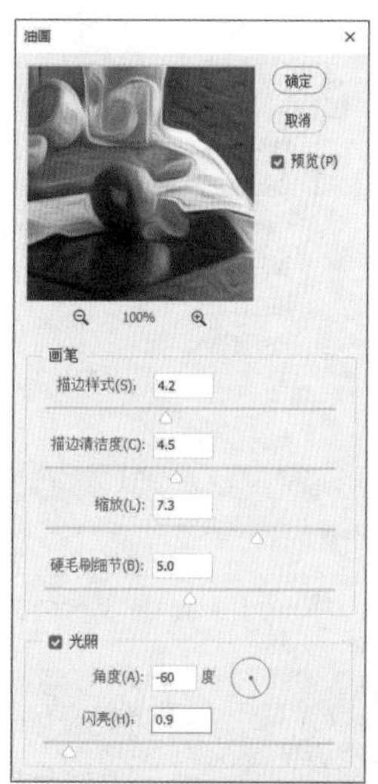

完成上述操作后的对比效果，如下两图所示。

提示：执行滤镜命令的注意事项

应用滤镜效果的图层需要是当前的可见图层，位图模式和索引模式的图像不能应用滤镜操作。另外，部分滤镜只对RGB图像起作用，要是处理滤镜效果时内存不够，有的滤镜会弹出一条错误消息进行提示。

8.3.2 “模糊”滤镜组

“模糊”滤镜组中的滤镜可以对图像中相邻像素之间的对比度进行柔化、削弱，使图像产生柔和、模糊的效果。其中包括“高斯模糊”“动感模糊”“表面模糊”“方框模糊”“模糊”“进一步模糊”“径向模糊”“镜头模糊”“平均”“特殊模糊”和“形状模糊”等滤镜。下面主要介绍3种常用的模糊滤镜。

（1）动感模糊滤镜

动感模糊滤镜可以模仿拍摄运动物体的手法，通过使像素进行某一方向上的线性位移来产生运动模糊效果。动感模糊滤镜是把当前图像的像素向两侧拉伸，在对话框中用户可以对角度以及拉伸的距离进行调整。执行“滤镜>模糊>动感模糊”命令，如下左图所示。打开“动感模糊”对话框，对其参数进行调整，如下右图所示。

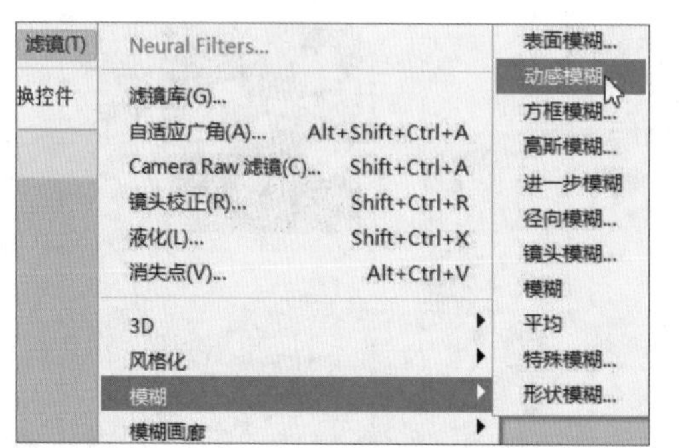

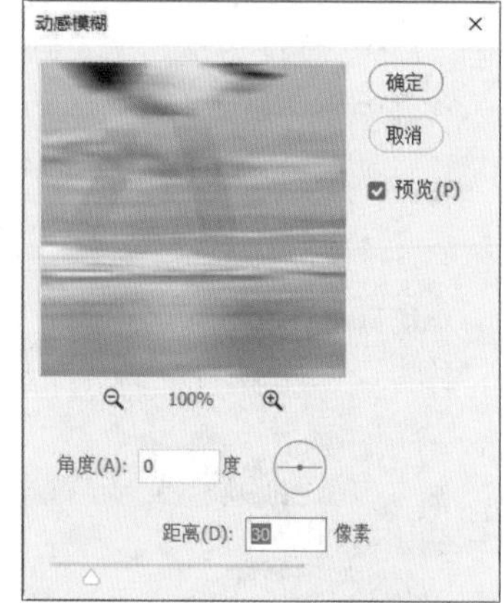

完成上述操作后的对比效果，如下两图所示。

（2）高斯模糊滤镜

高斯模糊滤镜可根据设置的数值快速地模糊图像，使图像产生一种朦胧的效果。执行“滤镜>模糊>高斯模糊”命令，打开“高斯模糊”对话框，对其参数进行调整，如下左图所示。设置完成后查看效果，如下右图所示。

（3）径向模糊滤镜

径向模糊滤镜可模拟相机前后移动或旋转产生的模糊效果。执行“滤镜>模糊>径向模糊”命令，打开“径向模糊”对话框，对其参数进行调整，如下页左图所示。设置完成后查看效果，如下页右图所示。

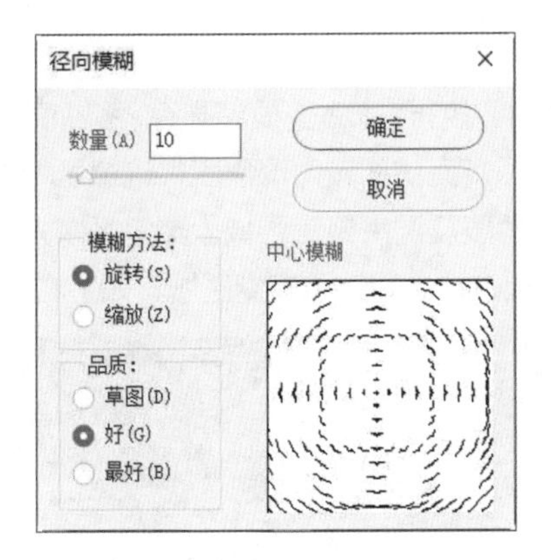

8.3.3 “模糊画廊”滤镜组

使用“模糊画廊”滤镜组可以得到不同样式的模糊效果，其中有5种特殊模糊滤镜，包括“场景模糊”“光圈模糊”“移轴模糊”“路径模糊”和“旋转模糊”滤镜。下面主要介绍两种常用的模糊滤镜。

（1）光圈模糊滤镜

光圈模糊滤镜能够模拟相机的景深效果，给照片添加背景虚化，用户可在画面中设置保持清晰的位置，以及虚化范围和程度。执行“滤镜>模糊画廊>光圈模糊”命令，如下左图所示。打开“光圈模糊”的设置面板，图片上会出现一个小圆环，把中心的黑白圆环移到图片中需要对焦的对象上面，如下右图所示。外围的4个小菱形叫作手柄，选择相应的手柄并拖拽，可以把圆形区域的某个地方拉大，把圆形变成椭圆，同时还可以旋转；圆环右上角的白色菱形叫作圆度手柄，选择后按住鼠标左键往外拖拽可以把圆形或椭圆形变成圆角矩形，再往里拖又可以缩回来；位于内侧的4个白点叫作羽化手柄，可以控制羽化焦点到圆环外围的羽化过渡。

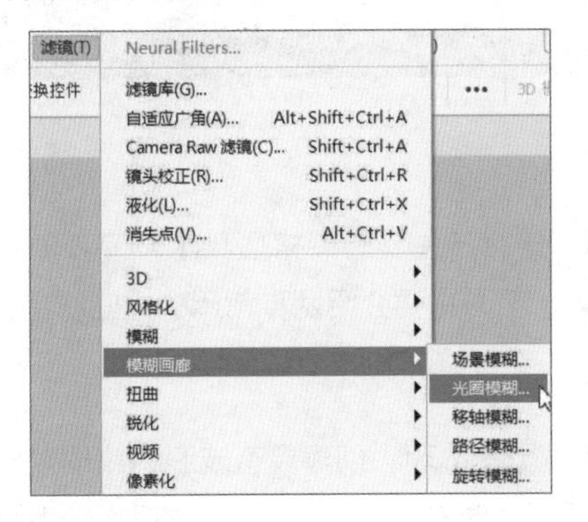

完成上述操作后的对比效果，如下两图所示。

（2）移轴模糊滤镜

移轴模糊滤镜比较适合用在俯拍或者镜头有些倾斜的图片中。执行“滤镜>模糊画廊>移轴模糊”命令，如下左图所示，即可打开“移轴模糊”的设置面板。最里面的两条直线区域为聚焦区，这个区域中的图像是清晰的。中间的两个小方块叫作旋转手柄，可以旋转线条的角度及调大聚焦区域。聚焦区以外、虚线区以内的部分为模糊过渡区，把鼠标指针放在虚线位置，可以拖拽来拉大或缩小模糊区域，如下右图所示。

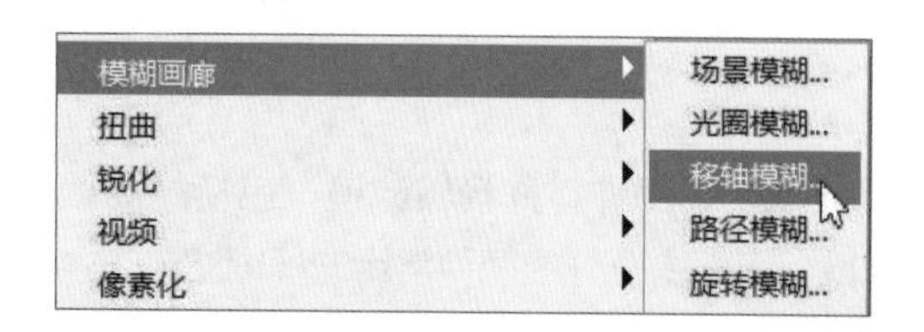

完成上述操作后的对比效果，如下两图所示。

8.3.4 “扭曲”滤镜组

“扭曲”滤镜组中的滤镜主要用于对平面图像进行扭曲，使其产生旋转、挤压和水波等变形效果。其中包括“波浪”“波纹”“极坐标”“挤压”“切变”等9种滤镜。下面主要介绍两种常用的扭曲滤镜。

（1）波浪滤镜

波浪滤镜可以通过设置波浪生成器的数量、波长和波浪类型等选项，创建具有波浪的纹理效果。执行“滤镜>扭曲>波浪”命令，如下左图所示。打开“波浪”对话框，对其参数进行调整，如下右图所示。

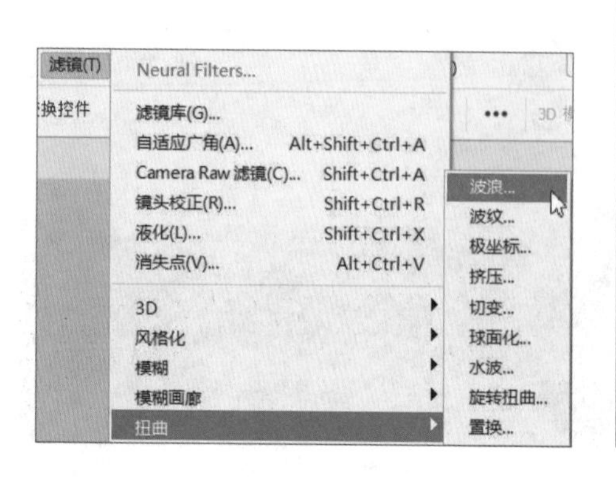

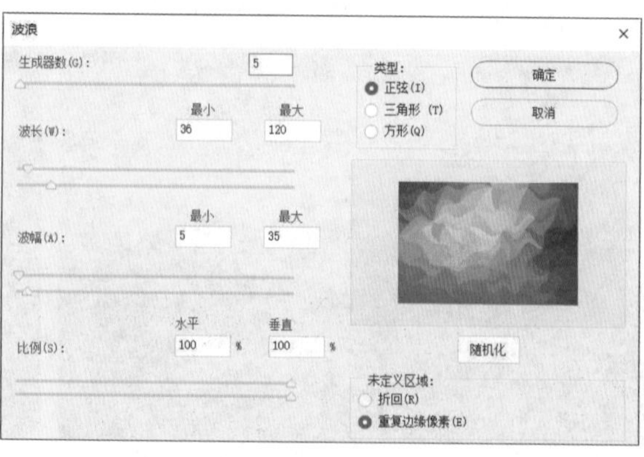

完成上述操作后的对比效果，如下两图所示。

（2）球面化滤镜

球面化滤镜可通过将选区折成球形扭曲图像，使对象具有3D效果。执行“滤镜>扭曲>球面化”命令，如下左图所示。打开“球面化”对话框，对其参数进行调整，如下右图所示。

完成上述操作后的对比效果，如下两图所示。

8.3.5 “锐化”滤镜组

“锐化”滤镜组中的滤镜主要是通过增强图像相邻像素间的对比度，使图像轮廓分明、纹理清晰，从而减弱图像的模糊程度。“锐化”滤镜组的效果与“模糊”滤镜组相反。该滤镜组提供了“USM锐化”“进一步锐化”“锐化”“锐化边缘”“智能锐化”5种滤镜。下面主要介绍两种常用的锐化滤镜。

（1）USM锐化滤镜

USM锐化滤镜可以查找图像中颜色发生显著变化的区域，然后将其锐化。USM滤镜是通过锐化图像的轮廓，使图像的不同颜色之间生成明显的分界线，从而达到图像清晰化的目的。执行“滤镜>锐化>USM锐化”命令，如下左图所示。打开“USM锐化”对话框，对其参数进行调整，如下右图所示。

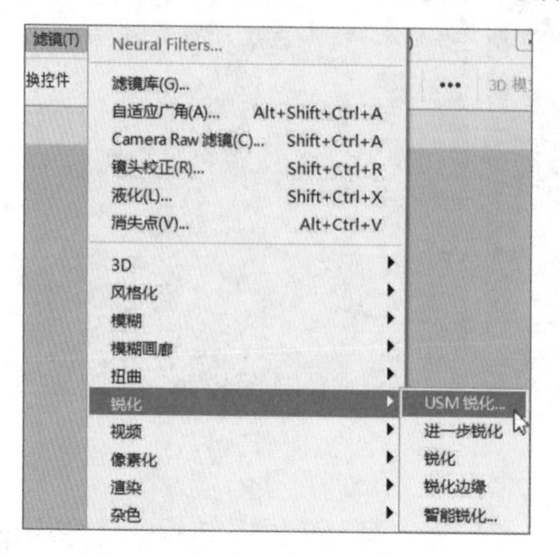

完成上述操作后的对比效果，如下两图所示。

（2）智能锐化滤镜

智能锐化滤镜可设置锐化算法或控制在阴影和高光区域中进行的锐化量，从而获得更好的边缘检测并减少锐化晕圈，是一种高级锐化方法。在“智能锐化”对话框的下方单击“阴影/高光”按钮，将弹出“阴影/高光”的参数设置选项。执行“滤镜>锐化>智能锐化”命令，如下左图所示。打开“智能锐化”对话框，对其参数进行调整，如下右图所示。

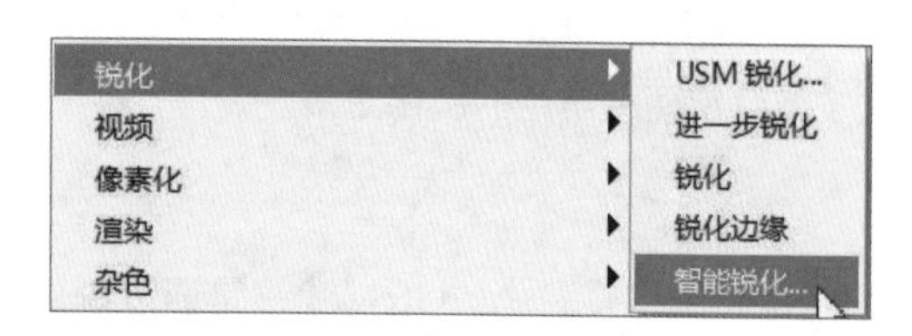

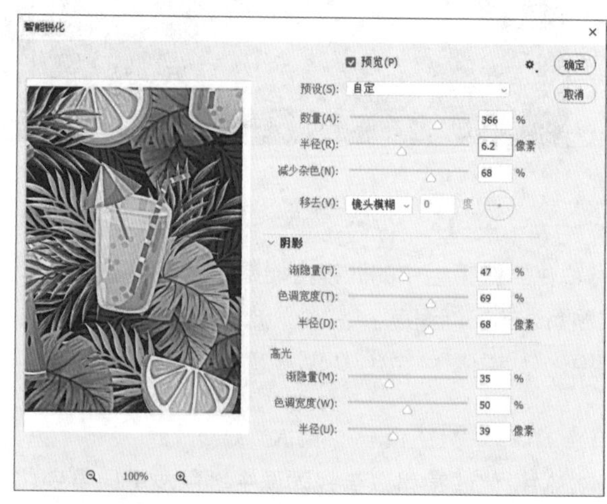

完成上述操作后的对比效果，如下两图所示。

8.3.6 “视频”滤镜组

“视频”滤镜组中包括“NTSC颜色”和“逐行”两种滤镜，使用这两种滤镜可以使视频图像和普通图像进行相互转换。

8.3.7 “像素化”滤镜组

像素化滤镜组中有7种滤镜，可以制作如彩块、点状、晶格和马赛克等特殊效果，其中包括“彩块化”“彩色半调”“点状化”“晶格化”“马赛克”“碎片”和“铜版雕刻”。下面主要介绍两种常用的像素化滤镜。

（1）彩色半调滤镜

彩色半调滤镜可以将图像中的每种颜色分离出来，分散为随机分布的网点，如同点状绘画效果，将一幅连续色调的图像转变为半色调的图像。执行“滤镜>像素化>彩色半调”命令，如下左图所示。打开“彩色半调”对话框，对其参数进行调整，如下右图所示。

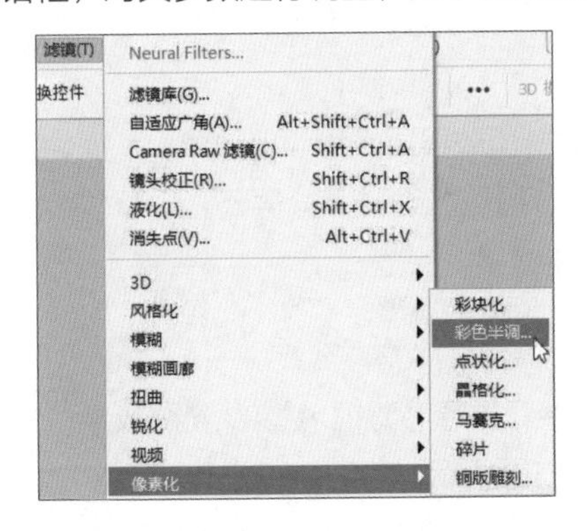

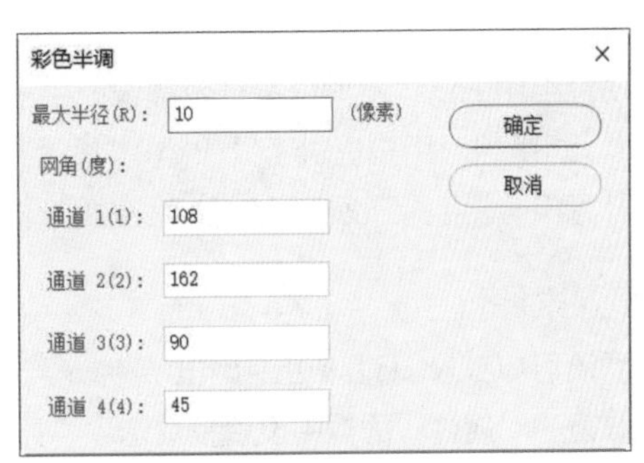

完成上述操作后的对比效果，如下两图所示。

（2）马赛克滤镜

马赛克滤镜可将图像分解成许多规则排列的小方块，实现图像的网格化。每个网格中的像素均使用本网格内的平均颜色填充，从而产生类似马赛克的效果。

执行“滤镜>像素化>马赛克”命令，打开“马赛克”对话框，如下左图所示。设置完成后查看效果，如下右图所示。其单元格大小可用来控制马赛克色块的大小。

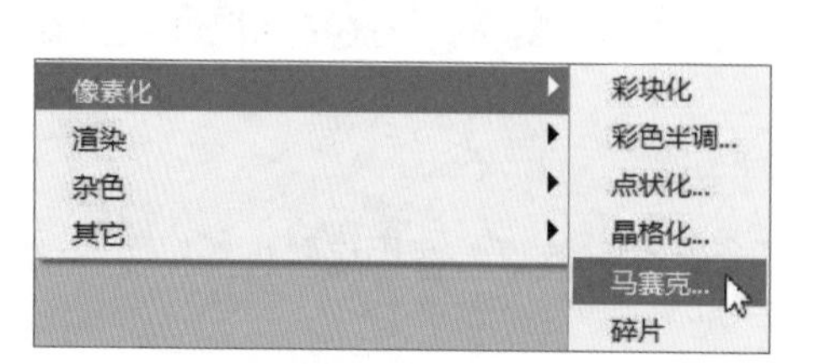

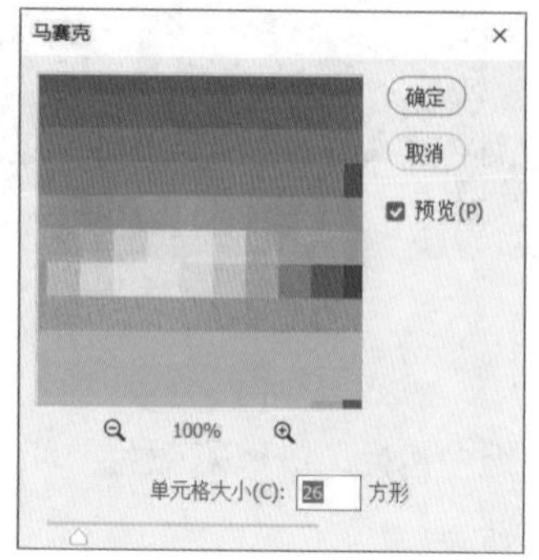

完成上述操作后的对比效果，如下两图所示。

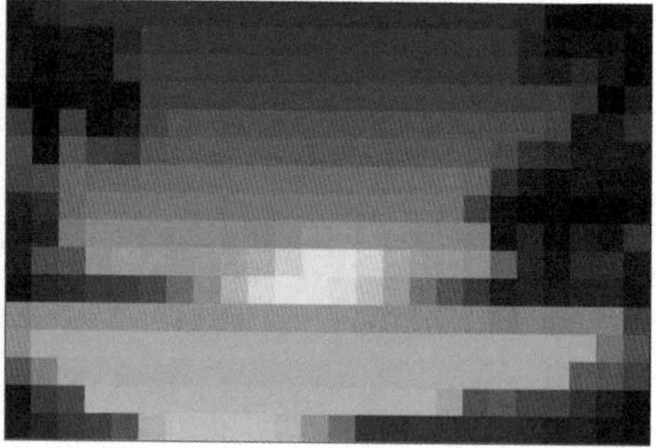

8.3.8 “渲染”滤镜组

“渲染”滤镜组中的滤镜不同程度地使图像产生三维造型效果或光线照射效果，从而为图像添加特殊的光线。“渲染”滤镜组为用户提供了“火焰”“图片框”“树”“云彩”“分层云彩”“光照效果”“镜头光晕”和“纤维”等8种滤镜。下面主要介绍两种常用的渲染滤镜。

（1）光照效果滤镜

光照效果滤镜可以在RGB图像上制作出各种光照效果。执行“滤镜>渲染>光照效果”命令，如下左图所示。在该滤镜的“属性”面板中设置参数选项，如下右图所示。

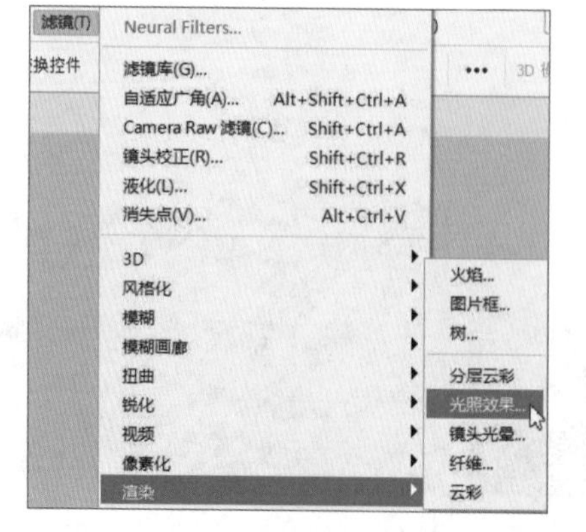

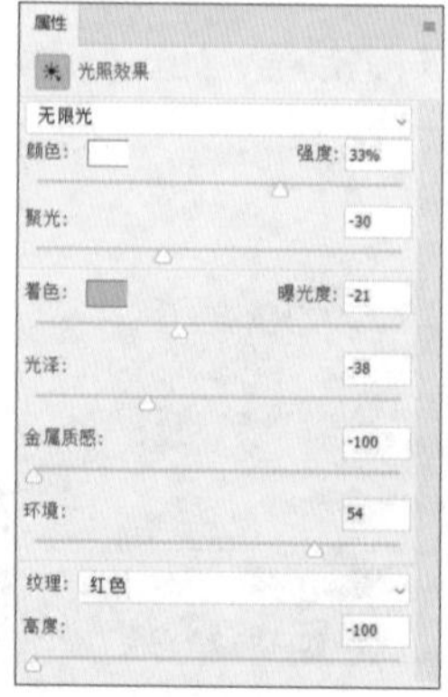

完成上述操作后的对比效果，如下两图所示。

（2）镜头光晕滤镜

镜头光晕滤镜可以模拟亮光照射到相机镜头所产生的折射效果，常用来表现玻璃、金属等的反射光，或用来增强日光和灯光的效果。执行“滤镜>渲染>镜头光晕”命令，如下左图所示。图片上会出现一个十字符号，将其移动到需要对焦的区域上面，如下右图所示。

完成上述操作后的对比效果，如下两图所示。

8.3.9 “杂色”滤镜组

“杂色”滤镜组中的滤镜可以给图像添加随机产生的干扰颗粒（即噪点），也可以淡化图像中的噪点，同时还能为图像去斑。“杂色”滤镜组包括了“减少杂色”“蒙尘与划痕”“去斑”“添加杂色”和“中间值”5种滤镜。下面主要介绍两种常用的杂色滤镜。

（1）蒙尘与划痕滤镜

蒙尘与划痕滤镜可通过更改相异的像素来减少杂色，对于除去扫描图像中的杂点和折痕特别有效。执行“滤镜>杂色>蒙尘与划痕”命令，如下页左图所示。打开“蒙尘与划痕”对话框，如下页右图所示。

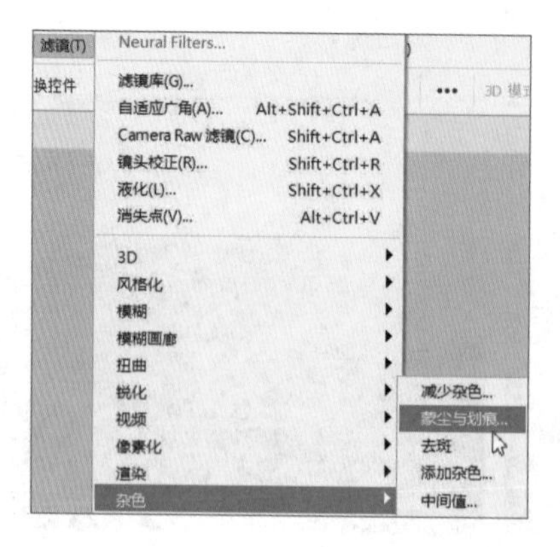

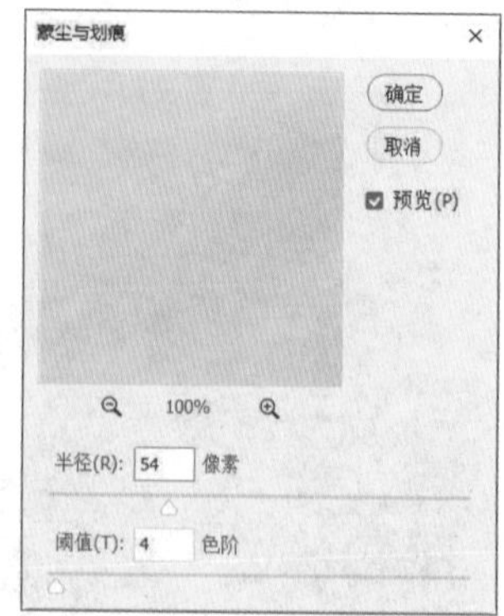

完成上述操作后，观看效果比对图，如下两图所示。

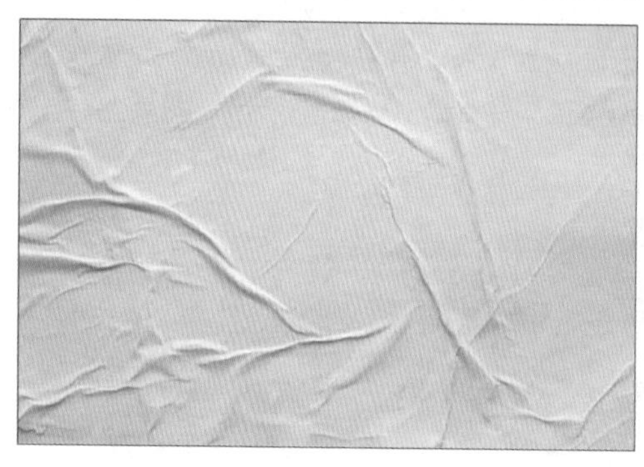

（2）添加杂色滤镜

添加杂色滤镜可为图像添加一些细小的像素颗粒，使其混合到图像里的同时产生色散效果，常用于添加杂点纹理效果。执行“滤镜>杂色>添加杂色”命令，如下左图所示。打开“添加杂色”对话框，如下右图所示。

完成上述操作后，观看效果比对图，如下两图所示。

8.3.10 “其他”滤镜组

其他滤镜组包括“HSB/HSL”“高反差保留”“位移”“自定”“最大值”和“最小值”6种滤镜，通过该滤镜组用户可以自定义滤镜或修改蒙版。下面主要介绍两种常用的其他滤镜。

（1）高反差保留滤镜

高反差保留滤镜可以在有强烈颜色转变发生的地方按指定的半径保留边缘细节，并且不显示图像的其余部分，该滤镜对于从扫描图像中取出艺术线条和面积较大的黑白区域非常有用。执行“滤镜>其他滤镜>高反差保留”命令，如下左图所示。打开“高反差保留”对话框，如下右图所示。

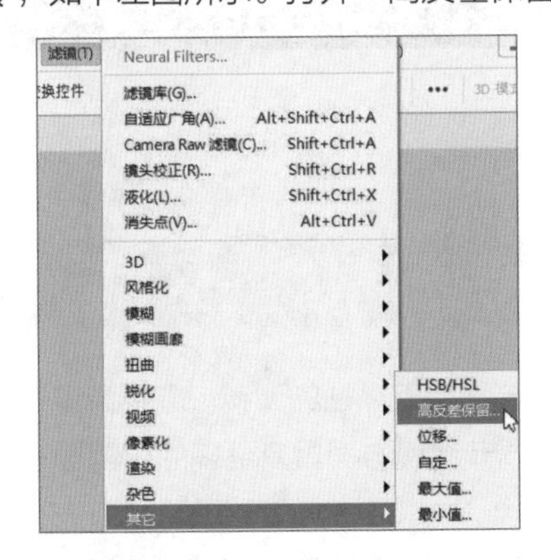

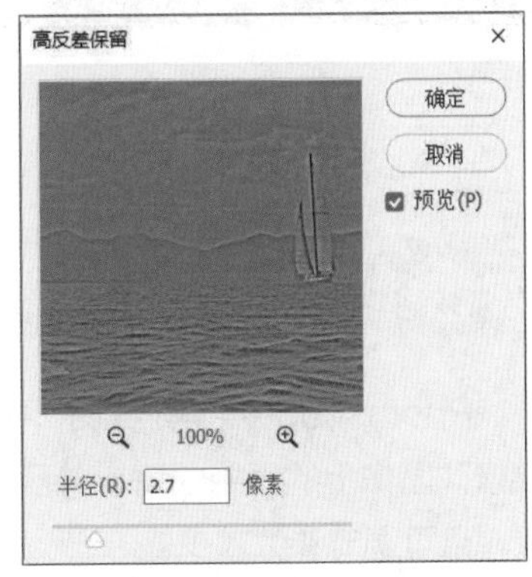

完成上述操作后，观看效果比对图，如下两图所示。

（2）最大值滤镜

最大值滤镜可以在指定的半径内，用周围像素的最高或最低亮度值替换当前像素的亮度值。打开素材图片，执行“滤镜>其他滤镜>最大值”命令，如下左图所示。打开“最大值”对话框，设置相关参数，如下右图所示。

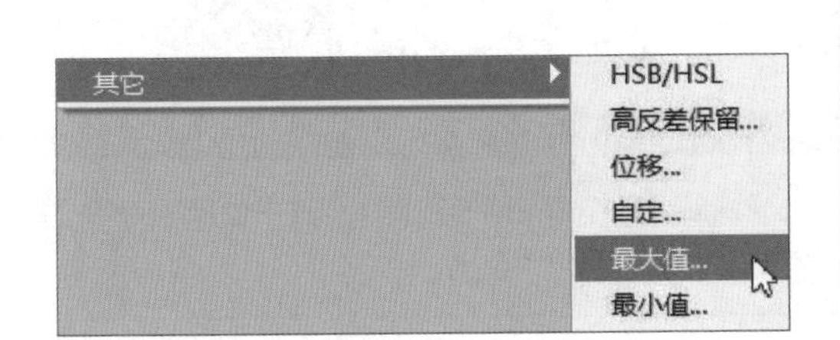

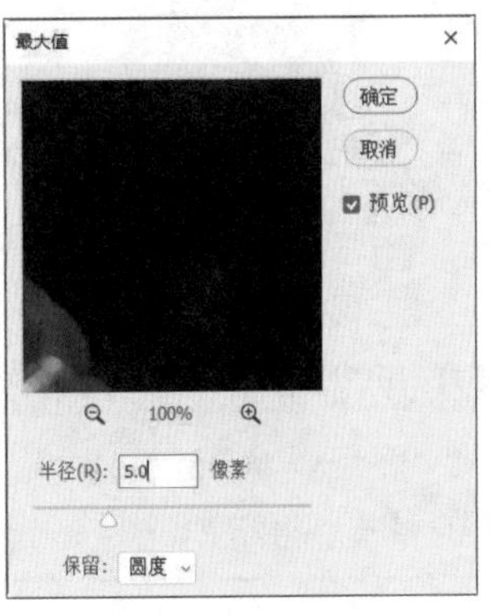

完成上述操作后，观看效果比对图，如下两图所示。

知识延伸：智能滤镜和普通滤镜的区别

智能滤镜是用户在Photoshop中经常用到的，是一种非破坏性的滤镜。智能滤镜是将滤镜效果应用于智能对象上，而不会修改图像上的原始数据，并且在调节滤镜方面具有更多的控制选项。普通滤镜的参数一旦设定就不能更改，且可调节参数较少。

打开素材图片，查看“图层”面板，如下左图所示。执行“滤镜>风格化>油画”命令，设置完成查看画面效果及“图层”面板，如下右图所示。此时，图层面板没有变化。

智能滤镜包含一个类似于图层样式的列表，列表中显示了使用的滤镜。在图层上单击右键打开快捷菜单，选择“转换为智能对象”命令后，执行“滤镜>风格化>油画”命令，设置完成查看画面效果及“图层”面板，如下左图所示。双击滤镜名称后，可以反复对滤镜参数进行修改，也可同时添加多个滤镜，单击智能滤镜前面的眼睛图标，可以对滤镜效果进行隐藏或删除，如下右图所示。

提示：哪些滤镜可以作为智能滤镜使用

除“液化”和“消失点”等少数滤镜以外，其他滤镜都可以作为智能滤镜使用，其中也包括支持智能滤镜的外挂滤镜。此外，“图像>调整”菜单中的色彩调整命令也可以作为智能滤镜来使用。

上机实训：制作洗衣液广告设计

扫码看视频

学习完本章的知识后，相信用户对Photoshop滤镜的应用有了一定的认识。下面以制作洗衣液广告为例，来巩固本章所学的知识，具体操作如下。

步骤 01 打开Photoshop 2024，执行“文件>新建”命令，在弹出的“新建”对话框中设置相应的参数，如下左图所示。

步骤 02 执行“文件>置入嵌入对象”命令，置入“风景.jpg”文件，适当调整其大小，如下右图所示。

步骤 03 在“图层”面板中单击“创建新的填充或调整图层”按钮，选择“曲线”选项，添加“曲线”调整图层。在“属性”面板中设置相应的参数，如下左图所示。

步骤 04 添加“色彩平衡”调整图层，设置“色彩平衡”的相关参数，如下中图所示。

步骤 05 再次添加“曲线”调整图层，并设置各通道的曲线数值，如下右图所示。

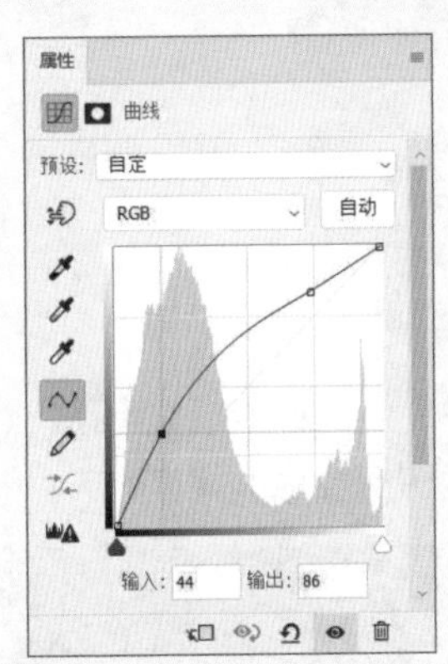

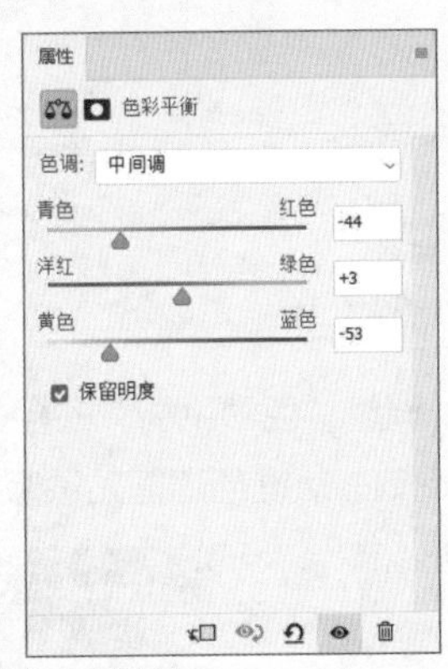

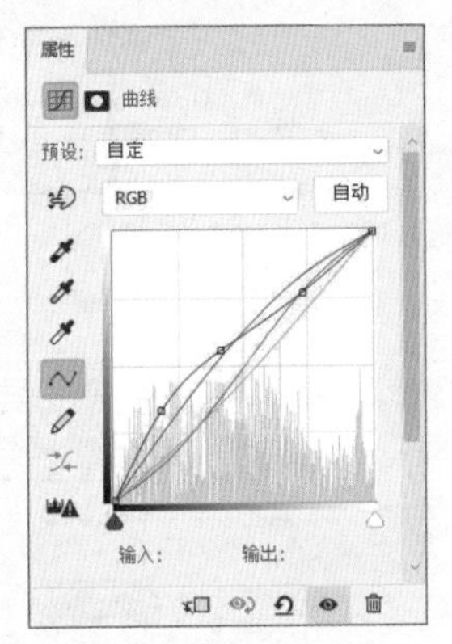

步骤 06 设置完成的效果如下图所示。

步骤 07 执行“文件>置入嵌入对象”命令，置入“天空.jpg”文件，适当调整其大小，如下左图所示。

步骤 08 为天空图层添加图层蒙版，然后擦除下方部分，使其与水完美融合，效果如下右图所示。

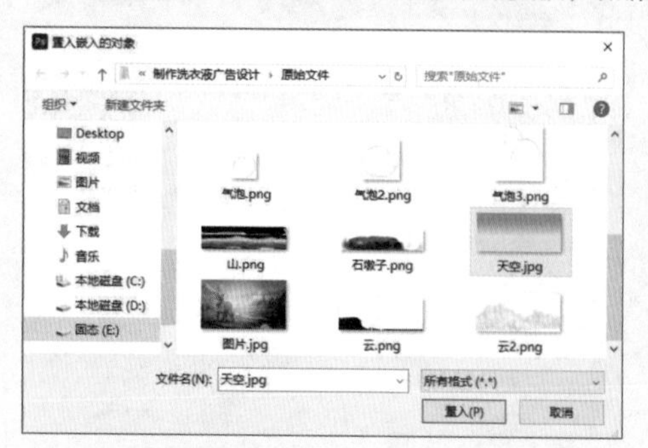

步骤 09 在“图层”面板中单击“创建新的填充或调整图层”按钮，添加“曲线”调整图层，调整“曲线”的相关参数，如下左图所示。

步骤 10 执行“文件>置入嵌入对象”命令，置入“山.png”文件，适当调整其大小。执行“滤镜>风格化>油画”命令，打开“油画”对话框，对其参数进行调整，如下右图所示。

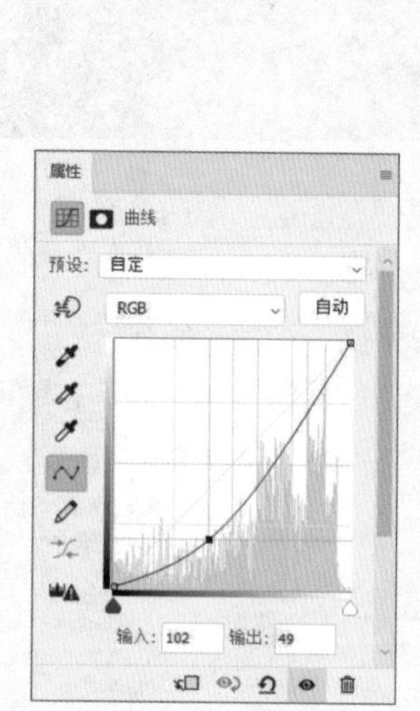

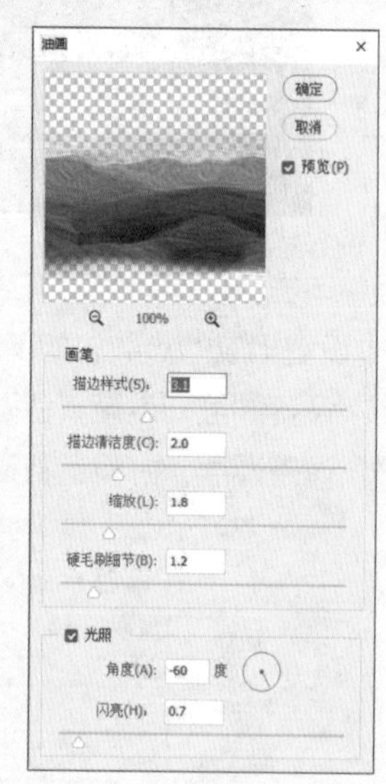

步骤 11 添加“色彩平衡”调整图层，调整“色彩平衡”的相关参数，如下左图所示。

步骤 12 选中“色彩平衡”调整图层，按住Alt键创建剪贴蒙版，设置完成的效果如下右图所示。

步骤 13 执行“文件>打开”命令，打开“云”素材，复制该素材并调整大小和位置，如下页左图所示。

步骤 14 为云图层添加图层蒙版，使云朵边缘过渡更加自然，设置完成的效果如下页右图所示。

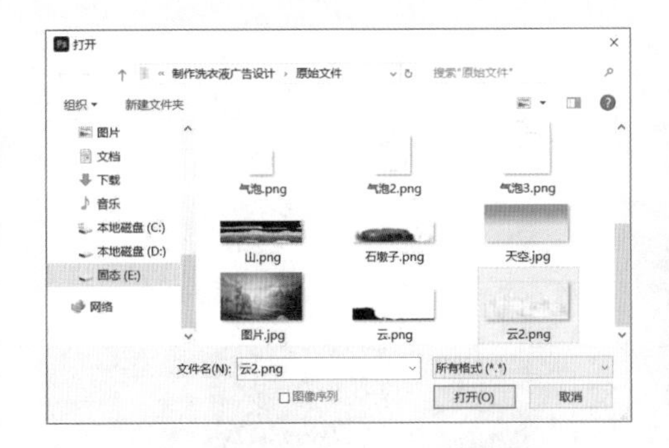

步骤 15 执行“文件>打开”命令，打开“石墩子.png”素材，添加图层蒙版，使边缘过渡更加自然，如下左图所示。

步骤 16 新建图层，在工具箱中选择画笔工具，将前景色设置为白色，调整画笔大小和硬度并进行涂抹，将图层移动至“石墩子”图层的下方，效果如下右图所示。

步骤 17 执行“文件>打开”命令，打开“产品.png”素材，调整其大小和位置，如下左图所示。

步骤 18 新建图层，使用画笔工具调整画笔大小和硬度并多次涂抹来绘制投影，如下右图所示。

步骤 19 在工具箱中选择钢笔工具来绘制不规则形状，将填充颜色设置为“#638148”。执行“滤镜>杂色>添加杂色”命令，在弹出的“添加杂色”对话框中设置相应的参数，如下左图所示。

步骤 20 为图层添加图层蒙版，使绘制的藤蔓围绕在产品周围，设置完成的效果如下右图所示。

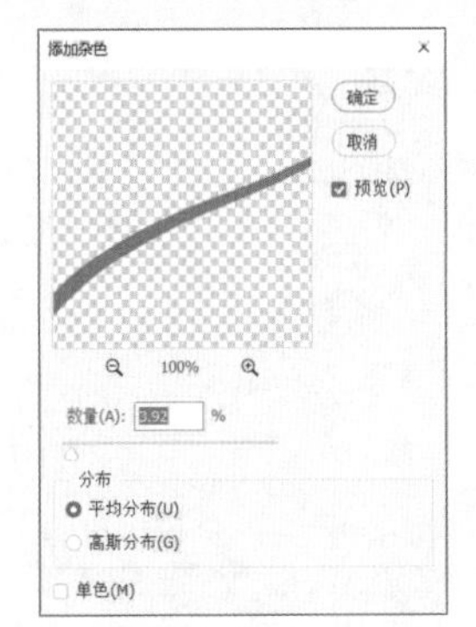

步骤 21 选中形状图层，在“图层”面板中双击，打开“图层样式”对话框，设置“斜面和浮雕”的相关参数，如下左图所示。

步骤 22 设置完成的效果如下右图所示。

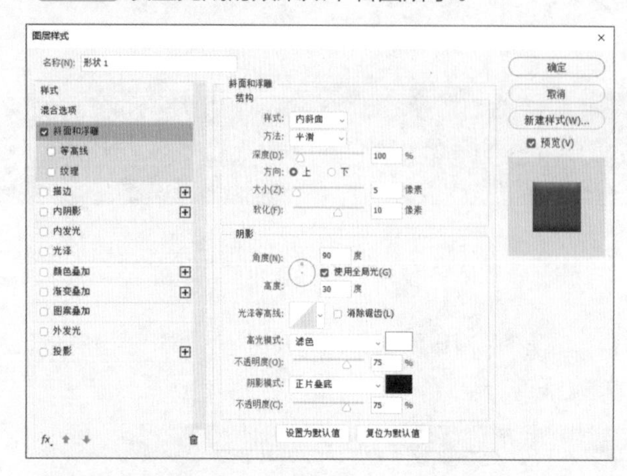

步骤 23 使用相同的方式绘制另一条藤蔓，设置完成的效果如下左图所示。

步骤 24 执行“文件>打开”命令，打开“树叶”素材，复制树叶素材并调整大小和位置。添加图层蒙版，使树叶和藤蔓融合得更自然，绘制完成的效果如下右图所示。

步骤 25 新建图层，选择画笔工具，调整画笔大小和硬度并多次涂抹来绘制投影，如下左图所示。

步骤 26 对藤蔓及藤蔓投影图层进行编组，将其命名为“藤蔓”。在“图层”面板中单击“创建新的填充或调整图层”按钮添加“色彩平衡”调整图层，设置“色彩平衡”的相关参数，如下右图所示。

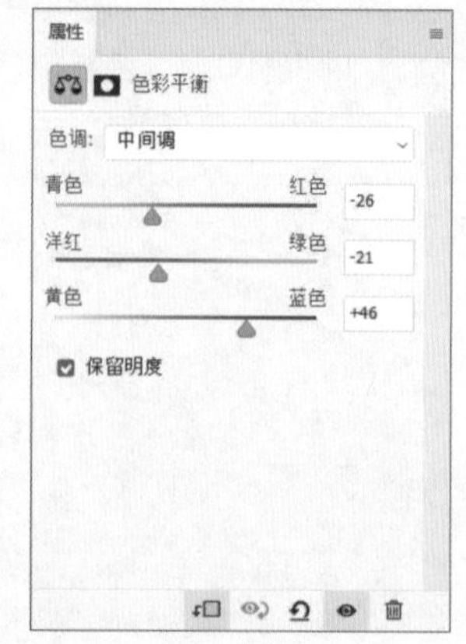

步骤 27 添加“色相/饱和度”调整图层，设置“色相/饱和度”的相关参数，如下左图所示。

步骤 28 在调整图层和“藤蔓”组之间按住Alt键创建剪贴蒙版，设置完成的效果如下右图所示。

步骤 29 执行“文件>打开”命令，依次打开“鸟”素材和“气泡”素材，如下左图所示。

步骤 30 执行“文件>置入嵌入对象”命令，置入“花3.png”文件，适当调整其大小，如下右图所示。

步骤 31 选择花图层，执行“滤镜>模糊>高斯模糊”命令，在弹出的“高斯模糊”对话框中设置相应的参数，如下左图所示。

步骤 32 使用相同的方法添加“花”素材，并添加“高斯模糊”智能滤镜，设置完成的效果如下右图所示。

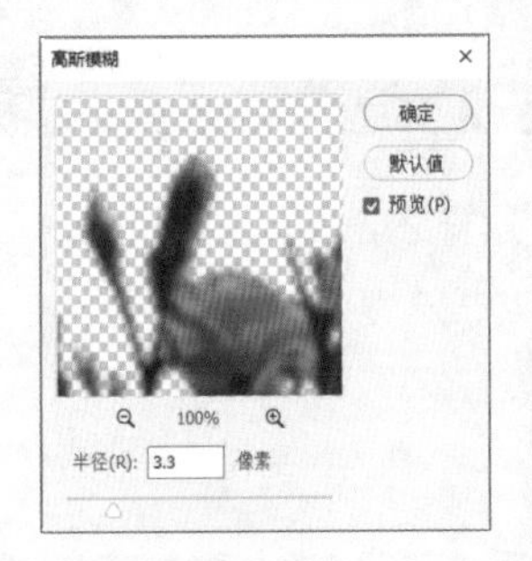

步骤 33 新建图层，为左侧的花创建剪贴蒙版。在工具箱中选择画笔工具，将前景色设置为白色，调整画笔大小和硬度并进行涂抹，将图层混合模式设置为“柔光”，制造光照效果，如下左图所示。

步骤 34 对花图层进行编组，将其命名为“前景的花”，如下右图所示。

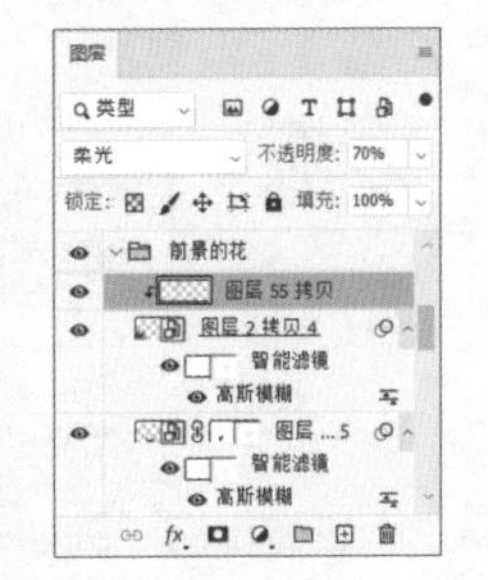

步骤35 在“图层”面板中单击“创建新的填充或调整图层”按钮，添加“曲线”调整图层，设置“曲线”的相关参数，如下左图所示。

步骤36 添加“色彩平衡”调整图层，设置“色彩平衡”的相关参数，如下右图所示。

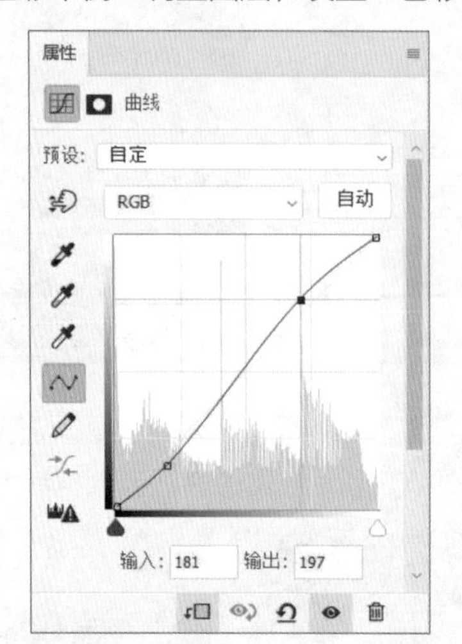

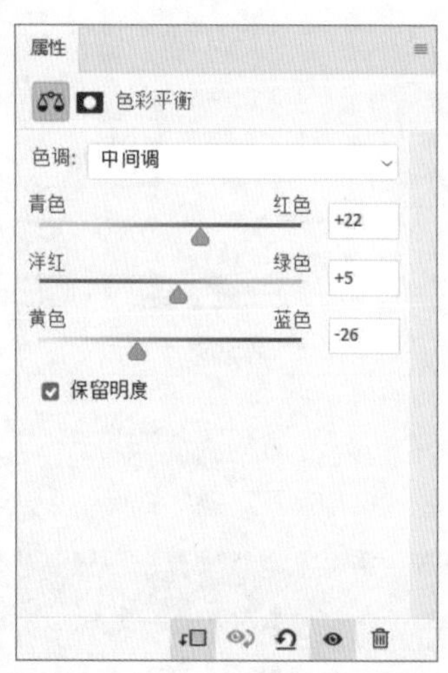

步骤37 在调整图层和“前景的花”组之间按住Alt键，创建剪贴蒙版，使“曲线”和“色彩平衡”调整图层仅作用于“前景的花”组，设置完成的效果如下左图所示。

步骤38 在工具箱中选择钢笔工具绘制形状，将填充颜色设置为“#00a0e9”，如下右图所示。

步骤39 在工具箱中选择文字工具添加文字，并为文字添加“投影”图层样式，如下左图所示。

步骤40 设置完成的效果如下右图所示。

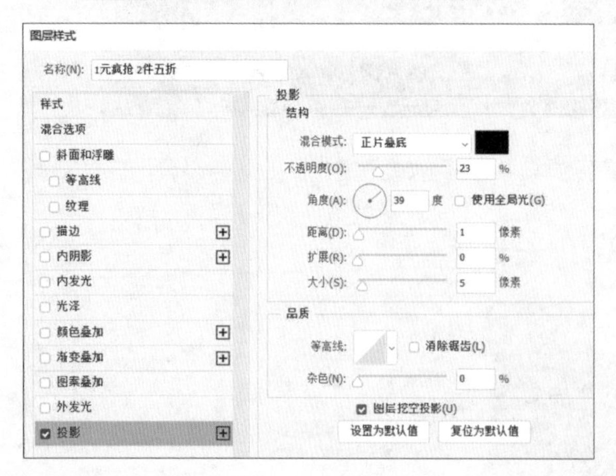

步骤41 执行“文件>置入嵌入对象”命令，置入“图片.jpg”文件，适当调整其大小。执行“滤镜>模糊>高斯模糊”命令，在弹出的“高斯模糊”对话框中设置相应的参数，如下页左图所示。

步骤42 为其添加图层蒙版，擦除产品区域的颜色，并将图层混合模式设置为“柔光”，设置完成的效果如下右图所示。

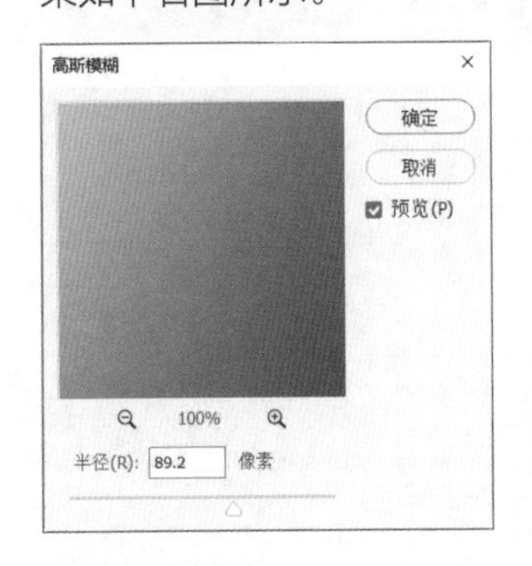

步骤43 在“图层”面板中单击“创建新的填充或调整图层”按钮，添加“曲线”调整图层并设置相应的参数，如下左图所示。

步骤44 选中所有图层，按下Ctrl+Shift+Alt+E组合键盖印可见图层。执行“滤镜>渲染>镜头光晕”命令，在弹出的“镜头光晕”对话框中设置相应的参数，如下右图所示。

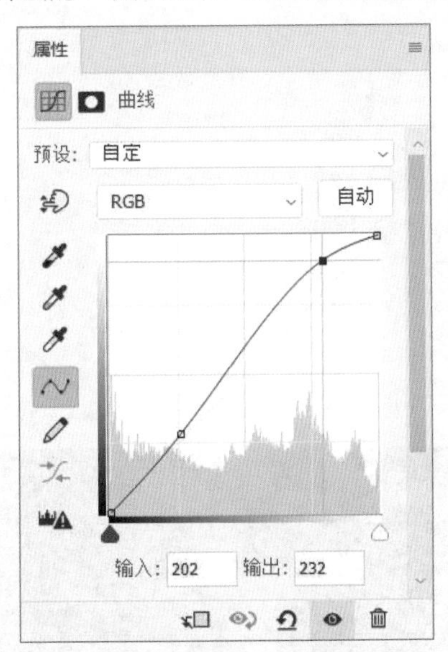

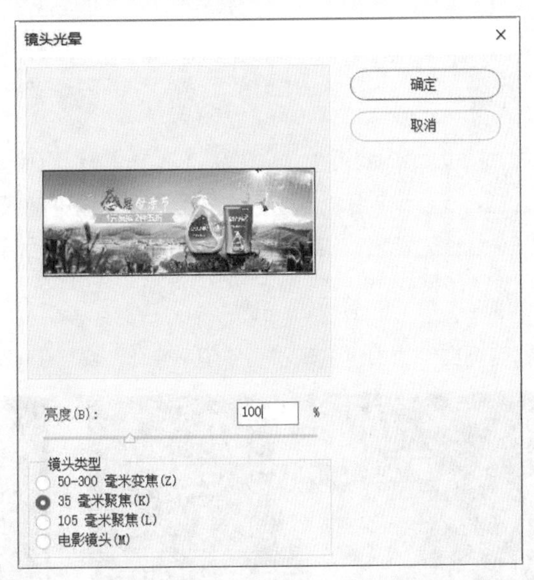

步骤45 设置完成的最终效果如下图所示。

课后练习

一、选择题

（1）下列不属于Photoshop滤镜效果的是（　　）。

A. 高斯模糊　　B. 自适应广角

C. 风　　D. 蒙版

（2）（　　）滤镜可以调整人物的脸型、五官以及身材，而且非常自然。

A. 滤镜库　　B. 液化

C. Camera Raw滤镜　　D. 镜头校正

（3）Photoshop中高斯模糊滤镜属于（　　）滤镜组。

A. 风格化　　B. 模糊

C. 渲染　　D. 模糊画廊

（4）以下（　　）色彩模式可使用的内置滤镜最多。

A. 灰度　　B. 位图

C. RGB　　D. 灰度

二、填空题

（1）在Photoshop的滤镜中，__________滤镜可以使图像效果变得柔和。

（2）__________模式和__________模式的图像不能应用滤镜功能。

（3）__________能将滤镜效果应用于智能对象上，且不会修改图像上的原始数据。

三、上机题

根据实例文件中提供的素材，使用“液化”命令调整下左图女生的面部，参考效果如下右图所示。

操作提示

① 用户可以通过调整画笔的大小，来对人物进行处理。

② 通过调整“人脸识别液化”来修饰人物面部。

第二部分

综合案例篇

学习了Photoshop的基本操作、图层与选区、文字与形状、模式与色彩调整、蒙版与通道、图像的修复以及滤镜的相关知识后，在综合案例篇，我们将对所学知识进行灵活运用，设计出各种平面作品，如海报设计、网页设计、广告设计和包装设计等，将所学知识灵活运用，释放你的创造力，让作品更加精彩和有趣！

第 9 章 旅游海报设计

本章概述

海报设计是视觉传达的表现形式之一，是极为常见的一种招贴形式。海报设计本身有生动的直观形象，对扩大商品销售、树立品牌、刺激顾客购买欲、突出企业特色等都有很大的作用。本章将介绍旅游海报的设计方法。

核心知识点

1. 了解海报设计的概念
2. 熟悉图层的应用
3. 掌握文字的应用
4. 掌握形状工具的应用

9.1 海报设计概述

海报设计主要是对图像、文字、色彩、版面、图形等表达设计的元素，结合广告媒体的使用特征进行平面艺术创意的一种设计活动或过程。海报设计画面本身有生动的直观形象，通过反复的视觉刺激，能加深消费者对产品的印象，从而获得较好的宣传效果。

9.1.1 海报设计的分类

海报是一种信息传递的艺术，是一种流行的宣传方式，主要分为两种：线下的印刷海报和线上的宣传海报。线下的印刷海报又称为招贴，是一种在户外场所张贴的速看广告，例如线下店铺内外的灯箱海报或者张贴在墙上的纸质海报等，下左两图是电影的宣传海报。线上的宣传海报一般指手机海报，最常见的就是发朋友圈、微博或社交群的满屏图片，下右两图为微博的开屏海报。

9.1.2 海报设计的风格

海报作为设计师视觉传达设计的一种重要形式，具有丰富的设计风格，常见的5种设计风格包括扁平风格、插画风格、拼贴风格、照片风格和文字风格等。海报设计要调动形象、色彩、构图、形式感等因素形成强烈的视觉效果，画面应有较强的视觉中心，且能够直观地表现艺术风格和设计特点，根据传达的信息巧妙地运用色彩搭配，突出主题，吸引观众的注意力。下页左图为色彩鲜明的照片风格海报，下页右图为简洁明了的插画风格海报。不同的海报风格能展现不同的特点，带给人不同的视觉感受。

9.2 旅游海报正面设计

旅游海报设计是旅游营销中的关键元素，一幅吸引人眼球的海报不仅能够激发人们对旅行的渴望，还能够传达旅游目的地的独特魅力。通过本案例的学习，用户不仅能够掌握Photoshop中一些图像操作的运用，更重要的是对设计整体意识的提升，具体操作过程如下。

扫码看视频

9.2.1 制作画面主题

制作一幅海报，需要新建画布并编辑主题，使用户了解海报所传达的信息，以下是海报画面主题设计的详细讲解。

步骤 01 打开Photoshop 2024，执行“文件>新建”命令，在弹出的“新建”对话框中设置相关参数，如下左图所示。执行“文件>打开”命令，通过“打开”对话框打开选择需要的文件，如下右图所示。

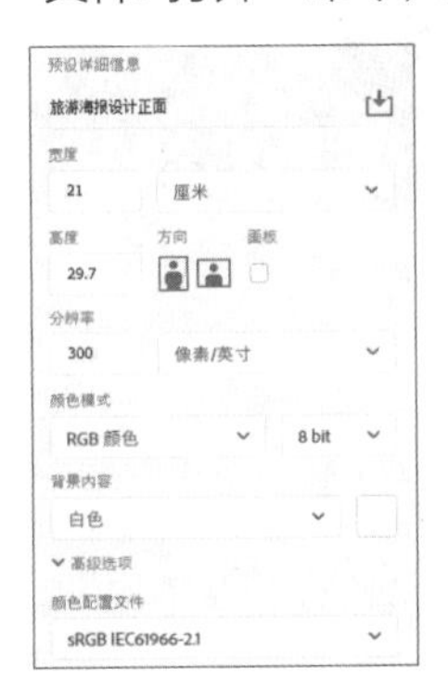

步骤 02 将打开的图片的背景图层转换为正常图层并拖拽到新建的文档中，然后调整其大小和位置，如下左图所示。

步骤 03 执行“文件>打开”命令，打开“人物.jpg”文件并将其转换成正常图层。在工具箱中选择魔棒工具，将容差值调整为“10”，单击图像中的白色区域，建立选区并抠取人物图像，如下右图所示。

步骤 04 按下Delete键删除白色选区背景，并将其拖拽到新建的文档中并调整位置，如下左图所示。

步骤 05 在工具箱中选择文字工具，输入文字“弥”，并为文字图层添加“渐变叠加”图层样式，如下右图所示。

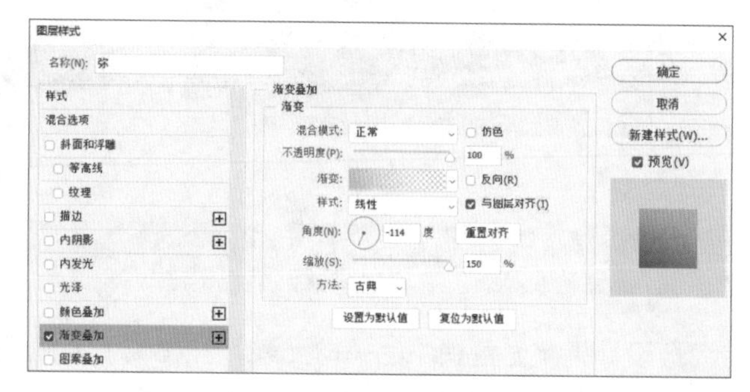

步骤 06 设置完成后效果如下左图所示。

步骤 07 使用相同的方法输入其他文字，并为文字图层添加“渐变叠加”图层样式，如下右图所示。

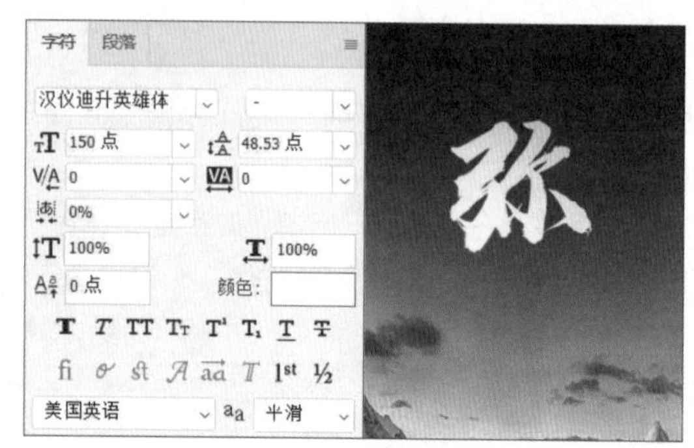

9.2.2 编辑画面细节

制作完画面的背景及主题字之后，画面的整体风格和基调就已经构建好，接下来让我们增添画面细节及文字内容，以下是详细讲解。

步骤 01 使用文字工具输入英文“Daocheng Aden”，填充颜色为“#fc9c35”，并将该图层移动至中文文字图层中间，增加文字的层次感，如下左图所示。

步骤 02 执行“文件>打开”命令，打开“定位图标.png”文件，将其转换成正常图层后移动至新建文档中，使用文字工具输入相应的文字，效果如下右图所示。

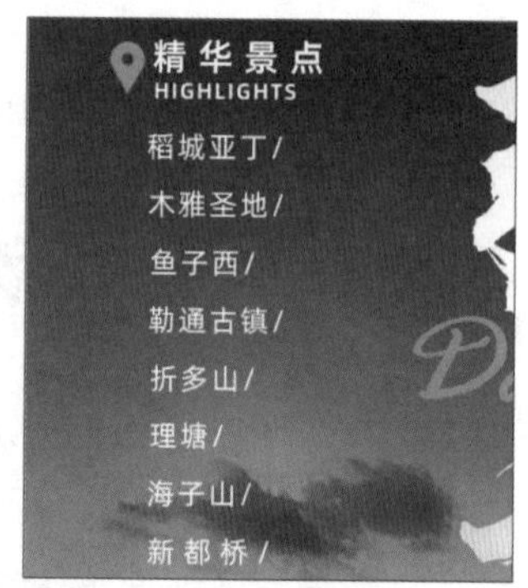

步骤 03 在工具箱中选择矩形工具，将填充颜色设置为白色，绘制矩形。然后选择椭圆工具，将填充颜色设置为橙色，按住Shift键绘制正圆，如下页左图所示。

步骤04 选择移动工具，选中绘制的正圆，按住Alt键复制正圆并适当调整其位置，如下右图所示。

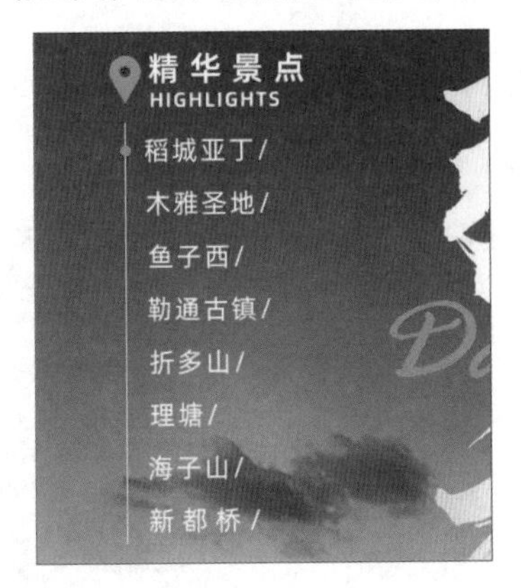

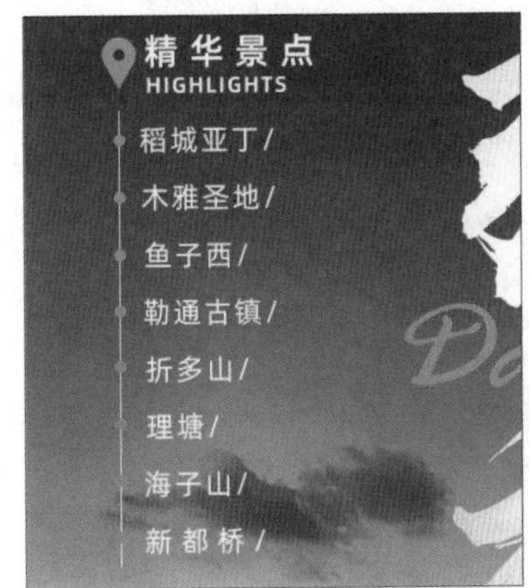

步骤05 选择矩形工具，绘制矩形并将左下角和右下角半径设置为“140像素”，设置填充颜色为“#fbe5a8”。然后使用文字工具输入文字，设置文字的填充颜色为“#1c2c57”，如下左图所示。

步骤06 使用矩形工具绘制矩形并将四周圆角半径设置为“66像素”，接着为矩形图层添加“斜面与浮雕”图层样式，如下右图所示。

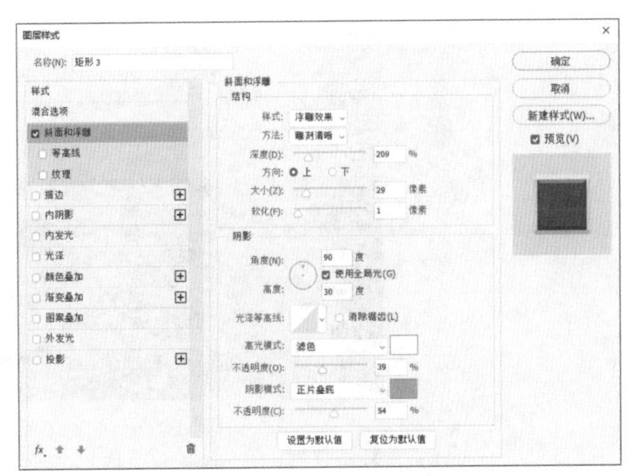

步骤07 设置完成后的效果如下左图所示。

步骤08 选择矩形工具，绘制矩形并将右上角和右下角半径设置为“59像素”。使用文字工具添加文字，右击文字“弥”图层，选择“拷贝图层样式”命令，选择文字“双汽七日游”图层，执行“粘贴图层样式”命令，如下右图所示。

步骤09 使用矩形工具绘制矩形，并为其添加“渐变叠加”图层样式。再次使用矩形工具绘制矩形，将填充颜色设置为深蓝色，如下左图所示。

步骤10 执行“文件>打开”命令，打开“相机图标.png”文件，将其转换成正常图层后移动至新建文档中，使用文字工具输入文字，效果如下右图所示。

步骤11 使用矩形工具绘制矩形，将形状描边设置为“6像素”，将描边颜色设置为白色，如下左图所示。

步骤12 使用相同的方法绘制其他矩形框，使用文字工具输入文字，并适当调整其大小和颜色，设置完成后的效果如下右图所示。

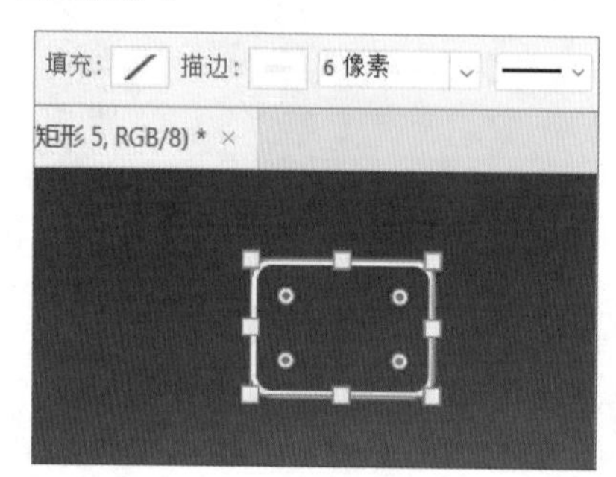

步骤13 执行“文件>打开”命令，打开“奖牌.png”和“美食图标.png”文件，将其转换成正常图层后移动至新建文档中。按照上文方法，使用矩形工具绘制矩形，使用文字工具输入文字，并调整参数和位置，如下左图所示。

步骤14 将所有图层编组，便于后期修改。到此，海报正面就做好了，如下右图所示。

9.3 旅游海报背面设计

旅游海报背面主要是对旅行套餐进行介绍，设计上主要是文字搭配图片，达到颜色鲜艳、内容不单调的效果。具体操作方法如下。

扫码看视频

9.3.1 排版标题文字

海报的背面，我们依旧要展现旅游的主题一般位于画面的上方，同时要跟海报正面风格相互呼应，以下是详细讲解。

步骤 01 打开Photoshop 2024，执行“文件>新建”命令，在弹出的“新建”对话框中设置相关参数，如下左图所示。

步骤 02 执行“文件>打开”命令，在弹出的“打开”对话框中选择需要的文件，如下右图所示。

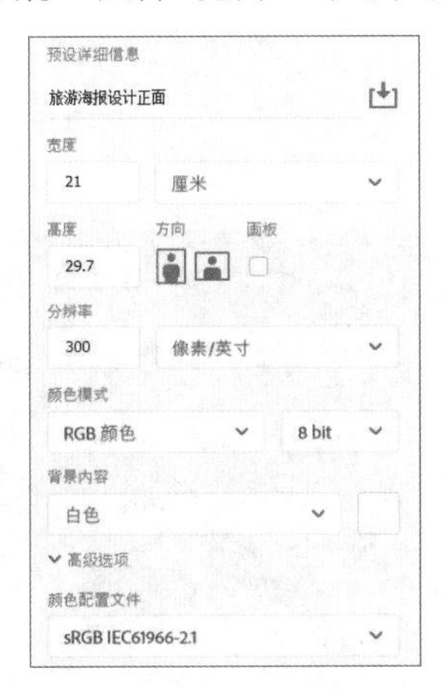

步骤 03 将打开图片的背景图层转换为正常图层并拖拽到新建的文档中，调整其大小和位置，如下左图所示。

步骤 04 在工具箱中选择矩形工具，绘制矩形并将填充颜色设置为白色。在“属性”面板中设置相关参数，如下中图所示。同时设置矩形垂直居中于画布，如下右图所示。

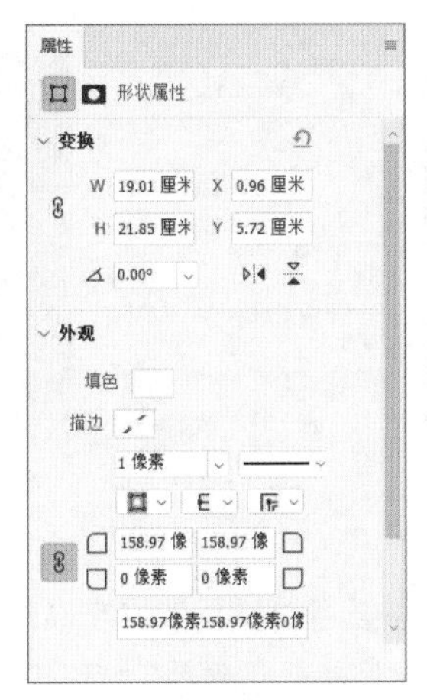

步骤 05 执行“文件>打开”命令，打开“雪山.png”图像文件，转换成正常图层并拖拽到新建的文档中，调整其大小和位置。在工具箱中选择钢笔工具，创建锚点绘制曲线，使用转换点工具调整曲线的方向，如下页左图所示。

步骤06 在钢笔工具属性栏中将描边宽度设置为8像素，将填充颜色设置为白色，然后设置相应的描边选项，绘制虚线，如下右图所示。

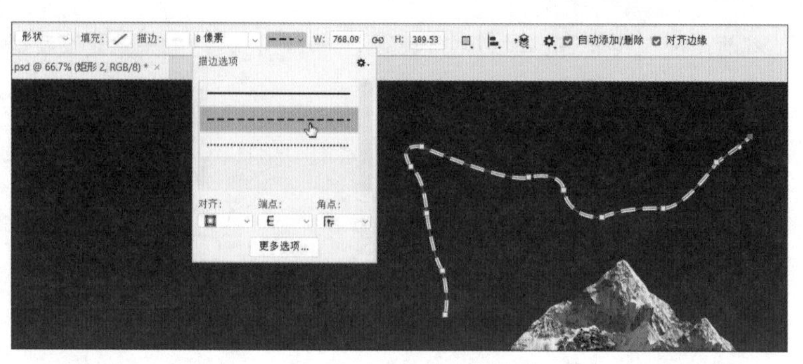

步骤07 在工具箱中选择椭圆工具，将填充颜色设置为橙色，按住Shift键绘制正圆。然后选择移动工具，选中绘制的正圆，按住Alt键复制正圆，重复操作复制多个正圆并适当调整其位置，如下左图所示。

步骤08 在工具箱中选择文字工具，输入地名文字，在“字符”面板中调整文本的相关参数，如下中图所示。选择移动工具，调整文字的位置，如下右图所示。

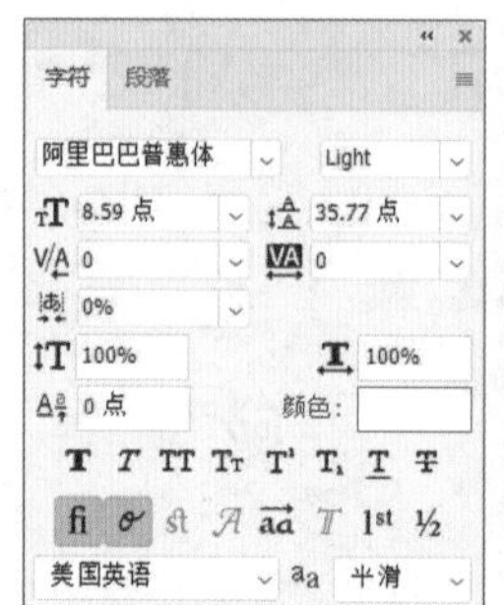

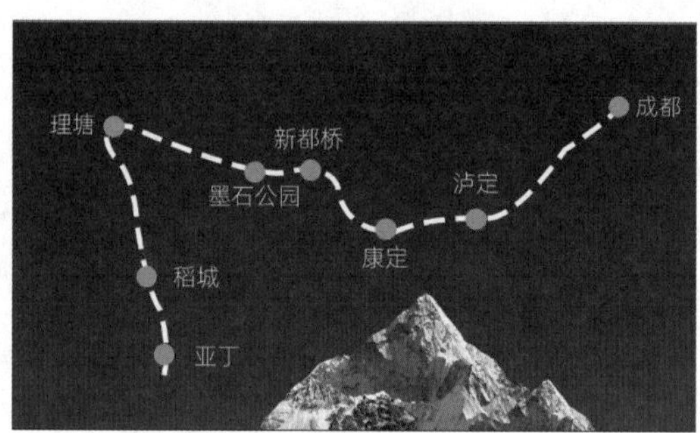

步骤09 在工具箱中选择文字工具，输入中文文字和英文文字，将填充颜色设置为白色，适当调整文字的大小和位置，并为文字图层“弥”和“藏”添加如海报正面文字图层“弥”相同的“渐变叠加”图层样式，如下左图所示。在工具箱中选择矩形工具并绘制矩形，将填充颜色设置为白色，然后使用矩形工具绘制矩形框，将描边填充为白色，如下右图所示。

9.3.2 突出对比信息

在画面整体排版布局确定的情况下，需要通过醒目的文字展现活动的对比信息，以下是详细讲解。

步骤01 使用文字工具输入英文文本，将颜色设置为“#f4f2f3”。然后在工具箱中选择矩形工具，绘制圆角矩形，将填充颜色设置为“#ffe400”，并为其添加“渐变叠加”图层样式，参数如下页左图所示。

步骤02 在工具箱中选择椭圆工具，按住Shift键绘制正圆，将填充颜色设置为“#f9df00”，并为其添加“渐变叠加”图层样式，参数如下页右图所示。

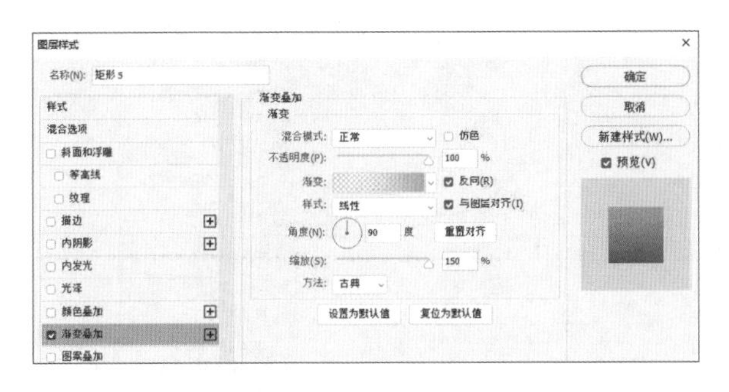

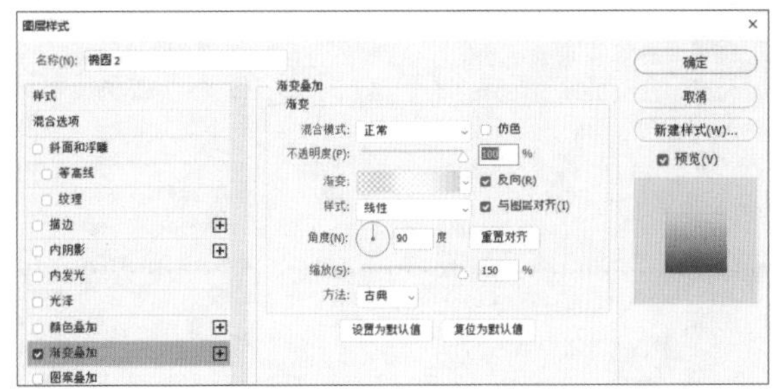

步骤 03 设置完成后查看效果，如下左图所示。

步骤 04 使用文字工具输入文字并调整其大小和位置，如下右图所示。

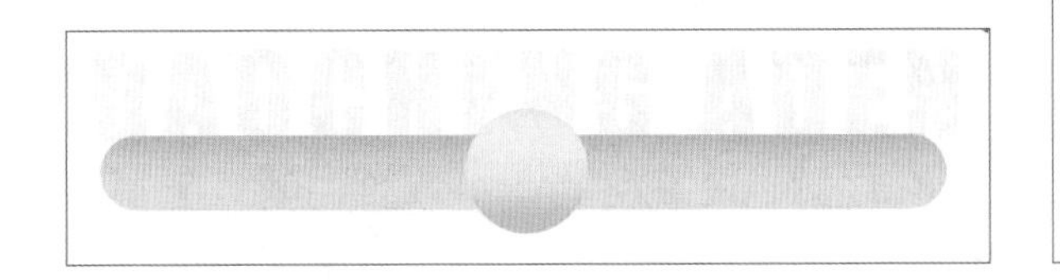

私家小团 VS 散拼大团

四川××(印象之旅)专注打造私包小团

区别不止一点点……

步骤 05 选择矩形工具绘制矩形框和矩形，选择椭圆工具，按住Shift键绘制正圆，将填充颜色均设置为“#b38f51”，如下左图所示。

步骤 06 使用钢笔工具在圆形中绘制线段，并设置相应的描边参数，执行“文件>打开”命令，打开“装饰.png”文件，将其转换成正常图层并拖拽到新建的文档中，调整其大小和位置，如下右图所示。

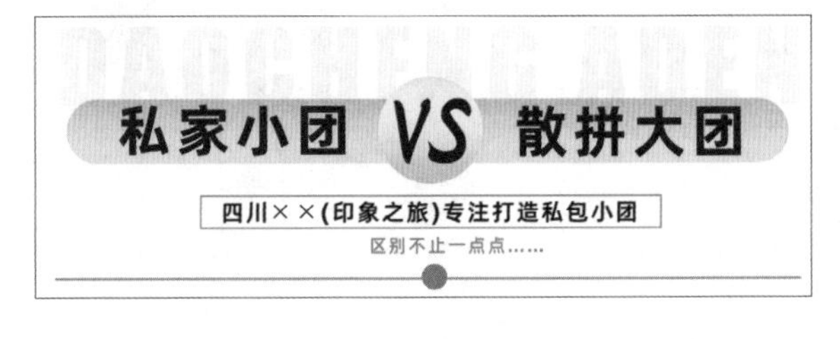

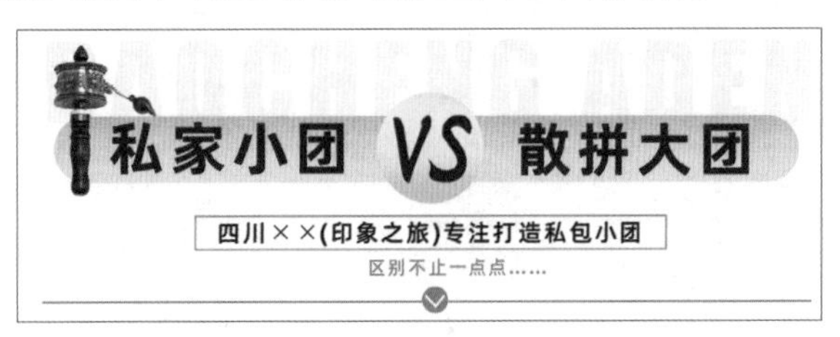

步骤 07 使用矩形工具绘制两个矩形，并设置填充颜色和描边参数，如下左图所示。

步骤 08 选择文字工具，输入文字并调整其大小和位置，如下右图所示。

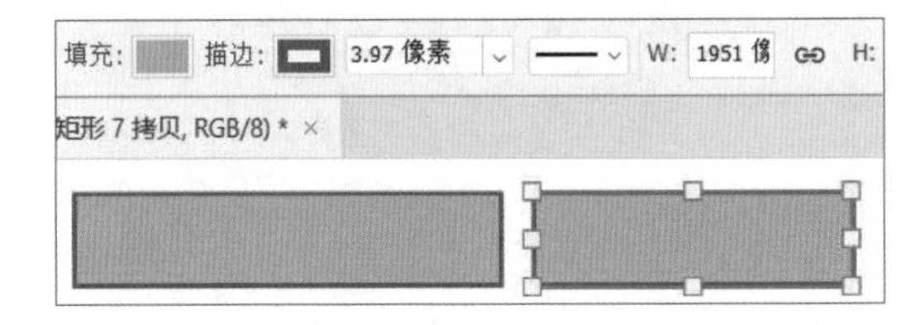

2-6人纯玩 私家小团

带您享受宁静私密的行程/专车专项出行无忧/带您踏上真正的旅途

9.3.3 排版套餐文本

套餐文本一般是多行文字，主要针对旅游活动内容进行编排，需要突出活动主推的套餐，增添层次感，十分考察设计师的排版能力。以下是详细讲解。

步骤 01 在工具箱中选择矩形工具，绘制矩形，并将左上角和右上角半径设置为“80像素”，将填充颜色设置为“#d8d8d8”。选择移动工具，按住Alt键复制矩形，并按住Shift键垂直拖拽矩形，将其移动到合适的位置，如下页左图所示。

步骤 02 选择复制的矩形图层，按下快捷键Ctrl+T自由变换图像，右击并选择“垂直翻转”命令，垂直翻转图像，如下页右图所示。

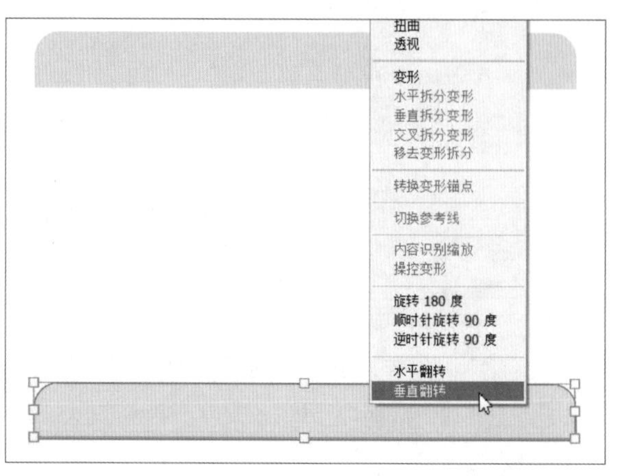

步骤 03 在工具箱中选择矩形工具并绘制矩形，然后选择移动工具，按住Alt键复制矩形，再按住Shift键垂直拖拽矩形，设置适当的填充颜色，如下左图所示。

步骤 04 在工具箱中选择矩形工具并绘制圆角矩形，将填充颜色设置为白色，并添加“投影”图层样式，参数如下右图所示。

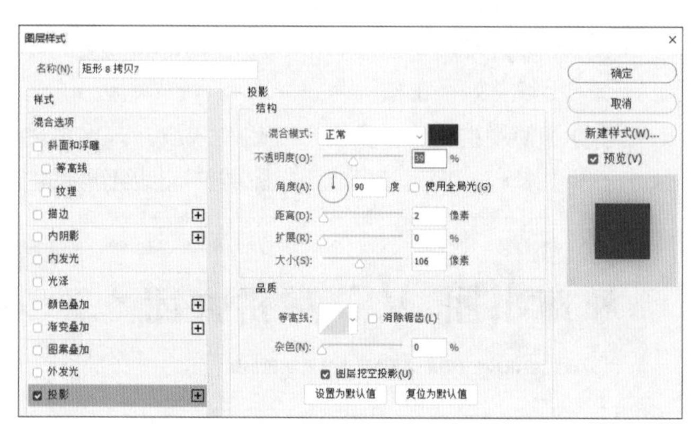

步骤 05 设置完成后的效果如下左图所示。

步骤 06 在工具箱中选择矩形工具并绘制矩形，设置为圆角，并将填充颜色设置为黄色，如下右图所示。

步骤 07 在工具箱中选择文字工具，输入文字并调整其大小和位置，如下页左图所示。

步骤 08 执行“文件>打开”命令，打开“人物2.jpg”图像文件并转换成正常图层。在工具箱中选择魔棒工具，将容差值调整为“10”，单击图像中的白色区域建立选区，抠取人物图像，如下右图所示。

	私家小团	散拼大团
用车	5座 SUV或7座别克商务车	33座以上
自由行	途中想停就停	统一出发沿途看司机心情停车
游玩时间	人数较少，相互不影响游玩时间多	人数较多，景点停靠等待集合时间较长
私密性	家人，三五好友同车	不认识的人同车车上不太方便
价格	价格相对偏高	价格较低
导游	司机兼导游车上讲解不进景区	导游车上讲解是否进景区需要询问

步骤 09 按下Delete键删除白色选区背景，并将其拖拽到新建的文档中，调整位置，如下左图所示。

步骤 10 对所有图层进行编组，便于后期修改。这样，海报反面就制作好了，如下右图所示。

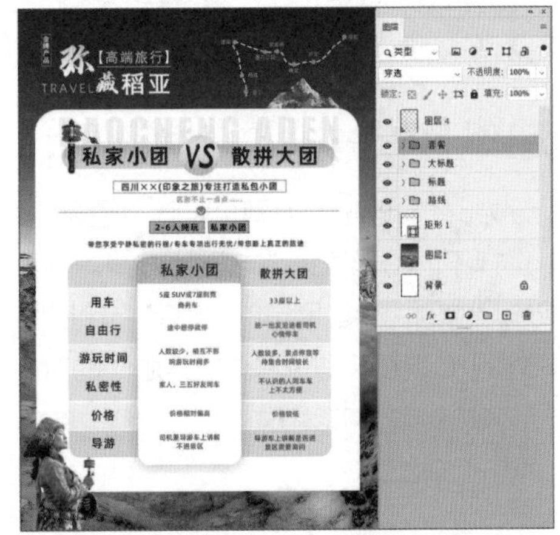

步骤 11 至此，旅游海报的正反面就全部制作完成了，最终效果如下图所示。

第10章 网页轮播设计

本章概述

随着互联网的不断发展，网页设计已经成为品牌宣传和用户体验的重要环节。精美的网页设计对于提升企业的形象有至关重要的作用，本章将对网页设计的操作方法进行详细介绍。

核心知识点

❶ 了解网页界面的分类
❷ 了解轮播设计的应用
❸ 掌握图像的颜色调整
❹ 掌握网页设计的操作步骤

10.1 网页设计概述

随着互联网技术的飞速发展，网络信息已经渗透到我们工作生活的方方面面，网页可以向外界传递企业信息，提高企业的知名度。网站功能策划需要根据企业的产品、服务、理念等进行，精美的网站页面对提高企业的互联网品牌形象有至关重要的作用。

10.1.1 网页设计的分类

网页设计一般分为3类，即功能型网页设计、形象型网页设计和信息型网页设计，我们需要根据设计网页的目的不同，选择不同的网页策划与设计方案。网页设计的载体主要分为PC端和移动端，根据不同的屏幕尺寸设计相应尺寸的内容。网站的导航条、轮播图、按钮、Gif动图或者是H5、小程序等，都是网页设计的范畴。下图是PC端和移动端网页设计画面的对比效果。

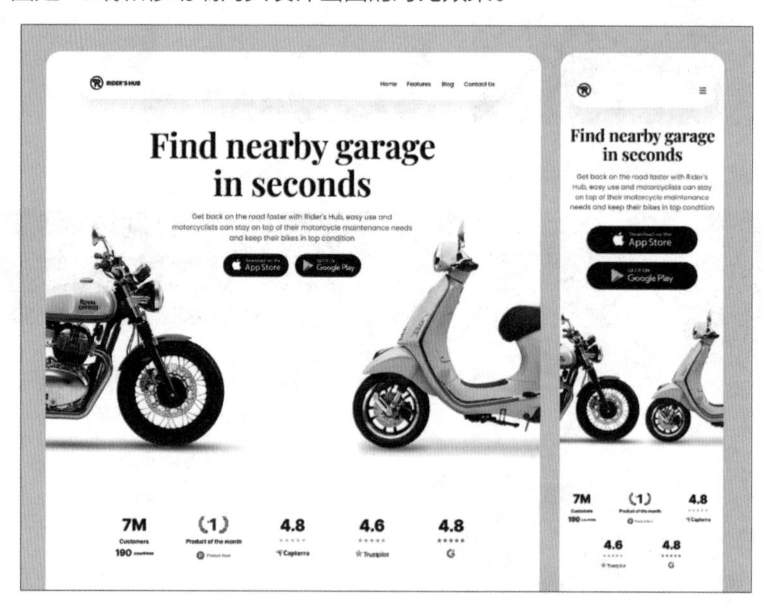

10.1.2 轮播设计

轮播图又称为Banner图，是网页设计中常见的元素，能够以动画效果展示多张图片或内容，为用户提供更好的视觉体验。轮播图可以在有限的空间内展示多个信息，如产品特点、广告宣传、新闻资讯等。下页两图分别是两种不同尺寸的轮播图设计的画面效果。

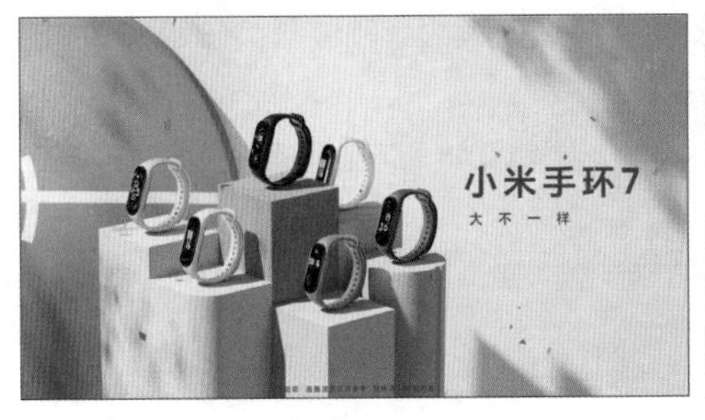

美团、淘宝等团购类App拥有众多的用户资源，越来越多的企业更加注重店铺的装修，从而吸引客户，促进品牌宣传。轮播图是店铺装修的基础，位于页面的最上方，一般是3—5张图自动循环播放，这些图大多是统一系列或者统一色系的图片，下面两图是护肤行业的系列轮播效果。

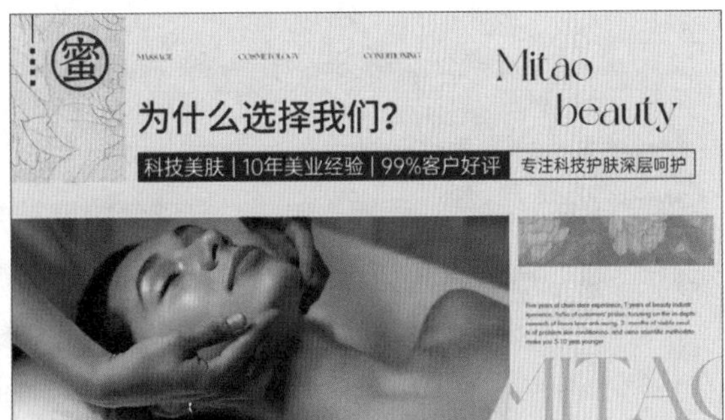

10.2 美业轮播设计

本节以制作3张美业轮播图来学习网页设计的相关知识，通过本案例的学习，用户不仅能够掌握Photoshop中图像处理相关功能的运用，更重要的是熟悉网页设计的模式功能。具体操作过程如下。

10.2.1 制作第一张轮播背景

首先我们需要确定轮播图画面的背景以及整体的颜色风格，以下是详细讲解。

扫码看视频

步骤 01 打开Photoshop 2024，执行“文件>新建”命令，在弹出的“新建”对话框中设置相应的参数，如下左图所示。

步骤 02 执行“文件>打开”命令，在弹出的“打开”对话框中选择需要的文件，如下右图所示。

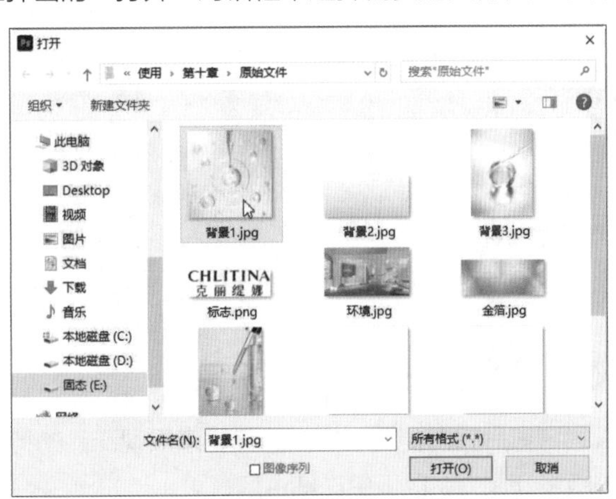

步骤 03 将打开的背景转换为正常图层并拖拽到新建的文档中，调整其大小和位置。在工具箱中选择矩形选框工具，框选出背景边缘区域，如下左图所示。

步骤 04 按下Ctrl+J组合键拷贝图层，选择拷贝的图层，按下快捷键Ctrl+T向左拖拽并自由变换图像，填充背景的白色区域，如下右图所示。

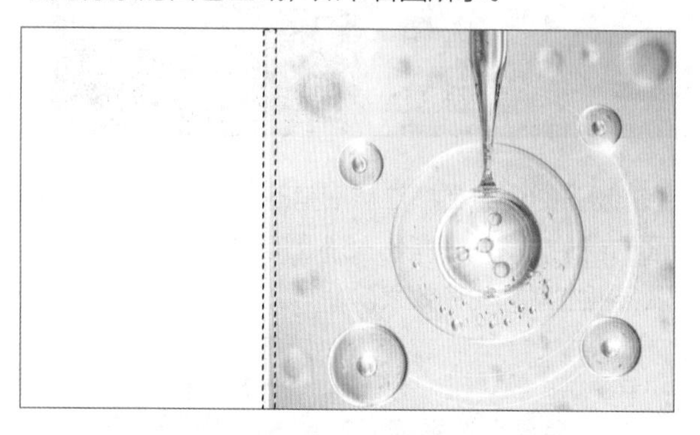

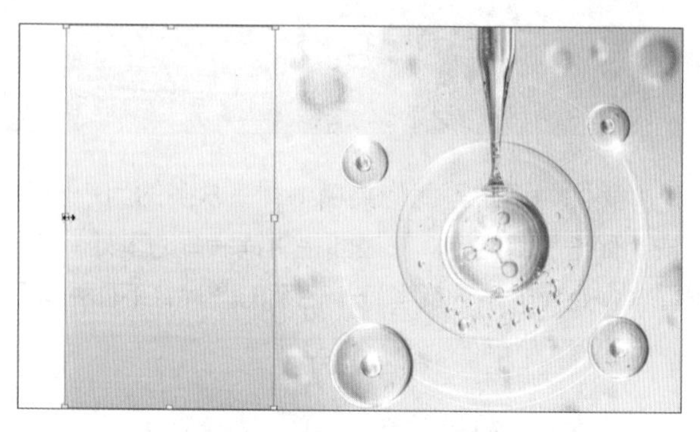

步骤 05 设置完成后的效果如下左图所示。

步骤 06 在“图层”面板中单击“创建新的填充或调整图层”按钮，选择“色相/饱和度”选项，添加“色相/饱和度”调整图层。然后在“属性”面板中设置相应的参数，如下右图所示。

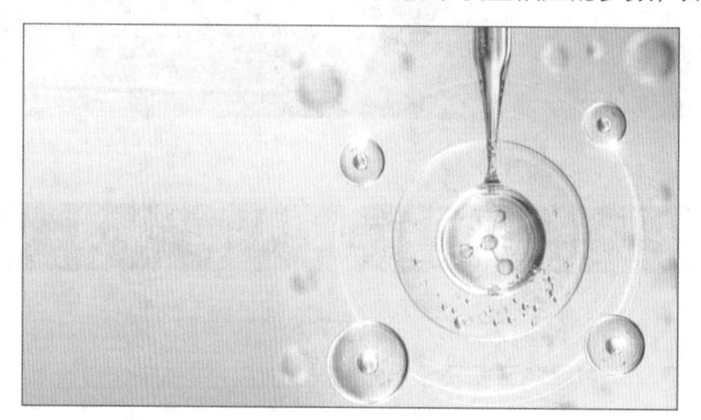

步骤 07 再次在“图层”面板中单击“创建新的填充或调整图层”按钮，选择“曲线”选项，添加“曲线”调整图层。然后在“属性”面板中设置相应的参数，如下左图所示。

步骤 08 设置完成的效果如下右图所示。

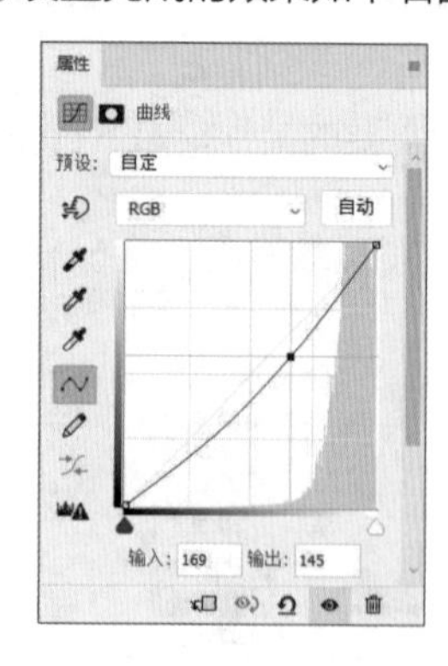

10.2.2 突出产品基调

制作好画面的背景后，需要输入相应的文字来展现产品的特点，同时还要凸显品牌的标识，主要考察的是设计师的排版设计能力。以下是详细讲解。

步骤 01 在工具箱中选择椭圆工具，按住Shift键绘制正圆，将描边宽度设置为“1.2点”，如下左图所示。

步骤 02 在“图层”面板中单击“添加图层蒙版”按钮，创建图层蒙版，使用画笔工具涂抹，绘制缺失的效果，如下右图所示。

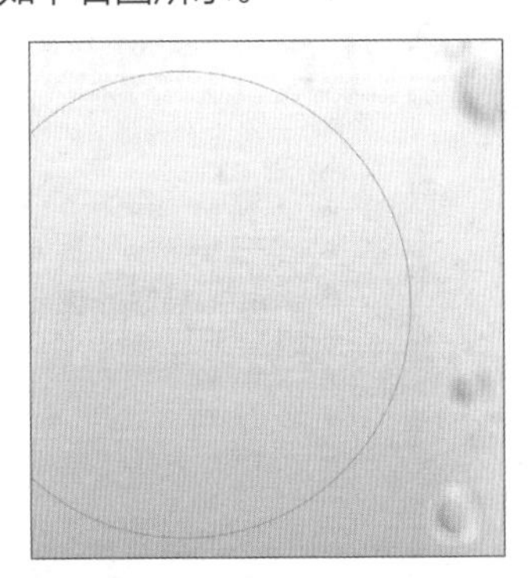

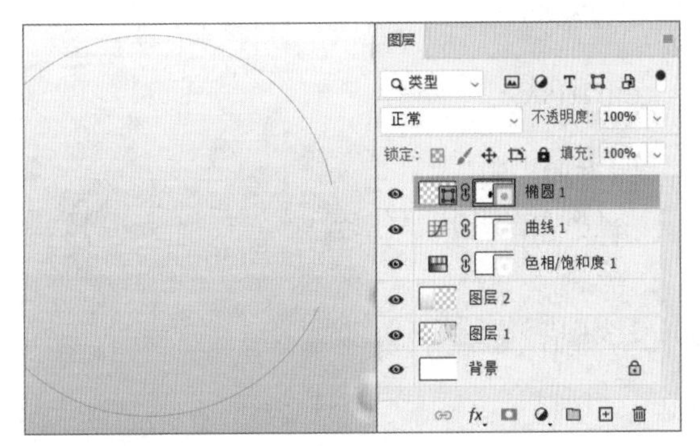

步骤 03 在工具箱中选择文字工具，输入文字并调整其大小和颜色，如下左图所示。

步骤 04 执行“文件>打开”命令，打开“标志.png”文件，将其转换成正常图层，拖拽到新建的文档中，调整其大小和位置，使用矩形工具和椭圆工具绘制矩形和正圆，适当调整其位置，如下右图所示。

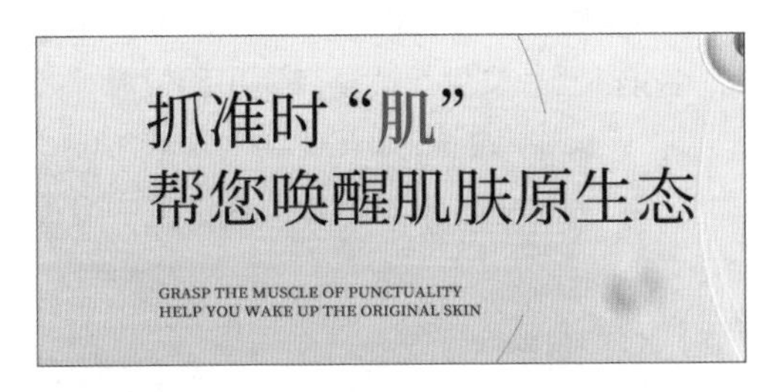

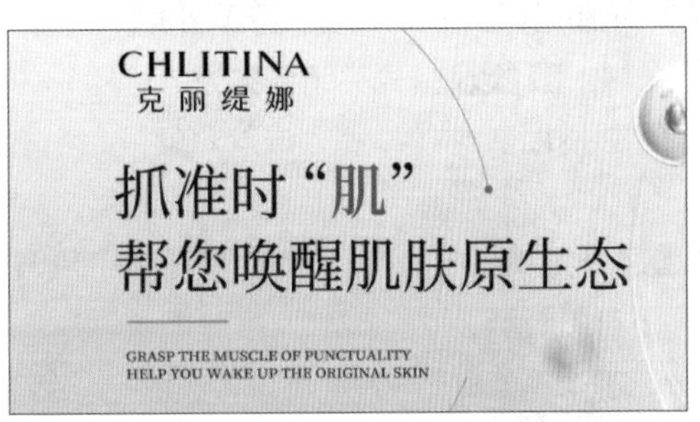

步骤 05 使用文字工具输入英文文字，调整其大小和颜色，如下左图所示。

步骤 06 为英文文字添加图层蒙版，擦除掉字母“C”的部分内容，使文字呈现出穿插效果，如下右图所示。

步骤 07 使用矩形工具绘制矩形，将左上角和左下角设置为圆角，将填充颜色设置为“#8d6e52”，如下左图所示。

步骤 08 为圆角矩形图层添加图层蒙版，使圆角矩形右侧透明，如下右图所示。

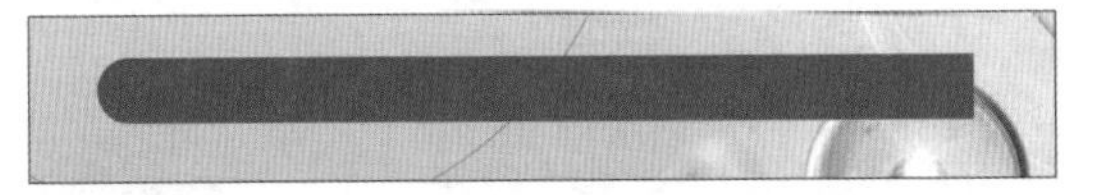

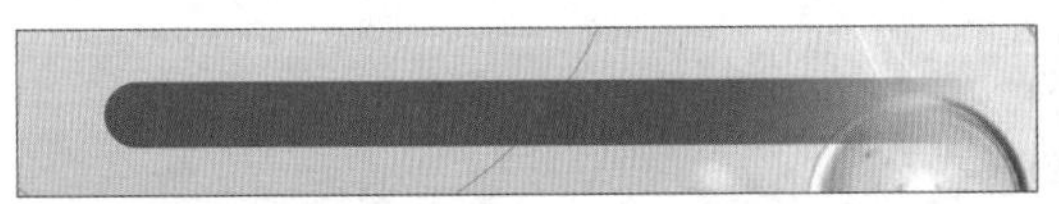

步骤 09 执行“文件>打开”命令，打开“图标1.png”文件，将其转换成正常图层并拖拽到新建的文档中，调整其大小和位置。选择文字工具，输入文字并调整大小和颜色，如下左图所示。

步骤 10 使用相同的方法打开其他文件并输入文字，如下右图所示。

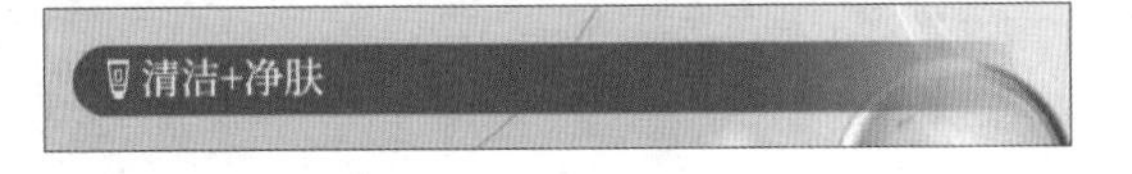

步骤 11 在画面左上角添加文字和矩形，制作完成第一张轮播图，最终效果如下左图所示。

步骤 12 将所有图层编组，将其命名为“轮播1”，便于后期修改，如下右图所示。

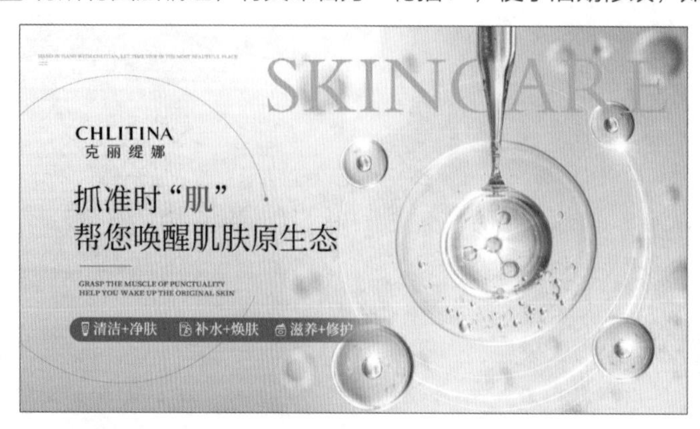

10.2.3 制作第二张轮播背景

扫码看视频

接下来制作第二张轮播图的背景。首先需要对素材背景进行色调调整，使其颜色与第一张轮播图保持一致。以下是详细讲解。

步骤 01 首先关闭名称为“轮播1”的图层组的图层可见性，再来制作第二张轮播。在菜单栏中执行“文件>置入嵌入对象”命令，置入“金箔.jpg”文件，调整其大小和位置，如下左图所示。

步骤 02 在菜单栏中执行“滤镜>模糊>高斯模糊”命令，在打开的“高斯模糊”对话框中设置相应的参数，如下右图所示。

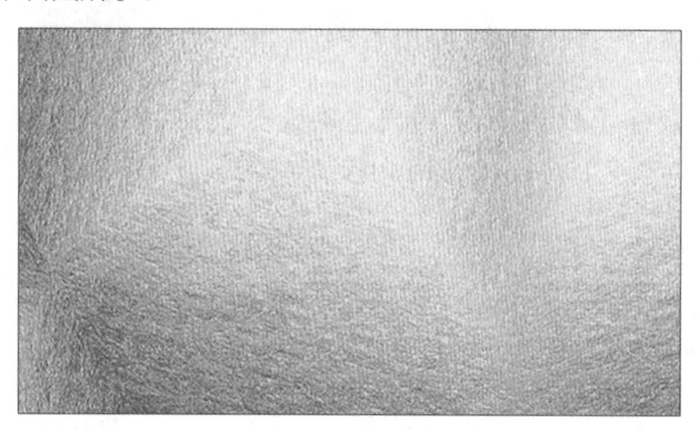

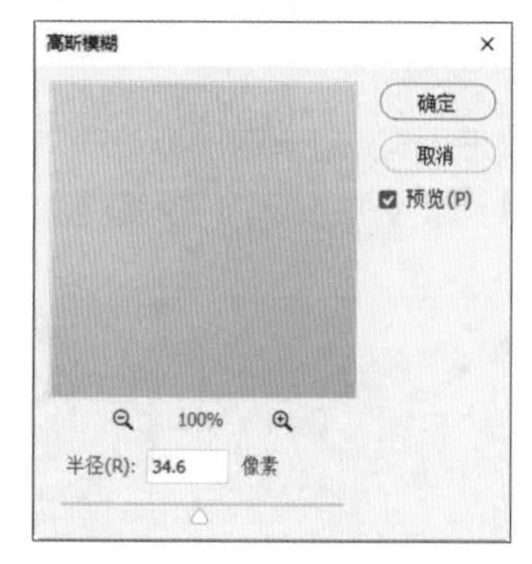

步骤 03 设置完成后查看画面效果，如下左图所示。

步骤 04 执行“文件>置入嵌入对象”命令，置入“纹理.jpg”文件，将其调整至合适的大小并移至画面的右下角，如下右图所示。

步骤05 在“图层”面板中单击“创建新的填充或调整图层”按钮，选择“色相/饱和度”选项，添加“色相/饱和度”调整图层，在“属性”面板中设置相关参数，如下左图所示。

步骤06 设置完成后查看效果，如下右图所示。

步骤07 执行“文件>置入嵌入对象”命令，置入“精华.jpg”文件，调整其大小和位置，如下左图所示。

步骤08 在“图层”面板中单击“创建新的填充或调整图层”按钮，选择“色相/饱和度”选项，添加“色相/饱和度”调整图层，在“属性”面板中设置相关参数，如下右图所示。然后按住Alt键创建剪切蒙版，使调整图层仅作用于“精华”图层。

步骤09 在“图层”面板中单击“创建新的填充或调整图层”按钮，选择“曲线”选项，添加“曲线”调整图层，在“属性”面板中设置相关参数，然后按住Alt键创建剪切蒙版，使调整图层仅作用于“精华”图层，如下左图所示。

步骤10 设置完成的最终效果如下右图所示。

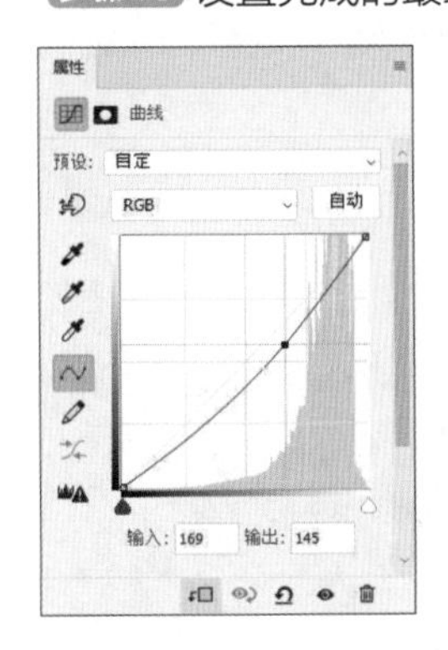

10.2.4 排版宣传文字

背景制作完成后，需要将文字内容进行排版归纳，重点突出品牌宣传的文字，并增添其他文字进行点缀，以下是详细讲解。

步骤01 选择矩形工具并绘制矩形，如下左图所示。

步骤02 执行“文件>置入嵌入对象”命令，置入“背景2.jpg”文件，将“背景2”图层拖至矩形图层上方，保持该图层为选中状态，执行“图层>创建剪贴蒙版”命令，如下右图所示。

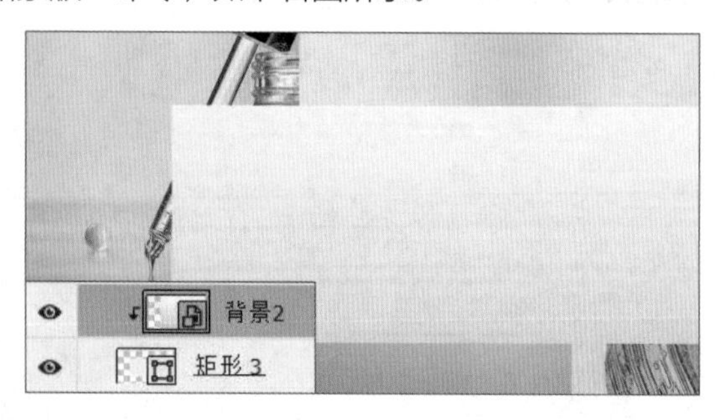

步骤03 使用文字工具输入文字并调整其大小和颜色，按下Ctrl+t组合键，自由变换文字的位置，如下左图所示。在工具箱中选择椭圆工具，按住Shift键绘制正圆，将填充颜色设置为“#b79a83”，并为其添加“渐变叠加”图层样式，参数如下右图所示。

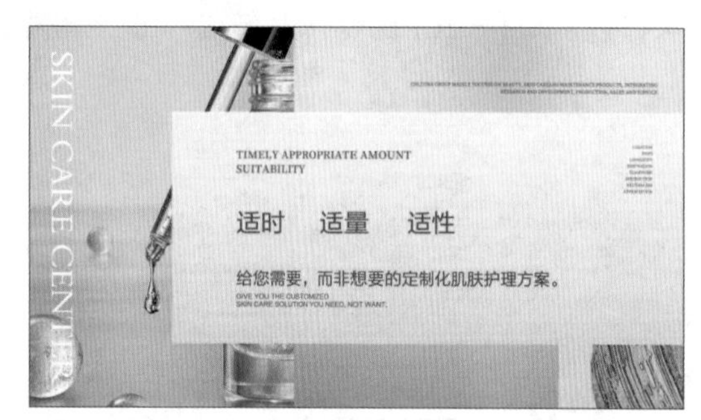

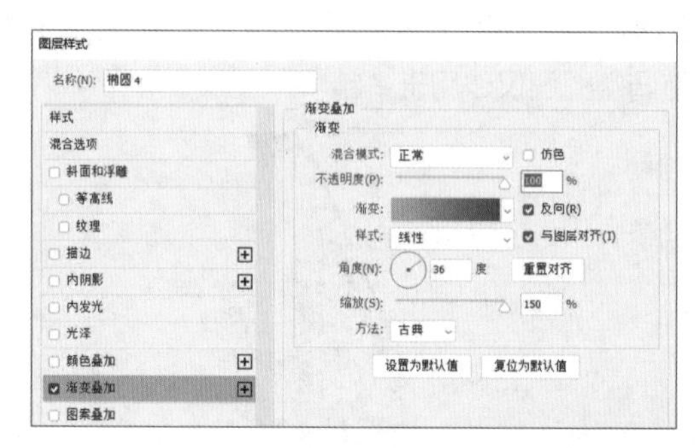

步骤04 执行“文件>打开”命令，打开“标志.png”文件，转换成正常图层后拖拽到新建的文档中，调整大小和位置，然后为其添加“颜色叠加”图层样式，设置叠加颜色为白色，设置完成后的效果如右图所示。

步骤05 选择矩形工具并绘制矩形，选择椭圆工具，按住Shift键绘制正圆，将描边颜色设置为“#6e5945”，将描边宽度设置“3点”，调整其大小和位置，如下图所示。

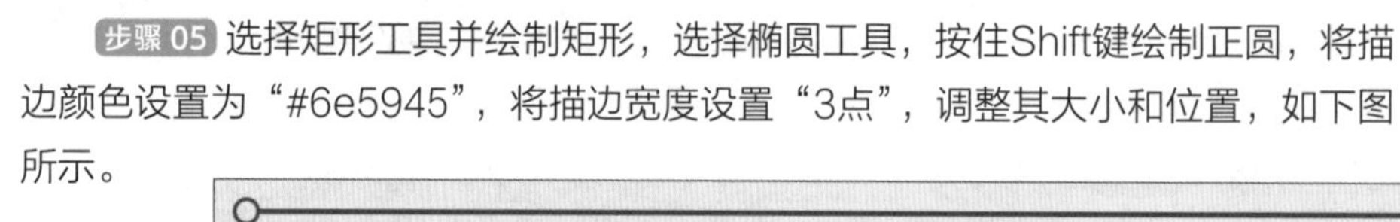

步骤06 制作完成后查看第二张轮播图的最终效果，如下左图所示。

步骤07 将所有图层编组并命名为“轮播2”，便于后期修改，如下右图所示。

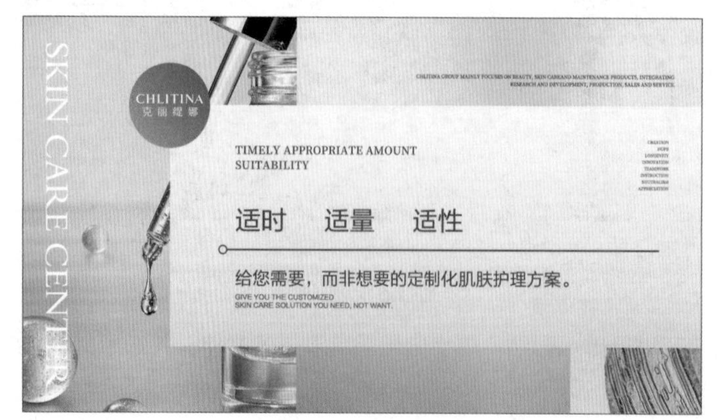

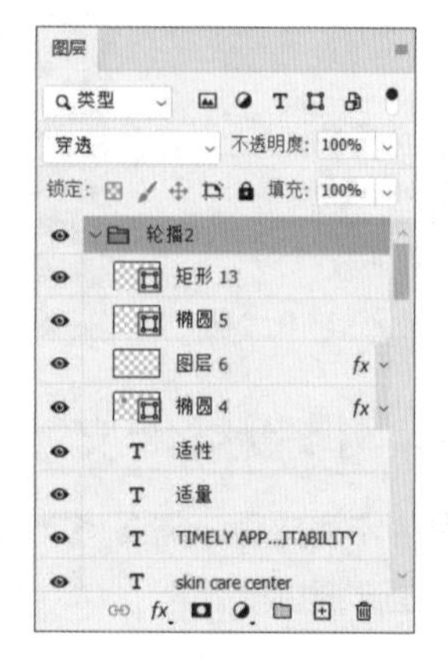

10.2.5 制作第三张轮播背景

接下来制作第三张轮播图的背景，同样需要对素材背景进行色调调整，使其颜色与前两张轮播图保持一致。以下是详细讲解。

步骤01 先关闭名称为“轮播2”图层组的图层可见性，再来制作第三张轮播。在菜单栏中执行“文件>置入嵌入对象”命令，置入“背景3.jpg”文件，调整其大小和位置，如下左图所示。

步骤02 在“图层”面板中单击“创建新的填充或调整图层”按钮，选择“色相/饱和度”选项，添加“色相/饱和度”调整图层。在“属性”面板中设置相关参数，如下右图所示。然后按住Alt键创建剪切蒙版，使调整图层仅作用于“背景3”图层。

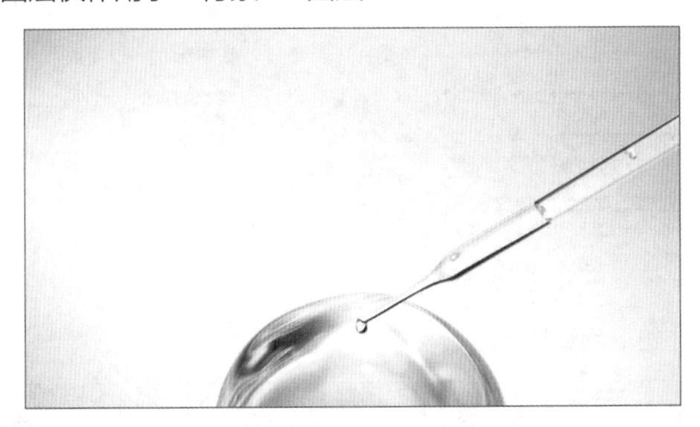

步骤03 在“图层”面板中单击“创建新的填充或调整图层”按钮，选择“曲线”选项，添加“曲线”调整图层。在“属性”面板中设置相关参数，然后按住Alt键创建剪切蒙版，使调整图层仅作用于“背景3”图层，如下左图所示。设置完成的最终效果如下右图所示。

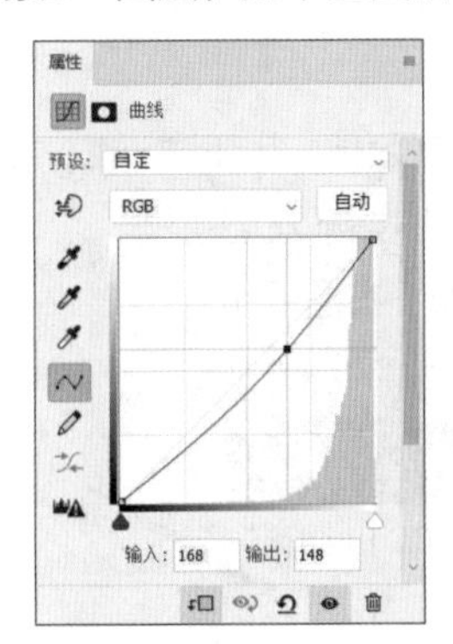

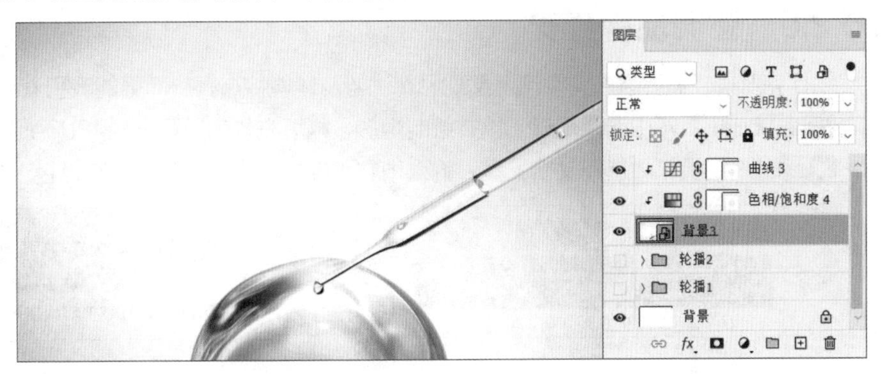

步骤04 选择矩形工具并绘制矩形，如下左图所示。

步骤05 执行“文件>置入嵌入对象”命令，置入“环境.jpg”文件，将“背景2”图层拖至矩形图层上方，保持该图层为选中状态，执行“图层>创建剪贴蒙版”命令或按住Alt键创建剪切蒙版，如下右图所示。

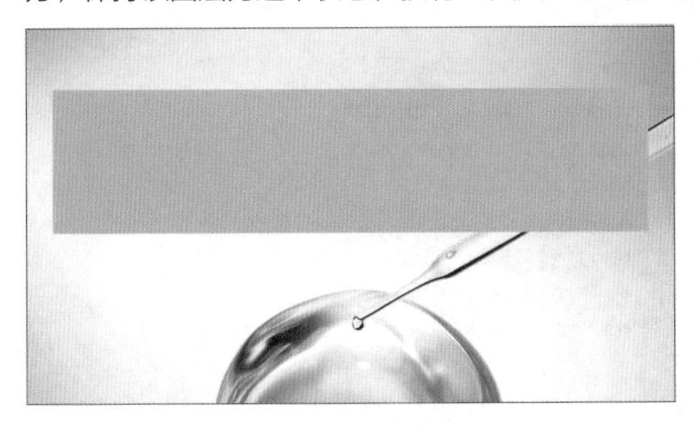

步骤 06 在“图层”面板中单击“创建新的填充或调整图层”按钮，选择“曲线”选项，添加“曲线”调整图层。在“属性”面板中设置相关参数，执行“图层>创建剪贴蒙版”命令或按住Alt键创建剪切蒙版，如下左图所示。

步骤 07 在“图层”面板中单击“创建新的填充或调整图层”按钮，选择“色相/饱和度”选项，添加“色相/饱和度”调整图层。在“属性”面板中设置相关参数，如下中图所示。执行“图层>创建剪贴蒙版”命令或按住Alt键创建剪切蒙版，如下右图所示。

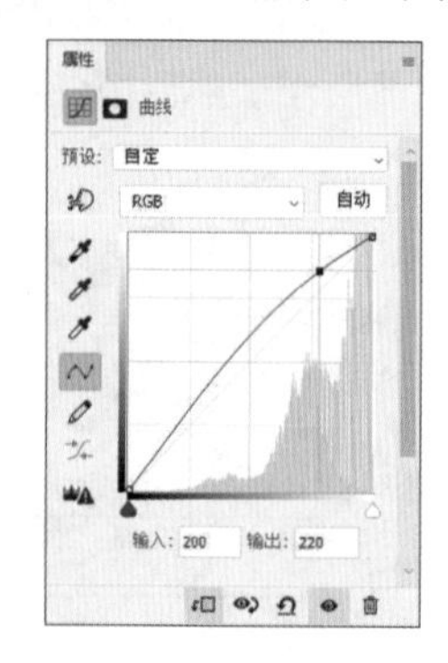

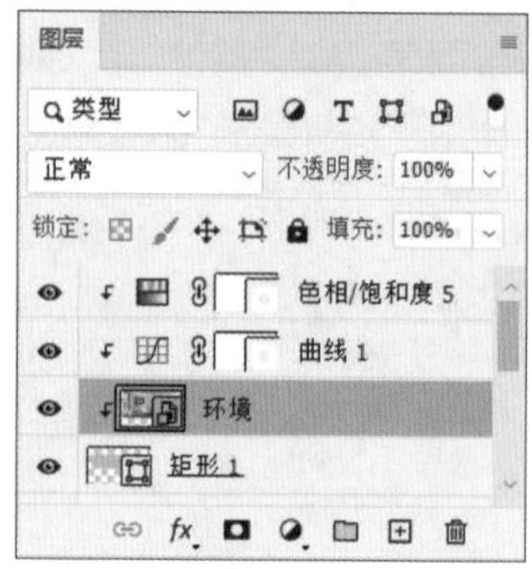

步骤 08 设置完后查看前后对比效果，如下两图所示。

10.2.6 强调品牌优势

制作完背景，需要添加文字信息展现品牌优势及环境特点，从而更能吸引消费者眼球，以下是详细讲解。

步骤 01 在工具箱中选择矩形工具并绘制矩形，将填充颜色设置为“#8d6e52”，如下左图所示。

步骤 02 在工具箱中选择文字工具，输入中文和英文文字并调整大小和颜色，如下右图所示。

步骤 03 在工具箱中选择矩形工具，将填充颜色设置为“#faf5e9”，绘制线条。然后使用文字工具输入文字，设置其大小和位置，如下左图所示。

步骤 04 按住Ctrl键并依次选择文字和矩形图层，将其拖拽到“图层”面板下方的“创建新组”按钮上进行编组，如下右图所示。

步骤 05 选中“组1”组，按下Ctrl+J组合键复制5次“组1”组，得到6个编组图层，如下左图所示。

步骤 06 选中“组1 拷贝5”组，按下Ctrl+T组合键后，使用移动工具将其移动到画面的另一端，如下右图所示。

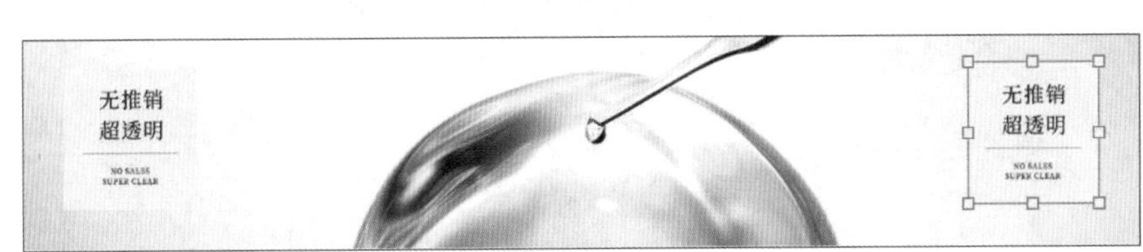

步骤 07 选中“组1”组，按住Shift键并单击“组1 拷贝5”组，同时选中这6个组（按住Ctrl键依次单击这6个组），如下左图所示。

步骤 08 选择移动工具，在移动工具属性中单击“水平居中分布”和对齐“选区”按钮，如下右图所示。

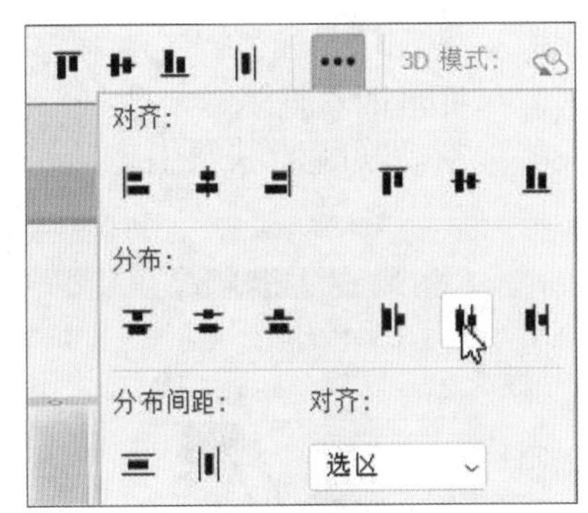

步骤 09 设置完成后查看效果，如下图所示。

步骤 10 使用文字工具对文字进行更改，如下图所示。

步骤 11 使用文字工具在画面上方添加文字后，使用矩形工具绘制矩形点缀，制作完成后查看第三张轮播图的最终效果，如下页左图所示。

步骤 12 将所有图层编组并命名为“轮播3”，便于后期修改，如下右图所示。

步骤 13 至此，三张同一色系的轮播图就全部制作完成了，效果如下图所示。

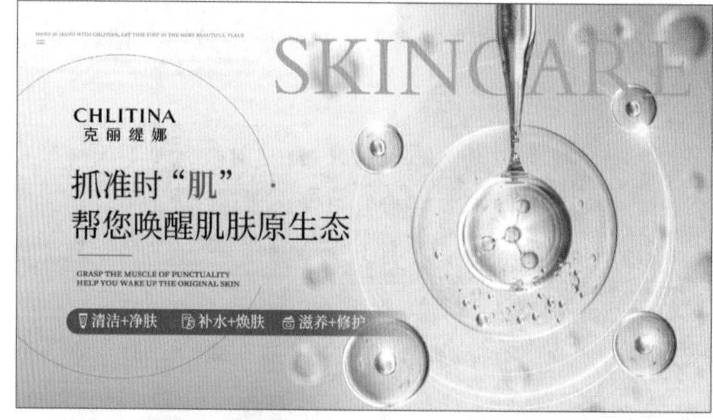

第 11 章 汽车广告设计

本章概述

广告与人们的生活息息相关，广告设计的最终目的是通过广告达到吸引眼球的目的，从而促进品牌销售。本章通过介绍汽车广告的设计过程，让用户对使用Photoshop进行广告设计有一定的了解。

核心知识点

1. 了解广告设计的概念
2. 掌握画笔工具的应用
3. 熟悉图层蒙版的应用
4. 掌握混合模式的应用

11.1 广告设计概述

在日常生活中，广告已经渗透到了我们生活的方方面面。广告设计广泛用于品牌宣传、展览展示、文化烘托等，设计的图片既要有欣赏性又要有实用性，能够吸引人们的注意力，激发人们的购买欲望，才是最成功的广告设计。

11.1.1 广告设计的构成

广告设计由主题、创意、语言文字、形象、衬托等五个要素构成。下左图为银联宣传广告设计效果，下右图为奶制品广告创意设计。

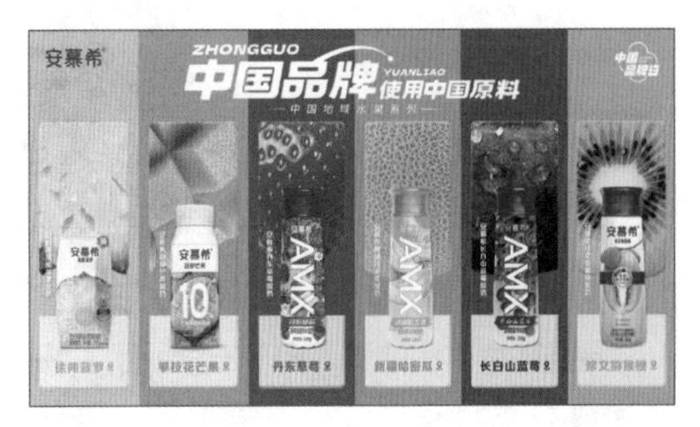

11.1.2 广告设计的分类

广告设计包括所有的广告形式，如二维广告、三维广告、展示广告等。根据传播媒介可以分为印刷类广告（如报纸广告、杂志广告、招贴广告等）和电子类广告（如电视广告、电脑网络广告、电子显示屏幕广告等）。按照内容又可分为商业广告和公益广告，商业广告意在促销产品，宣传品牌的产品特性；公益广告意在传播科学、宣传文化等。下左图为公益广告，下右图为商业广告。

11.2 汽车视觉广告设计

扫码看视频

汽车广告对我们来说并不陌生，在电视、网络和商场随处可见。下面我们将通过制作汽车的视觉宣传画面来学习广告设计的相关知识。本案例将使用到图层蒙版、画笔工具、混合模式等功能，制作符合汽车品牌调性的视觉画面。

11.2.1 背景画面的创建

一般来说，广告设计展板制作的第一步是要确定画面的风格以及颜色基调，本小节我们着重讲解如何制作画面物体的投影角度以及深浅变化，以下是详细步骤。

步骤 01 打开Photoshop 2024，执行“文件>新建”命令，在弹出的“新建”对话框中设置相关参数，如下左图所示。

步骤 02 执行“文件>打开”命令，在弹出的“打开”对话框中选择需要的文件，如下右图所示。

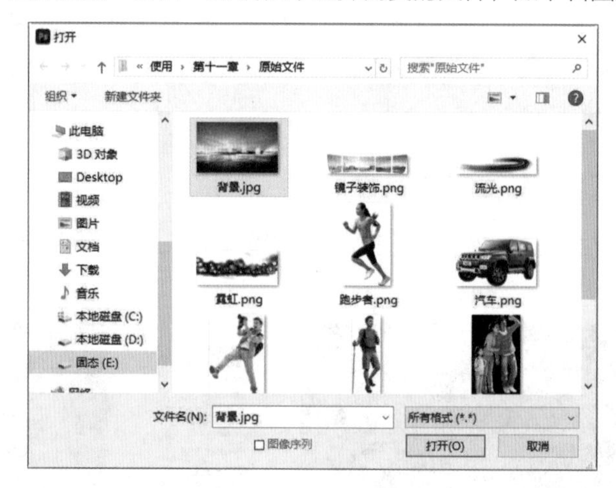

步骤 03 执行“文件>打开”命令，打开“镜子装饰.png”文件，将其转换成正常图层并拖拽到新建的文档中，调整其大小和位置，如下左图所示。将图层重命名为“镜子装饰”。

步骤 04 在工具箱中选择钢笔工具，按住鼠标拖拽来绘制不规则闭合形状，将填充颜色设置为“#1e2b3f”，如下右图所示。

步骤 05 将形状图层移动至“镜子装饰”图层的下方。选中形状图层，执行“滤镜>模糊>高斯模糊”命令，在弹出的窗口中单击“栅格化”按钮，然后在“高斯模糊”对话框中设置相关参数，如下页左图所示。

步骤06 在“图层”面板中单击“添加图层蒙版”按钮，创建图层蒙版。选择画笔工具，调整画笔的大小和硬度并擦拭形状边缘，使其过渡更加自然。最后将图层混合模式改为“正片叠底”，设置完成的效果如下右图所示。

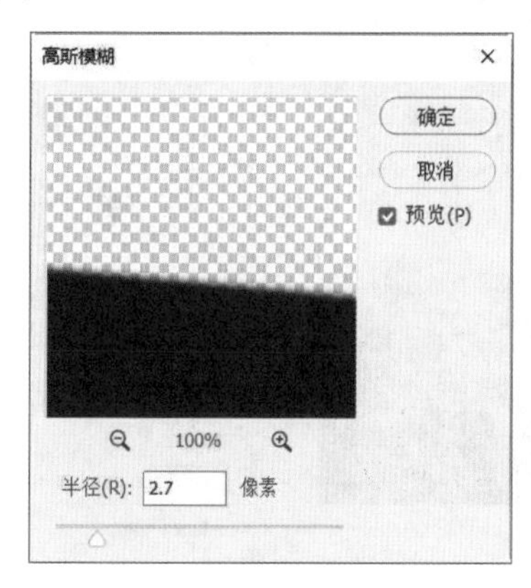

步骤07 按照相同的方式绘制其他投影，如下左图所示。

步骤08 按下Ctrl+J组合键复制“镜子装饰”图层，得到“镜子装饰 拷贝”图层。选中“镜子装饰 拷贝”图层，按下Ctrl+T组合键后右击，选择“垂直翻转”命令，如下右图所示。

步骤09 调整其位置后，将图层移动至“镜子装饰”图层的下方，效果如下左图所示。

步骤10 选中“镜子装饰”图层，执行“选择>载入选区”命令，使图层载入选区，并将选区颜色填充为“#9fa0a0”，如下右图所示。

步骤11 在“图层”面板中单击“添加图层蒙版”按钮，创建图层蒙版。选择画笔工具，调整画笔的大小和硬度并擦拭形状边缘，使其过渡更加自然。最后将图层混合模式改为“正片叠底”，设置完成的效果如下页左图所示。

步骤 12 完成后对图像进行编组，便于后期调整，如下右图所示。

11.2.2 添加人物素材

本小节将添加人物素材，展示汽车受众人群，并为人物添加投影，使其更真实，以下是详细讲解。

步骤 01 执行“文件>打开”命令，打开“跑步者.png”文件，将其转换成正常图层并拖拽到新建的文档中，调整其大小和位置，如下左图所示。

步骤 02 新建图层，选择画笔工具，调整画笔大小和硬度并多次涂抹，绘制投影效果，如下右图所示。

步骤 03 执行“文件>打开”命令，打开“跑步者.png”文件，将其转换成正常图层并拖拽到新建的文档中，调整其大小和位置，如下左图所示。

步骤 04 新建图层，选择画笔工具，调整画笔大小和硬度并多次涂抹，绘制投影效果，如下右图所示。

步骤05 执行“文件>打开”命令，打开“一家三口.png”文件，将其转换成正常图层并拖拽到新建的文档中，调整其大小和位置，如下左图所示。

步骤06 新建图层，选择画笔工具，调整画笔大小和硬度并多次涂抹来绘制投影效果，如下右图所示。

步骤07 执行“文件>打开”命令，打开“徒步.png”文件，将其转换成正常图层并拖拽到新建的文档中，调整其大小和位置，如下左图所示。

步骤08 新建图层，选择画笔工具，调整画笔大小和硬度并多次涂抹来绘制投影效果，如下右图所示。

步骤09 执行“文件>打开”命令，打开“摄影师.png”文件，将其转换成正常图层并拖拽到新建的文档中，调整其大小和位置，如下左图所示。

步骤10 在工具箱中选择钢笔工具，绘制不规则形状，将填充颜色设置为白色，将不透明度调整为“60%”，如下右图所示。

步骤 11 在“图层”面板中单击“添加图层蒙版”按钮，创建图层蒙版。选择画笔工具，调整画笔的大小和硬度并擦拭，使其更有层次感，设置完成的效果如下左图所示。

步骤 12 完成后对图像进行编组，便于后期调整，如下右图所示。

11.2.3 添加光晕效果

添加光晕效果可以使画面颜色更加饱满，同时可以突出汽车的科技感和智能感，通过图层混合模式的应用使光晕更加自然，以下是详细讲解。

步骤 01 执行“文件>置入嵌入对象”命令，置入“霓虹.png”文件，适当调整其大小和位置，如下左图所示。

步骤 02 将“霓虹”图层的混合模式设置为“滤色”，设置完成的效果如下右图所示。

步骤 03 在“图层”面板中单击“添加图层蒙版”按钮，创建图层蒙版。选择画笔工具，调整画笔的大小和硬度并擦拭，减少流光，如下页左图所示。

步骤 04 执行“文件>置入嵌入对象”命令，置入“流光.png”文件，适当调整其大小和位置，并将图层混合模式设置为“滤色”，如下页右图所示。

步骤05 执行“文件>置入嵌入对象”命令，置入“汽车.png”文件，调整位置，使其位于画面的中心，如下左图所示。

步骤06 在工具箱中选择钢笔工具，绘制不规则形状，设置填充颜色为“#1d1d25”，将形状图层移动至“汽车”图层的下方。选中形状图层，执行“滤镜>模糊>高斯模糊”命令，在弹出的窗口中单击“栅格化”按钮，在弹出的“高斯模糊”对话框中设置参数，如下右图所示。

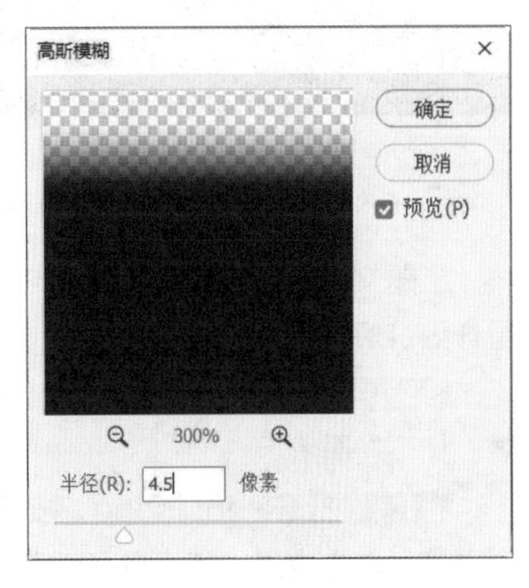

步骤07 绘制完成的效果如下左图所示。

步骤08 将图层混合模式设置为“正片叠底”，将不透明度设置为“92%”。在“图层”面板中单击“添加图层蒙版”按钮，创建图层蒙版。选择画笔工具，调整画笔的大小和硬度并擦拭形状边缘，使其过渡更加自然，设置完成的效果如下右图所示。

步骤 09 新建图层，选择画笔工具，调整画笔的大小和硬度并多次涂抹，在汽车下方加深投影，使汽车投影更具真实感，如下左图所示。

步骤 10 选择文字工具，在画面右下角输入文字并调整大小和颜色，参数如下右图所示。

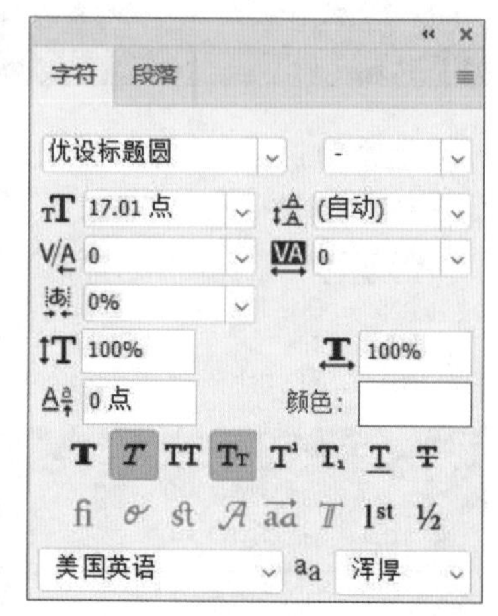

11.2.4 设计画面主题文字

主题文字是画面的重点，在制作广告展板时使用Illustrator软件制作矢量文字设计会更加灵活，以下是详细讲解。

步骤 01 在Illustrator中打开制作好的“主题”文件，选中主题文字图像，按下Ctrl+C组合键复制图像，如下左图所示。

步骤 02 打开Photoshop，按下Ctrl+V组合键粘贴图像，在弹出的“粘贴”对话框中选择粘贴为“智能对象”单选按钮，如下右图所示。若弹出提示对话框，询问选区中部分内容将进行栅格化处理，是否继续粘贴，单击“继续”按钮。

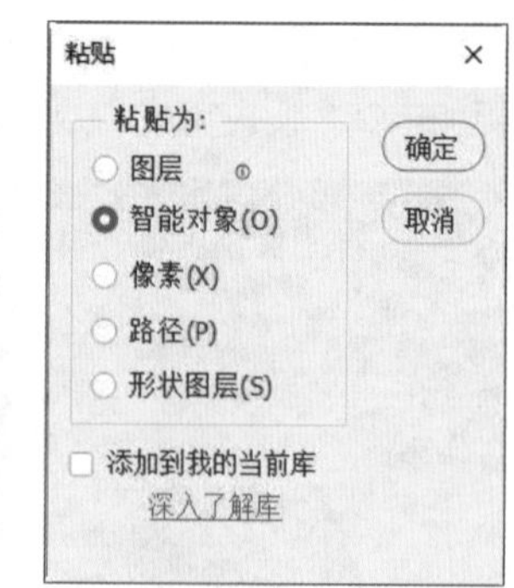

步骤 03 适当调整主题文字图像的大小和位置，如下页左图所示。

步骤 04 双击“矢量智能对象”缩略图可以在Illustrator中再次打开主题文字，修改后按下Ctrl+S组合键进行保存，Photoshop中会自动更新修改的矢量主题，如下页右图所示。

步骤05 在工具箱中选择矩形工具并绘制矩形，将填充颜色设置为白色，如下左图所示。

步骤06 按下Ctrl+T组合键后右击，选择“斜切”命令，如下右图所示。

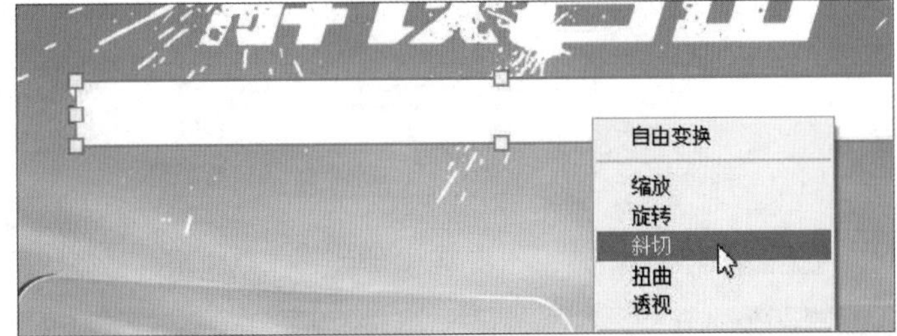

步骤07 选中矩形中间定界框，水平向右拖拽矩形，创建斜切效果，如下左图所示。

步骤08 完成后添加文字并查看效果，如下右图所示。

步骤09 在“图层”面板中单击“创建新的填充或调整图层”按钮，选择“曲线”选项，添加“曲线”调整图层。在“属性”面板中设置相关参数，如下左图所示。

步骤10 在“图层”面板中单击“创建新的填充或调整图层”按钮，选择“色彩平衡”选项，添加“色彩平衡”调整图层。在“属性”面板中设置相关参数，如下右图所示。

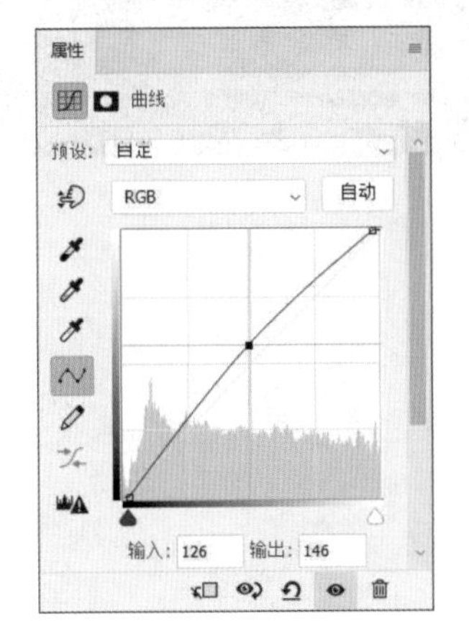

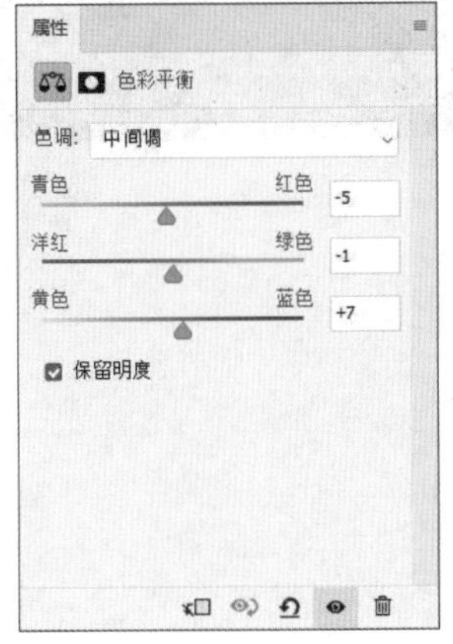

步骤11 在“图层”面板中单击“创建新的填充或调整图层”按钮，选择“色相/饱和度”选项，添加“色相/饱和度”调整图层。在“属性”面板中设置相关参数，如下左图所示。

步骤12 将所有图层编组，便于后期修改，如下右图所示。

步骤13 至此，汽车视觉广告设计就制作完成了，最终效果如下图所示。

第12章 豆奶包装设计

本章概述

产品的包装设计是品牌理念、产品特征及消费心理的综合反映，它直接影响消费者的购买欲望。随着经济的发展，包装设计逐渐被品牌所重视。本章以豆奶包装为例，介绍如何进行产品包装设计。

核心知识点

1. 了解包装设计的色彩运用
2. 了解包装设计的作用
3. 掌握包装的平面设计
4. 掌握立体设计的方法

12.1 包装设计概述

包装作为一门综合性学科，具有商品和艺术相结合的双重性。包装的功能是保护商品、传达商品信息、方便使用、方便运输、促进销售、提高产品附加值等。包装设计就是使用合适的包装材料，为商品进行的容器结构造型和包装的美化装饰设计。独特的产品包装不仅艺术感十足，能提高产品的档次，还可以促进消费者的购买欲望，从而实现商品交换。以下两图是不同产品的包装设计效果。

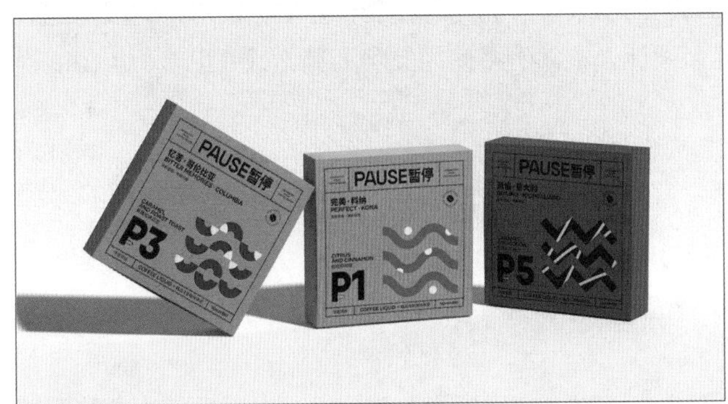

12.1.1 包装设计的色彩应用

包装设计是一个理性过程，在图形、色彩、构图、文字设计要素中，色彩占据着核心地位，出色的彩色包装设计可以提升人们对商业产品的关注程度，体现出产品特有的属性。巧妙使用包装设计的色彩，不仅能表达出灿烂的审美情趣，而且可以体现出不同地域、不同民族所赋予的精神内涵。色彩的包装设计没有固定的规律可循，可先确定一种能表现主题的主体色彩，然后根据产品的需要，针对不同地区和不同年龄段消费群体做出相应的调整，以达到和谐、悦目的色彩效果。下左图是护肤行业干净清爽的包装设计色彩，下右图是饮品行业夸张鲜艳的包装设计色彩。

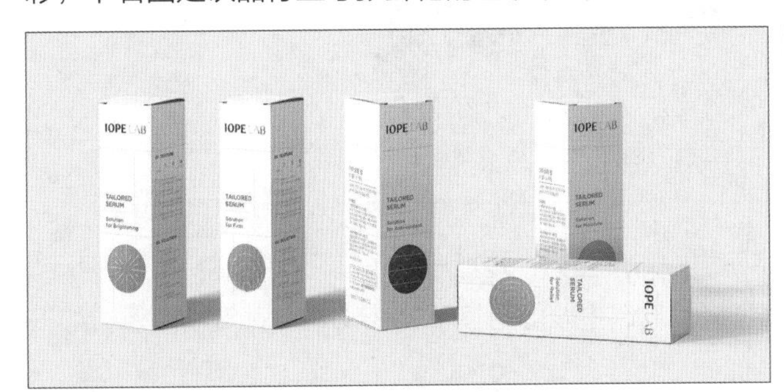

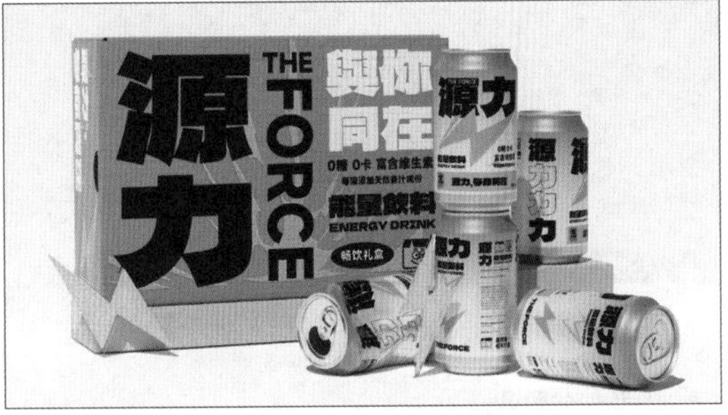

12.1.2 产品包装的作用

商品的包装反映了社会的发展水平，包装设计总的趋势是由繁到简。在如今这个大量生产和销售的时代，包装是沟通生产者与消费者的最好桥梁。好的包装不仅能让人们记住，而且可以提升品牌形象和品牌知名度。下左图是农夫山泉饮用水的经典包装，下右图是拉面说的经典包装。

12.2 产品包装的平面设计

扫码看视频

下面以制作豆奶的包装盒为例，介绍产品包装设计的构思和制作方法。针对不同口味的豆奶搭配不同的颜色，制作不同样式的包装设计，本案例将使用文字工具、钢笔工具、自由变换功能等，制作符合饮品行业的包装设计。

12.2.1 画面主题及主图设计

包装设计的基础是确定包装盒大小、产品主题以及基础色调，以下是详细讲解。

步骤 01 打开Photoshop 2024，执行“文件>新建”命令，在弹出的“新建”对话框中设置相应的参数，如下左图所示。

步骤 02 在工具箱中选择矩形工具，在画面中双击，弹出“创建矩形”对话框，设置相应的参数后单击“确定”按钮，如下右图所示。

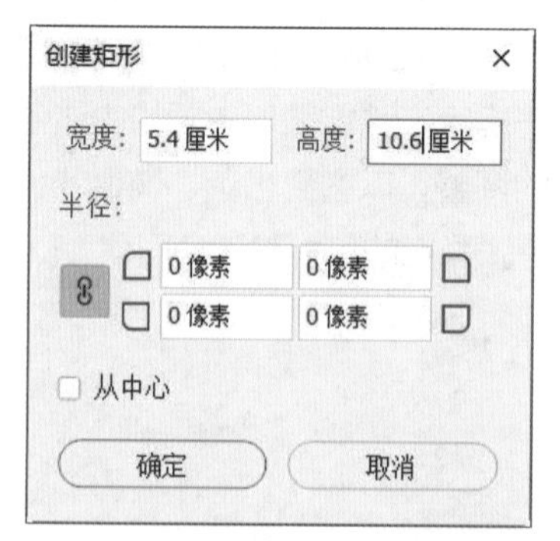

步骤 03 将矩形颜色填充为“#e8c45b”后，水平居中对其画布，垂直居中对其画布，如下页左图所示。

步骤 04 在Illustrator中打开制作好的“主插图”文件，选中图像，按下Ctrl+C组合键复制图像，如下页右图所示。

步骤 05 打开Photoshop，按下Ctrl+V组合键粘贴图像，在弹出的“粘贴”对话框中选择粘贴为“智能对象”单选按钮，如下左图所示。

步骤 06 适当调整图像的大小和位置后，使用相同的方法添加“主题字.ai”矢量文件，如下右图所示。

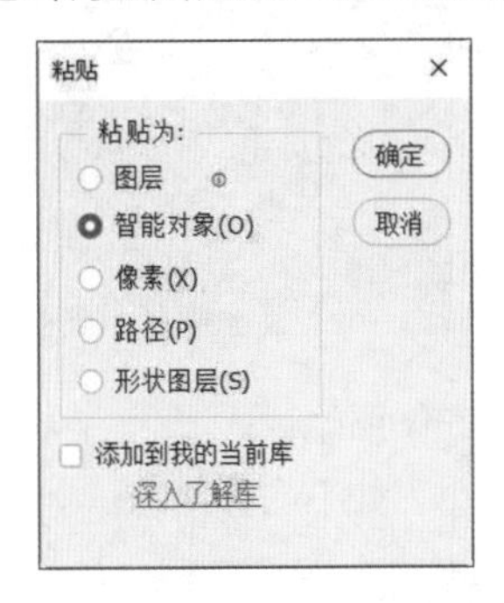

步骤 07 选中主题字图层，为其添加“描边”图层样式，如下左图所示。

步骤 08 在工具箱中选择钢笔工具，绘制路径，使用文字工具添加路径文字，如下右图所示。

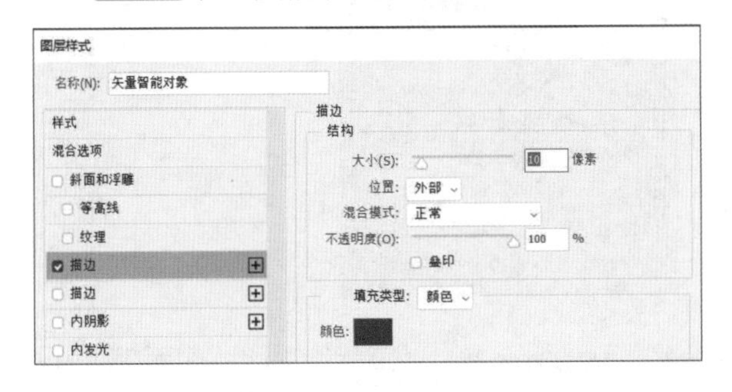

步骤 09 在工具箱中选择矩形工具，绘制圆角矩形，将填充颜色设置为白色。选择文字工具，在画面下方输入文字，并为“4.7g”文本添加“描边”图层样式，如下左图所示。

步骤 10 在画面上方绘制圆角矩形后，将以上所有图层编组并命名为“原味主题”，效果如下右图所示。

12.2.2 产品内容的排版

包装正面制作完成之后，接下来我们将制作包装的侧面。包装的侧面一般以文字及产品内容为主，以下是详细讲解。

步骤 01 在工具箱中选择矩形工具，在主画面左侧绘制宽3.8厘米、高10.6厘米的矩形，将描边颜色设置为黑色，将宽度设置为0.2像素，以便于区分，如下左图所示。

步骤 02 在工具箱中选择文字工具，创建段落文字并输入产品内容，如下右图所示。

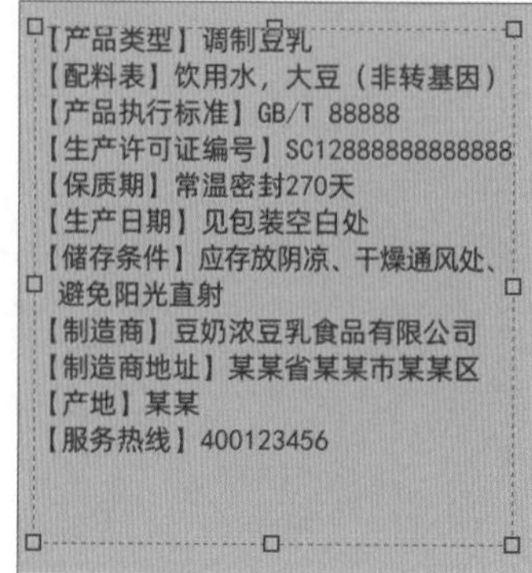

步骤 03 在工具箱中选择矩形工具，绘制圆角矩形和矩形，如下左图所示。

步骤 04 在工具箱中选择文字工具，输入产品内容，调整字体大小，如下右图所示。

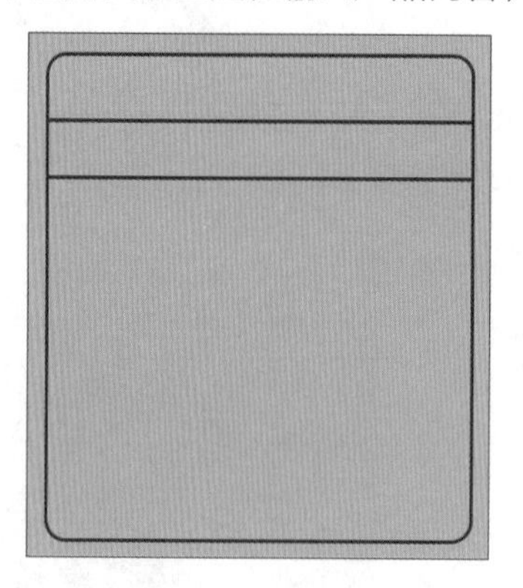

营养成分表

项目	每100ml	营养素参考值%
能量	193KJ	2%
蛋白质	4.7g	8%
脂肪	2.2g	4%
胆固醇	0mg	0%
碳水化合物	1.0g	0%
膳食纤维	1.7g	7%
钠	19mg	1%
钙	19mg	2%

·严选国产非转基因大豆·

步骤 05 在工具箱中选择矩形工具，在主画面右侧绘制宽3.8厘米、高10.6厘米的矩形，将描边颜色设置为黑色，将宽度设置为0.2像素，并将其移动到“原味主题”组的上方，效果如下左图所示。

步骤 06 在工具箱中选择矩形工具，绘制圆角矩形。选择文字工具，创建点文字和段落文字，如下右图所示。

温馨提示

盒内液体容易溢出，开盒请注意。不可用于微波炉直接加热。如胀盒、分层、呈现豆腐花等现象请勿饮用,保质期内可至当地经销商处调换(仅限未开盒)。

[食用方法]：开盒即饮，喝前摇一摇，口感更佳。本品为全豆工艺浓厚香醇，如有少量沉淀油脂上浮及因冷热变化产生的蛋白凝结(豆奶皮)，属于正常现象，敬请放心饮用。

*大豆过敏体质人群请勿饮用。

步骤07 执行“文件>置入嵌入对象”命令，置入“图标.ai”文件和“条形码.ai”文件，调整其大小和位置，如下左图所示。

步骤08 结合矩形工具和文字工具，完善画面，设置完成后查看包装的侧面效果，如下右图所示。

12.2.3 产品细节的点缀

制作完包装的侧面，接下来制作包装的背面。包装的背面包括产品主题及产品优势内容，以下是详细讲解。

步骤01 在工具箱中选择矩形工具，在画布最左侧绘制宽3厘米、高10.6厘米的矩形，将描边颜色设置为黑色，将宽度设置为0.2像素，以便于区分，如下左图所示。

步骤02 执行“文件>置入嵌入对象”命令，置入“主题字竖版.ai”元素，为其添加如正面主题字一样的“描边”图层样式，效果如下右图所示。

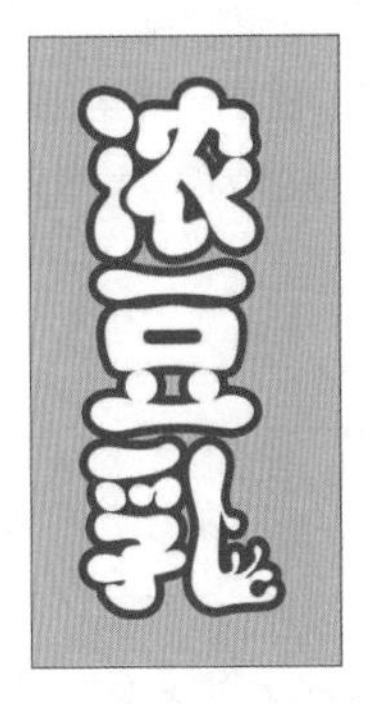

步骤03 在工具箱中选择矩形工具，绘制圆角矩形，将填充颜色设置为“#e6bb3e”，将描边填充颜色设置为“#533128”，将宽度设置为“5像素”。选择文字工具，输入产品内容，调整字体和大小，如下左图所示。

步骤04 在工具箱中选择矩形工具，在画布右侧绘制宽2.4厘米、高10.6厘米的矩形，将描边颜色设置为黑色，将宽度设置为0.2像素，以便于区分，如下右图所示。

步骤 05 在工具箱中选择矩形工具，绘制圆角矩形。选择椭圆工具，按住Shift键绘制正圆，将填充颜色设置为“#e6bb3e”。选择移动工具，按住Alt键复制椭圆图层，并设置其垂直居中分布，如下左图所示。

步骤 06 执行“文件>置入嵌入对象”命令，依次置入“图标2.ai”“图标3.ai”“图标4.ai”“图标5.ai”文件，适当调整其大小。在工具箱中选择文字工具，创建点文字，如下右图所示。

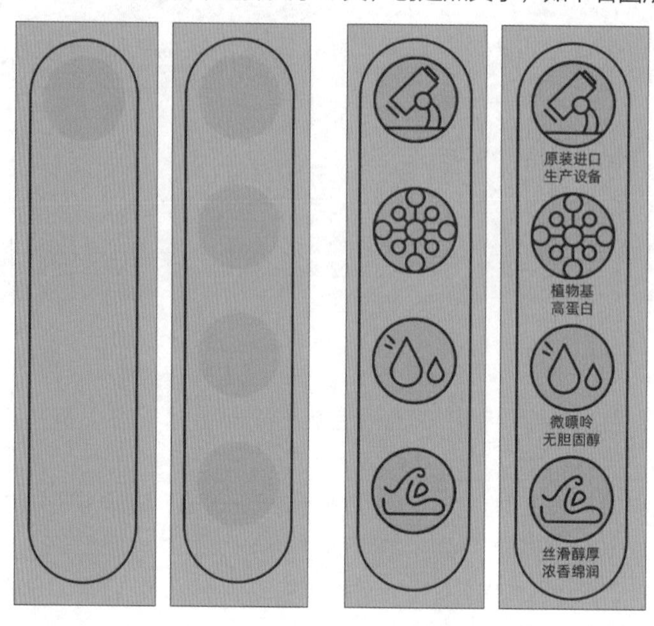

步骤 07 在工具箱中选择文字工具，创建段落文字，如下左图所示。

步骤 08 在工具箱中选择矩形工具，在画布最右侧绘制宽0.6厘米、高10.6厘米的矩形，将描边颜色设置为黑色，将宽度设置为0.2像素。包装设计平面稿件就制作完成了，如下右图所示。

*营养声称以420kJ计
*每100g产品中腺嘌呤核苷酸、鸟嘌呤核苷酸次黄嘌呤核苷酸含量均 < 3mg

12.2.4 系列产品包装的区分

饮品包装一般会针对不同的口味，制作颜色不同的系列产品。下面简单介绍另外两种色彩搭配，以便区分不同口味的包装设计。

步骤 01 将“豆奶包装设计（原味）.psd”存储为“豆奶包装设计（蔗糖）.psd”，并将其背景颜色修改为“#b9d869”，如下页左图所示。

步骤 02 选中主题字图层，双击图层后编辑“描边”图层样式，将颜色更改为“#50592f”，如下页右图所示。

步骤 03 执行“文件>置入嵌入对象”命令，置入“主插图2.png”文件，调整其大小，如下左图所示。

步骤 04 修改图像中形状、文字的颜色，使画面色彩和谐。设置完成后保存文件，效果如下右图所示。

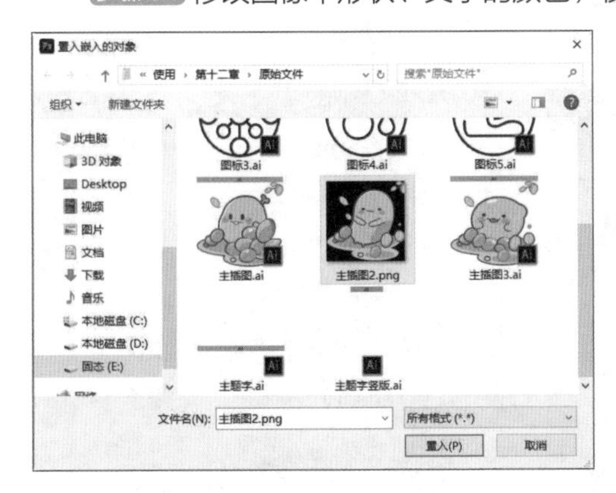

步骤 05 使用相同的方法更改图像背景和描边颜色。执行“文件>置入嵌入对象”命令，置入“主插图3.ai”文件，调整其大小，如下左图所示。

步骤 06 修改图像中形状、文字的颜色，使画面色彩和谐。设置完成后保存文件，效果如下右图所示。

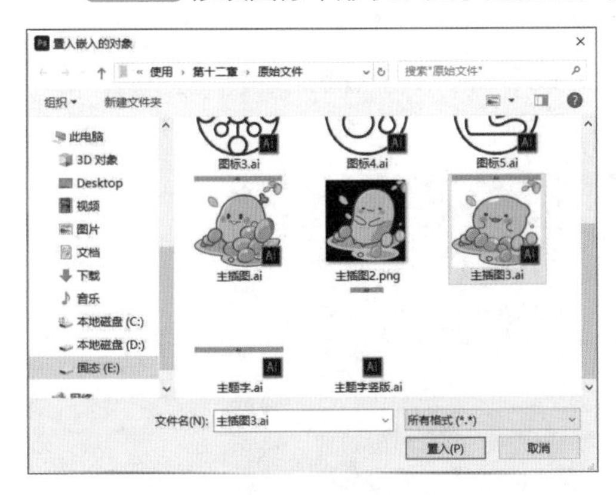

12.2.5 包装效果图的创作

包装设计完成后，需要制作包装效果图，以便更直观地展现包装的效果。以下是详细讲解。

步骤 01 执行“文件>打开”命令，在弹出的“打开”对话框中选择需要的文件，如下页左图所示。

步骤 02 执行“文件>打开”命令，打开“豆奶包装设计（原味）.jpg”。在工具箱中选择“矩形选框工具”，框选出包装的正面，如下页右图所示。

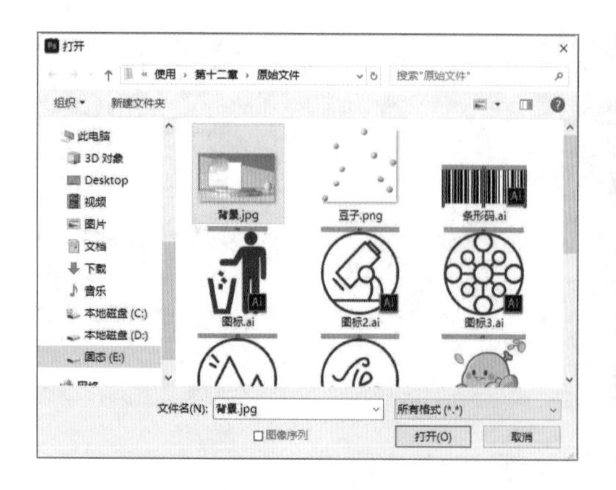

步骤 03 按下Ctrl+J组合键复制图层，并将其拖拽到打开的文件中，如下左图所示。

步骤 04 按下Ctrl+T组合键自由变换图像后右击，选择“扭曲”命令，如下右图所示。

步骤 05 拖拽四角的锚点，使画面与背景对齐，如下左图所示。

步骤 06 使用相同的方法，将包装的侧面拖拽到打开的文件，按下Ctrl+T组合键自由变换图像后右击，选择“扭曲”命令，与包装侧面对齐，并将其图层混合模式改为“正片叠底”，效果如下右图所示。

步骤 07 在工具箱中选择钢笔工具，将左侧包装盒露出的部分修改成黄色。然后对所有编辑的包装盒图层进行编组，并为其添加图层蒙版，使包装盒四角变成圆角，如下左图所示。

步骤 08 执行“文件>打开”命令，打开素材，装饰画面，并为素材添加投影效果，如下右图所示。

步骤 09 执行“文件>打开”命令，打开“豆子.png”，将其移动到背景图层的上方，设置完成后查看最终效果图，如下图所示。

步骤 10 使用相同的方法制作其他效果图，如下图所示。

附录　课后练习答案

第1章

一、选择题

（1）ABCD　（2）B　（3）ABC

二、填空题

（1）Ctrl+Tab/Ctrl+Shift+Tab

（2）基本功能（默认）、3D、图形和Web、动感、绘画、摄影

（3）窗口

第2章

一、选择题

（1）A　（2）ABCD　（3）D

二、填空题

（1）RGB模式、CMYK模式、Lab模式、位图模式、灰度模式、索引颜色模式、双色调模式、多通道模式

（2）图像大小

（3）Alt

第3章

一、选择题

（1）A　（2）AC　（3）D

二、填空题

（1）锁定全部

（2）斜面与浮雕、描边、内阴影、内发光、光泽、颜色叠加、渐变叠加、图案叠加、外发光、投影

（3）色彩范围

第4章

一、选择题

（1）B　（2）ABD　（3）ABCD　（4）A

二、填空题

（1）窗口>段落

（2）栅格化文字

（3）无填充、纯色填充、渐变填充、图案填充

第5章

一、选择题

（1）B　（2）C　（3）A　（4）ABC

二、填空题

（1）RGB

（2）自动色调、自动对比度、自动颜色

（3）青色、洋红、黄色、黑色

第6章

一、选择题

（1）A　（2）C　（3）C　（4）AD

二、填空题

（1）图层蒙版、剪贴蒙版、矢量蒙版

（2）Alt

（3）颜色通道、Alpha通道、专色通道

第7章

一、选择题

（1）AC　（2）B　（3）ABC　（4）A

二、填空题

（1）修补

（2）移动、复制

（3）蓝天、盛景、日落

第8章

一、选择题

（1）D　（2）B　（3）B　（4）C

二、填空题

（1）模糊

（2）位图、索引

（3）智能滤镜